E. PLON et Cᵉ, IMPRIMEURS-ÉDITEURS
10, RUE GARANCIÈRE, A PARIS

L'ÉCORCE TERRESTRE

LES MINÉRAUX

LEUR HISTOIRE
ET LEURS USAGES DANS LES ARTS ET MÉTIERS

PAR

ÉMILE WITH

INGÉNIEUR CIVIL

Ouvrage illustré de 140 gravures

Mansiosaurus Hoffmanni, ou le grand animal de Maestricht.

Pour faire apprécier tout l'intérêt qui s'attache à cette publication, il nous suffira de citer ici le compte rendu qui en a été donné dans le

Journal Officiel du 11 juin 1874
(EXTRAIT)

« En aucun temps, les efforts entrepris pour la vulgarisation de la science n'ont été plus nombreux ni plus considérables qu'à l'époque où nous sommes. La presse leur donne un énergique concours. Tout journal publie aujourd'hui régulièrement une revue des sciences, quelques-uns y joignent le compte rendu des séances de l'Académie ; puis il y a des feuilles scientifiques illustrées, des publications spéciales, qui viennent aider ces efforts dignes du siècle qui a vu les progrès les plus rapides, les plus utiles, les plus importants de la science.

« Par son beau livre intitulé *l'Écorce terrestre*, M. Émile With vient de prendre sa place parmi ces vaillants et ces savants qu'anime une si noble émulation pour la diffusion des connaissances utiles. Le titre résume admirablement le sujet du livre qui n'est autre chose qu'un cours de géologie ; mais un cours raisonné, détaillé, abondant, sans sécheresse, conçu et rédigé de manière à tenir en haleine l'intérêt du lecteur, et à lui apprendre beaucoup sans cesser jamais de l'amuser. Des dessins finement gravés ajoutent encore à l'attrait de cette œuvre qui offre, selon nous, ce rare mérite de pouvoir être lue sans fatigue, alors même qu'au premier aspect les matières qu'elle traite paraissent un peu arides.

« Il convient de dire aussi que pour tout esprit ouvert, avide de s'instruire, le domaine scientifique est attrayant au delà de ce qui se peut exprimer. Tout le monde ne peut en fouiller les profondeurs ; mais il est facile à tous d'en étudier les surfaces et de concevoir peu à peu le désir de s'y lancer plus avant. Et puis, tout ce qui touche aux origines du monde est revêtu d'un caractère mystérieux qui entraîne loin l'imagination toujours éprise de l'incompréhensible et de l'extraordinaire. Qu'il s'agisse du lent travail de la formation de la terre, des temps antédiluviens, et des êtres créés qui peuplaient alors l'univers, ou qu'il s'agisse des conquêtes successives de l'homme sur la nature, des phénomènes naturels, il est impossible de ne pas se passionner pour les efforts de ceux qui ont ajouté par leurs découvertes une richesse

Ruines romaines d'Himère, sur le mont Calogno, à Termini, près de Palerme (Sicile).

nouvelle aux richesses de l'humanité. Nous ne voulons, à l'appui de notre langage, invoquer d'autre preuve que celle que nous fournit le livre même dont nous parlons. Nous l'ouvrons au hasard et nos yeux s'arrêtent sur les chapitres consacrés aux pierres. Voici d'abord les pierres neptuniennes ou sédimentaires, c'est-à-dire les marbres, la chaux, le phosphate, le grès, l'argile ; puis les pierres plutoniques ou ignées, c'est-à-dire le granit, le porphyre, le basalte ; ensuite, les pierres roulées, soit les sables et les cailloux ; les pierres précieuses, soit les joyaux, et enfin les madrépores, le corail, la nacre, les perles, formant la grande famille des pierres animales.

« Ce sont là des notions scientifiques bien élémentaires. Mais, assurément, tout le monde, même parmi la foule des érudits, ne les connaît pas. Or, M. Émile With les présente en une forme saisissante par l'intérêt ; et le voyage qu'on fait avec lui, dans les profondeurs de la terre, frappe l'imagination ainsi qu'un conte des *Mille et une nuits* ou tout autre récit dans lequel le merveilleux entre pour la plus grande part. Ce n'est point du roman, c'est la description exacte du monde matériel tel qu'il existe, et, nous le répétons, l'intérêt si puissant par lui-même de cette description le devient plus encore, grâce à l'art de l'auteur et à son habileté de mise en scène. Nous ne saurions faire de son œuvre et de lui-même un éloge plus complet ni plus juste. Ceux-là ne le trouveront pas exagéré, qui, sur notre recommandation, liront le livre de M. Émile With. »   LOUIS REYNAUD.

PARIS. TYPOGRAPHIE DE E. PLON ET Cⁱᵉ, RUE GARANCIÈRE, 8.

E. PLON ET Cie, IMPRIMEURS-ÉDITEURS
10, RUE GARANCIÈRE, A PARIS

L'ÉCORCE TERRESTRE

LES MINÉRAUX

LEUR HISTOIRE
ET LEURS USAGES DANS LES ARTS ET MÉTIERS

PAR

EMILE WITH
INGÉNIEUR CIVIL

Ouvrage illustré de 140 gravures

PROSPECTUS

Cet ouvrage illustré s'adresse à la jeunesse ; il a pour but d'enseigner les éléments des diverses sciences qui s'occupent des minéraux, ainsi que les applications de ces substances dans les arts et métiers.

Ces sciences sont au nombre de quatre :

La Géologie, qui indique la position des minéraux dans la nature ;

La Paléontologie, qui traite spécialement des êtres antédiluviens ;

La Minéralogie, qui fait connaître les propriétés physiques et chimiques des minéraux ;

Enfin, la Cristallographie, qui considère les pierres dans leur forme régulière ou cristalline, et qui termine la première partie, ou *partie théorique* de ce livre.

La *partie pratique* commence par la description des

Bâtiment de graduation destiné à la concentration des eaux salées.

pierres communes, qui sont, pour la plupart, des matériaux de construction.

Les sels gemmes, les combustibles minéraux, sont analysés en détail ; puis viennent les pierres précieuses et les pierres formées dans le corps de l'homme et des animaux, et dont les perles sont les spécimens les plus curieux.

Style mixte. (Église de Saint-Trophime, à Arles.)

Les deux derniers chapitres, qui résument tout le livre, font connaître les divers corps de métiers qui travaillent les minéraux, depuis les terrassiers et les maçons jusqu'aux diamantaires et aux fabricants de joyaux en imitation. Nous y voyons les mortiers, les poteries, la verrerie, et, naturellement, les grands monuments en pierre.

La tendance de ce travail est avant tout *pratique*.

L'auteur s'est efforcé d'écarter les démonstrations arides et les systèmes trop compliqués, afin que le lecteur puisse arriver au terme de son étude sans peine et sans fatigue.

Verrier coupant le verre chaud.

L'Écorce terrestre forme un magnifique volume grand in-8° raisin, enrichi de cent quarante gravures, dont vingt-deux hors texte.

Prix : broché, 12 fr.; — relié, 15 fr.

L'ouvrage est expédié *franco* à toute personne qui en adresse la valeur en un mandat de poste ou en timbres-poste aux éditeurs, 10, rue Garancière, à Paris.

PARIS. TYPOGRAPHIE DE E. PLON ET Cⁱᵉ, RUE GARANCIÈRE, 8.

L'ÉCORCE TERRESTRE

PARIS. TYPOGRAPHIE E. PLON ET Ce, RUE GARANCHÈRE, 8.

ÉMILE WITH

L'ÉCORCE TERRESTRE

LES MINÉRAUX

LEUR HISTOIRE
ET LEURS USAGES DANS LES ARTS ET MÉTIERS

PARIS

E. PLON ET Cⁱᵉ, IMPRIMEURS-ÉDITEURS

RUE GARANCIÈRE, 10

1874

Tous droits réservés

COUPE DE L'ÉCORCE TERRESTRE

L'ÉCORCE TERRESTRE

CHAPITRE PREMIER

LA GÉOLOGIE
OU HISTOIRE DE LA FORMATION DE LA TERRE.

§ I.

ORIGINE DE LA GÉOLOGIE.

DE tout temps, les hommes se sont efforcés de pénétrer les mystères de la création du monde; et si leurs recherches n'ont pas conduit à des résultats positifs quant à la provenance des corps qui nous environnent, elles ont du moins permis d'établir certaines données sur leur position réciproque. Cette étude, appliquée au règne minéral, est la *Géologie*, ou histoire de la formation de la terre; elle a pour but d'examiner le gisement des roches, afin de constater les relations qui unissent la série des masses inorganiques, de telle sorte qu'en envisageant certaines couches de terrain, on puisse indiquer à l'avance celles qui se trouvent au-dessus ou au-dessous, et déterminer leur ancienneté relative, comme le forestier dit l'âge d'un arbre d'après les couches concentriques ou anneaux dont le tronc est formé.

La géologie est toute moderne, elle n'a pas encore cent ans; aucune science n'a fait autant de progrès en si peu de temps; elle a remporté plus d'une victoire sur la superstition et l'ignorance.

Elle a absorbé aujourd'hui la *Géognosie*, qui est l'histoire de l'origine de la terre, histoire obscure, mystique, créée par l'imagination et suivant les besoins religieux des divers peuples. Cette dernière science, qui ne pouvait avoir en vue que la philosophie, était en grande faveur dans l'antiquité. Chez les anciens peuples civilisés, elle donna naissance à divers documents sur la création; ces documents portent tous un cachet de poésie ou de légende, mais ils s'accordent sur un point capital: c'est que ce monde est l'œuvre d'êtres célestes, des dieux, ou, suivant Moïse, de Jéhovah, qui, par la toute-puissance de sa parole, fit sortir la terre du néant.

La géologie, qui nous montre le globe tel qu'il est, mais ne dit pas d'où il est venu, est une science toute pratique; elle doit être le guide de ceux qui cultivent le sol ou qui exploitent les substances qu'il renferme, depuis les matériaux de construction et les minerais jusqu'aux métaux précieux et aux pierres fines.

La géologie embrasse les roches dans leur ensemble; quant à leur nature physique et chimique, c'est la minéralogie, ou histoire des pierres, qui s'en occupe.

Ni l'une ni l'autre de ces sciences ne sont populaires chez nous.

Il n'en est pas de même dans d'autres pays. Dans la docte Allemagne, les maîtres d'école, les curés, les pasteurs à la campagne, engagent les enfants à collectionner des débris géologiques. Beaucoup de personnes y ont pour métier de rechercher des pétrifications et des échantillons de roches, qui sont vendus aux musées d'histoire naturelle.

L'État et l'industrie privée y emploient annuellement des sommes considérables pour encourager ces sortes de connaissances et de découvertes.

Propager chez nous de pareilles études, les diriger vers un but utile par des applications pratiques, telle est la tendance de ce livre; mais si les fruits de ces travaux ne peuvent pas être cueillis immédiatement, c'est qu'il leur faut du temps pour mûrir : il est donc à désirer que la génération actuelle cultive l'arbre de la science pour la génération future.

§ II.

COMPOSITION DE LA TERRE.

Les substances primitives dont la terre est composée sont au nombre de soixante à peu près, appelées *éléments* ou *corps simples*, dont quelques-uns sont répandus à profusion, tels que l'oxygène et l'hydrogène, qui forment l'eau; tels que le silicium et le calcium, qui constituent la majeure partie des terrains. D'autres de ces corps sont à peine connus, tels que certains métaux précieux dont il n'existe peut-être pas encore un seul kilogramme au monde, comme le lithium, qu'on extrait de minéraux également précieux par des manipulations chimiques compliquées et coûteuses.

Il y a aussi des éléments très-répandus sous telle forme, très-rares sous telle autre. Le carbone non cristallisé est le charbon de bois et de terre; cristallisé, c'est le diamant.

Ile de Ferdinanda, dans la mer de Sicile, sortie des eaux en juillet 1831 et disparue complétement quelques années après.

A la tête des corps simples se trouve le *gaz oxygène*; il se combine avec plus ou moins d'avidité et dans les proportions les plus variées avec les autres éléments, et donne naissance à des substances qui, au point de vue physique et industriel, n'ont aucun rapport entre elles. Ainsi, l'oxygène allié au fer produit la rouille; allié au soufre, il donne naissance à un liquide ; l'huile de vitriol ou acide sulfurique.

Dans l'origine, les forces de la nature, la chaleur, la gravité, l'affinité chimique, l'électricité, le magnétisme, ont agi sur ces corps et en ont formé les différentes espèces de minéraux. Cette transformation a dû s'opérer dans un embrasement général, pendant lequel l'eau s'est élevée en vapeurs qui se sont condensées en nuages lors du refroidissement graduel de l'écorce terrestre; des torrents de pluie, des déluges se sont précipités sur la terre et ont divisé les rochers; ceux-ci, par leur mouvement continuel dans les eaux, se sont réduits en cailloux, en graviers, en sables, lesquels se sont déposés de nouveau pour se convertir en pierre. Ces phénomènes ont dû se reproduire pendant des siècles, jusqu'au moment où les forces opposées de l'eau et du feu se sont équilibrées.

Dans la bâtisse, dans le moulage et dans beaucoup de manipulations industrielles, on a besoin de connaître le degré de pureté du sable avant de l'employer. On procède à cette analyse par la voie humide : dans une carafe ou un verre on met moitié sable et moitié eau, on secoue fortement et on laisse reposer. Les parties les plus lourdes vont de suite au fond; les autres, suivant leur dureté, se superposent, et au bout de quelques minutes on voit des couches de terre très-distinctes, nettement tranchées.

Lorsque les travaux auxquels les sables ont servi sont terminés, on quitte les chantiers; si on y retourne long-temps après, on découvre souvent de ces vases qui avaient été oubliés; l'eau s'est évaporée, le sable s'est durci et transformé en pierre.

Déchirement de l'écorce terrestre et formation des monts.
(Le mont Sinaï.)

La terre nous offre cette image en grand. Des milliers de siècles ont permis à d'immenses quantités de sable de se déposer au fond des mers ; ces mers se sont

Déchirement de l'écorce terrestre et formation des monts. (Mont Anis, au Puy, département de la Haute-Loire ; au sommet, statue colossale de la Vierge, fondue avec les canons pris à Sébastopol en 1855.)

desséchées et ce sable a formé des rocs ; c'est ainsi que se sont constitués les *terrains sédimentaires*.

Mais cet équilibre n'existait qu'à la surface, et la lutte des éléments, qui avait cessé à l'extérieur, a continué à l'intérieur. Car l'écorce terrestre, par son refroidissement successif, a dû exercer vers le centre du globe une énorme pression sur les matières fluides, qui ont cherché une issue. L'écorce s'est déchirée, les terres en fusion se sont échappées par les fissures comme les laves d'un volcan, en soulevant, en déplaçant les couches superposées, et ont produit les *terrains éruptifs* ou les montagnes ignées.

Il est avéré que l'intérieur de la terre est toujours en ébullition; on le voit au fond des cratères qui, au nombre de trois cents, réjettent à certains intervalles le feu de leurs entrailles. En outre, à mesure qu'on pénètre dans le sol par les mines et les puits artésiens, on remarque que la température augmente graduellement. On a évalué cette augmentation à un degré par quarante mètres; si elle continue dans la même proportion, les roches doivent être en fusion à une profondeur de quarante kilomètres. L'enveloppe solide de la terre pourrait donc avoir une épaisseur égale à la 160ᵉ partie de son rayon, lequel est de 6,350 kilomètres.

Une orange donne la figure exacte de notre sphère, non-seulement par ses contours et son aplatissement aux pôles, mais aussi par sa coupe; son écorce serait l'enveloppe terrestre, encore faudrait-il que cette écorce fût d'une finesse extrême. Une simple inspection du sol nous apprend qu'il est composé de couches régulières et d'amas irréguliers, et que l'eau et le feu l'ont constitué sous ces deux formes distinctes : Neptune et Pluton sont donc les divinités qui ont présidé à sa création.

Terrains neptuniens ou sédimentaires en Bretagne.

§ III.

TERRAINS NEPTUNIENS OU SÉDIMENTAIRES.

Les terrains formés par les eaux ont tous un caractère général : la *stratification*, ou superposition parallèle de leurs couches, qui est invariable. Cet ordre est celui des déluges successifs pendant lesquels ils se sont constitués, et si leur régularité, leur horizontalité ont disparu dans les pays montagneux ; si nous les y voyons ondulés ou anguleux, verticaux ou inclinés ; en un mot, s'ils sont placés en *stratification discordante*, c'est qu'ils ont été brisés, recourbés même en sens inverse, comme des bulles colossales d'un monde en effervescence à l'époque de sa formation, où l'eau et le feu étaient en lutte.

En allant du connu vers l'inconnu, de la surface vers le centre, nous remarquerons : les alluvions, les terrains tertiaires, les terrains secondaires et les terrains de transition, qui reposent sur les terrains plutoniques.

Les *alluvions* sont des amas de sable, de graviers, de cailloux jetés par le courant des eaux dans les plaines, dans les vallées, de même que sur les montagnes. Les savants appellent *diluvium* les alluvions anciennes produites par les catastrophes violentes à l'époque des déluges. Quand la terre végétale recouvre ces alluvions, elles deviennent fertiles ; les plantes y poussent naturellement et les animaux y naissent aussitôt. Mais quand les sables ne sont pas recouverts, la vie ne peut s'y développer, et le désert apparaît avec ses horizons trompeurs.

Si les sables sont mouvants, le vent les soulève, les déplace, les rapporte aussi au même endroit; ils s'étendent comme un linceul sur les caravanes, sur les cités, sur des contrées entières, et y répandent la mort et la désolation.

Ces sables sont souvent transportés à de très-grandes distances : ainsi le siroco, quand il règne sur la Méditerranée, emporte avec lui une sorte de nébulosité semblable à un léger brouillard; ce n'est autre chose que le sable d'Afrique soulevé par la violence du vent et entraîné au-dessus de la mer jusque dans les régions les plus lointaines. Un savant berlinois a fait cette observation dans la capitale de la Prusse : il a constaté, au moyen du microscope, la présence de parcelles minérales qui proviennent évidemment de la région du Sahara.

Les sables s'entassent aussi sur les plages de la mer et s'élèvent en monticules : ce sont les dunes. Les landes de la Gascogne appartiennent à cette formation.

Journellement encore des alluvions se forment à l'embouchure des fleuves, sur les rivages de la mer, sur les montagnes sous-marines, et finissent à la longue par exhausser le sol; elles produisent des bancs qui sont un obstacle à la libre communication, un défi jeté par la nature à la hardiesse des navigateurs.

Les sables très-fins réduits en poussière et précipités au fond des eaux s'y mélangent avec les matières animales ou végétales en décomposition, et se transforment en *limons* ou *vases*.

Les terrains d'alluvion sont les plus importants, car ils constituent les champs arables, dont les propriétés varient suivant les parcelles minérales qu'ils renferment et qui les rendent aptes aux diverses cultures.

C'est également dans les sables des alluvions que s'opère le lavage des métaux natifs et des pierres fines provenant de la destruction des roches anciennes, où ces matières précieuses avaient été emprisonnées.

Quand on pénètre dans l'intérieur de la terre, on ren-

Alluvions sur les montagnes. (Nazareth, en Palestine.)

contre souvent des couches de sables dits mouvants ou coulants; ils se meuvent, ils coulent dès qu'ils peuvent s'échapper par la moindre issue; ils renversent, par leur pression, les travaux des mines qui ne sont pas assez solides pour y résister. Malheur aux ouvriers qui s'y aventurent par des puits ou des galeries ; ils peuvent y être ensevelis vivants s'ils ne sont pas assez attentifs pour prévoir le danger quand il est encore loin, ou le fuir quand il est déjà près.

La terre la plus fertile, ou *terre végétale*, ou *terreau*, ou *terre franche*, contient des parties à peu près égales d'alumine, de calcaire, de silice, et en plus de l'*humus*, qui est le résidu de la décomposition des substances organiques [1].

Suivant que l'un de ces éléments prédomine, le sol est ou argileux, ou sablonneux, ou calcaire, ou crayeux.

Plusieurs genres de plantes alimentaires et d'arbres ne réussissent que dans des terrains particuliers. Le froment préfère le sol auquel l'argile donne de la consistance, et il vient mal dans les terres sablonneuses, où le seigle, au contraire, pousse avec abondance.

Si la végétation dépend de la constitution des couches arables, — dont l'épaisseur moyenne est d'un pied, — elle dépend aussi du terrain qui se trouve immédiatement au-dessous, ou du sous-sol.

Un sous-sol compacte empêche la filtration des eaux, et est toujours funeste à l'agriculture. Pour que le sous-sol puisse contribuer à la fertilité, il faut qu'il soit perméable, sans cependant se laisser pénétrer trop vite, car les eaux des engrais n'auraient pas le temps d'abandonner dans la couche arable les principes fertilisants qu'elles tiennent en suspension. Donc, si le sous-sol est imperméable, il faut l'amender par certains travaux, parmi lesquels le drainage occupe le premier rang.

---

[1] *Humus*, mot latin qui signifie terreau ou terre végétale.

Les *terrains tertiaires* se trouvent sous les alluvions. Les roches commencent à se former ; l'argile devient compacte ; les calcaires apparaissent ; mais la dureté de ces couches est faible, car elles n'avaient pas été soumises à une forte pression. Elles sont encore cultivables, mais avec des soins infinis ; il faut en enlever les pierres trop grosses, y apporter des terres pour recouvrir les endroits dénudés, et surtout beaucoup de fumier. Dans ce terrain, on trouve des substances accidentelles, telles que le soufre, le sel, les minerais de fer, le lignite ; on y rencontre également des fossiles de plantes et d'animaux.

La succession des divers étages des terrains tertiaires peut être établie dans l'ordre suivant : marnes, calcaires lacustres[1], gypses, calcaires grossiers, argiles plastiques, pouddingues, brèches.

Les *terrains secondaires* se présentent au-dessous des terrains tertiaires. Ils se composent de masses minérales déposées, comme précédemment, dans les eaux, mais à une époque antérieure. Les calcaires y dominent ; ils alternent avec les marnes, avec les roches arénacées, dont le quartz est l'élément principal.

La formation secondaire se subdivise en trois étages : l'étage crétacé, l'étage jurassique et l'étage de trias.

La formation *crétacée* (du latin *Creta*, l'île de Crète, où la craie se trouve en abondance) renferme diverses

[1] Lacustre ou lacustral, du mot latin *lacus*, lac. Les formations lacustres sont des couches de terrain qui paraissent avoir été ensevelies sous les eaux douces.

sortes de craies, des pierres à plâtre, des marnes, du grès.

La formation *jurassique* tire son nom des montagnes du Jura, — *mons Jura*, comme Jules César l'appelait, — qui s'étendent de France en Suisse et en Allemagne. Elle se compose de trois séries, dont la première est caractérisée par les pierres lithographiques, la seconde par les schistes bitumineux, la troisième par les minerais de fer. Comme appendice du terrain jurassique, on remarque une espèce d'argile, le *weald clay*, argile des forêts, qui sépare en Angleterre la craie de l'argile ordinaire, et qui s'était déposée dans l'eau douce. La formation jurassique est très-importante; on la trouve partout : dans toute l'Europe, dans les Indes, en Perse, au Caucase, en Algérie, dans la régence de Tunis. En Amérique, on a découvert certains coquillages pétrifiés qui n'appartiennent qu'à cette formation. La prédilection des géologues pour ce terrain est justifiée par la grande masse de débris fossiles qu'on y rencontre.

La formation du *trias* renferme, comme son nom l'indique, trois séries de roches; ce sont : la marne irisée, avec le sel gemme et des schistes cuivreux; vient ensuite le calcaire coquillier, puis le grès rouge ou bigarré compacte, qui renferme souvent des géodes, avec de beaux cristaux de quartz.

Ces couches de grès, formées de grains de sable, avaient été molles autrefois.

Cette observation a été faite pour la première fois dans la vallée du Connecticut, de l'État de Massachussets, où l'on a découvert des traces d'oiseaux sur des couches de grès. En Allemagne, on a trouvé les traces d'un ours antédiluvien sur des bancs d'argile où les grès s'étaient déposés ultérieurement, de manière qu'ils présentaient ces empreintes en relief.

Les *terrains de transition* sont formés de couches qui deviennent de plus en plus cristallisées à mesure qu'elles approchent des zones ignées.

Ce ne sont plus des roches simples formées d'une seule espèce de minéral, mais d'agglomérés, ou roches d'abord désagrégées, puis réunies par un mastic minéral d'une provenance étrangère. Ces terrains se présentent sous l'aspect de schistes et de rocs disloqués. La houille s'y trouve. Aussi donne-t-on à toute cette formation le nom de terrains houillers; ce sont des mélanges de pierre, de houille et de bitume, tels que le grès houiller. Les calcaires, en faible quantité, y sont cristallins, colorés en gris, même en noir.

Les grès mélangés de mica et de feldspath forment des couches très-étendues. C'est là que les premiers êtres ont commencé à se développer.

Le terrain houiller est recouvert par le grès rouge, que les géologues allemands appellent : *das rothe todtliegende*, ou fond stérile rouge ; comme il ne renferme pas de minerais, il est stérile pour les mineurs.

La dernière couche des terrains de transition est la *formation silurienne*, qui tire son nom de l'ancien royaume des Silures, en Angleterre [1]. Les Silures étaient un peuple celtique, célèbre dans l'histoire pour s'être opposé jusqu'à la mort à l'invasion des légions de l'empereur Vespasien.

---

[1] Ces dénominations de jurassiques, siluriens, etc., etc., n'ont rien d'absolu; elles varient suivant les usages adoptés dans chaque pays. Ainsi les Américains ont la formation canadienne, etc.

§ IV.

TERRAINS PLUTONIQUES OU IGNÉS.

Nous voici dans les régions du feu. Des crêtes tran-
chantes, des cimes déchiquetées, des pics saillants, des

Terrain plutonique. (Le Blocksberg, dans le Hartz, où les Germains, avant
leur conversion au christianisme, célébraient les fêtes des sorcières le
1ᵉʳ mai, jour considéré par eux comme le plus saint de l'année.)

Terrains plutoniques couverts d'alluvions et transformés en contrées fertiles.

Terrains plutoniques. (Mont Thabor.)

récifs nous entourent; ce sont les terrains plutoniques, amas massifs, compactes, non stratifiés. Quand ils sont dénudés ils impressionnent fortement, par leur aspect grandiose et sauvage, le voyageur auquel ils offrent l'image de la désolation; tout y est triste, silencieux. Mais quand, sur leur pente, ils sont couverts d'alluvions, la vie renaît, et ils se transforment en paysages charmants.

Les roches ignées ont souvent des fentes qui les divisent en blocs, en bancs, en tables, en prismes; tels sont les basaltes. Ces coupures géométriques proviennent du retrait opéré dans les masses primitivement fluides, lesquelles, dans la suite des temps, se sont refroidies, solidifiées et contractées. Ce sont des *roches volcaniques* que les cratères rejettent encore aujourd'hui sous forme de laves.

Aux terrains ignés on peut ajouter les *terrains métamorphiques*, qui résultent de l'altération qu'ont subie les roches de sédiment, par suite de leur contact avec les roches ignées, quand celles-ci étaient à l'état liquide.

La contexture des roches sédimentaires est devenue cristalline, comme si leurs éléments avaient éprouvé la fusion, ou comme s'ils avaient été ramollis au point de s'agréger sous forme de cristaux. Le métamorphisme est donc une pénétration minéralogique, un changement de forme, ainsi que l'indique le mot grec *métamorphose*. Cette formation ignée sert peu à l'homme; c'est avec de grands efforts seulement qu'il arrive à la percer pour y chercher des filons métalliques, ou y tailler des blocs.

On admet trois séries dans ces terrains ignés, qu'on

appelle aussi la *formation azoïque*, d'un mot qui signifie : absence d'êtres vivants.

La première, sur laquelle reposent les sédiments, renferme les roches de talc ;

Terrain volcanique produit en 1866. (Promontoire de l'île du roi Georges dans la rade de l'île de Santorin, Archipel grec.)

La deuxième contient des pyroxènes, du gneiss ou granit schisteux ;

La dernière est le granit confus ; au-dessous il n'y a plus que des laves en fusion, — l'inconnu.

§ V.

ÉTUDE DES TERRAINS DANS LA NATURE.

La division des terrains telle que nous venons de la présenter n'est pas la seule admise. Les géologues se sont de tout temps appliqués à l'étude de classifications et de nomenclatures tour à tour prônées et adoptées, puis discutées et abandonnées. On s'est surtout attaché à multiplier les dénominations des terrains, qu'on a empruntées à la contrée où ils se montrent en grandes masses et où leur découverte a eu lieu. Ainsi on a, comme nous l'avons vu, les séries dévoniennes, cumbriennes, — des provinces anglaises du Devonshire et du Cumberland.

Nous n'attachons aucune importance à ces systèmes. Ils sont tous bons dès qu'ils sont clairs, simples, compréhensibles sans grand effort; et surtout, s'ils ne s'emparent pas de l'esprit uniquement au profit de désignations, de classes, de catégories, de genres, et au détriment de la connaissance des choses et de leur utilité réelle [1].

[1] Voici à titre de renseignement deux autres divisions des terrains, dans lesquelles nous avons gardé l'ordre descendant, c'est-à-dire en commençant par les plus modernes. Beaucoup de géologues adoptent l'ordre ascendant ou chronologique, en commençant par les formations les plus anciennes; ils remontent ainsi du centre de la terre vers sa surface, c'est-à-dire de l'inconnu au connu.

CLASSEMENT DES TERRAINS EN TREIZE FORMATIONS :

1re Formation : Les *alluvions* ou dépôts modernes;
2e Formation : Le *terrain paléothérien* ou *supercrétacé*, renfermant
   des débris de paléothérium fossile;

Gorge d'El Kantara, à l'entrée du désert de Sahara, près de Biskra,
lieu favorable à l'étude géologique des terrains.

C'est alors à ces deux grandes divisions, les terrains neptuniens, sédimentaires ou stratifiés, et les terrains

3ᵉ Formation : Le *terrain crétacé*, composé de craie, tel que le terrain de Paris ;

4ᵉ Formation : Le *terrain jurassique*, divisé en lias (renfermant les coprolithes) et en couches oolithiques ou calcaire globulaire ;

5ᵉ Formation : Le *trias*, composé de trois terrains distincts : grès, calcaire, marne ;

6ᵉ Formation : Le *terrain pénéen* (pauvre, rare, qui manque souvent dans l'ensemble des formations), composé de grès et de calcaire, également comme le terrain précédent, mais plus ancien ;

7ᵉ Formation : Le *terrain carbonifère* (houiller), composé principalement de couches de houille et de grès houiller ;

8ᵉ Formation : Le *terrain dévonien*, très-développé dans la province du Devonshire en Angleterre et sur les bords du Rhin, se compose de grès ;

9ᵉ Formation : Le *terrain silurien* ou calcaire fossile ;

10ᵉ Formation : Le *terrain cumbrien*, dans la province de Cumberland, composé de schistes d'ardoise, renferme les premiers vestiges de l'organisme ;

11ᵉ Formation : Le *terrain volcanique*, composé de laves, basaltes, trachytes ;

12ᵉ Formation : Le *terrain porphyrique*, renfermant les porphyres et les serpentines ;

13ᵉ Formation : Le *gneiss* et le *granit*.

CLASSEMENT DES TERRAINS EN QUINZE SECTIONS, OU PÉRIODES, OU DIVISIONS, OU FORMATIONS, OU COUCHES, ETC., ETC., GÉNÉRALEMENT ADOPTÉ PAR LES GÉOLOGUES MODERNES.

1ᵉ Terrains de formation contemporaine. — Alluvions, volcans ;

2ᵉ Terrains tertiaires de l'étage supérieur. — Diluvium, c'est-à-dire des alluvions anciennes : sables, graviers, tufs à fossiles, il se forme en même temps des éruptions volcaniques de basalte et de trachyte ;

3ᵉ Terrains tertiaires de l'étage moyen. — Calcaire d'eau douce, grès, lignite ;

4ᵉ Terrains tertiaires de l'étage inférieur. — Marnes, gypse, calcaire grossier, argiles plastiques, fossiles de mammifères ;

5ᵉ Terrains secondaires crétacés de l'étage supérieur. — Calcaire crayeux, couches de silex ;

6ᵉ Terrains secondaires crétacés de l'étage inférieur. — Craie tuffeau, grès verdâtre ou grès vert, sables ferrugineux ;

plutoniques, ignés, éruptifs ou cristallins, qu'on doit s'en tenir dans la pratique.

La séparation des diverses couches qui composent ces terrains est très-délicate et difficile à saisir, et ce n'est pas dans les livres qu'on apprend à les distinguer; les excursions dans les montagnes, les voyages, peuvent seuls donner des notions exactes et intelligibles sur la composition de l'écorce terrestre.

Ces différentes couches peuvent être observées dans les versants très-élevés, sur les rochers escarpés mis à nu par les eaux des ravins, dans les puits, les sondages artésiens, les mines, les tranchées, dans les excavations entreprises pour la recherche de la marne, de l'argile, de la chaux ou du plâtre; — car un profil de la terre comprenant toutes ces divisions successives, depuis les terrains labourables jusqu'au granit, n'existe probablement nulle part. Dans chaque localité il manque

7° Terrains secondaires jurassiques. — Calcaires compactes, marnes et couches d'argile alternantes, divisées en plusieurs étages ou périodes passant du calcaire oolithique au lias et au grès;

8° Terrains secondaires triassiques. — Marnes irisées, gypse, sel gemme, calcaire coquillier, grès bigarré;

9° Terrains secondaires de grès. — Grès rouge, poudingues;

10° Terrains secondaires pénéens. — Calcaire, schistes, conglomérats, grès;

11° Terrains de transition carbonifères. — Grès, schistes, houille, fer, calcaire bleu ou houiller;

12° Terrains de transition dévoniens. — Grès rouge ancien, anthracite;

13° Terrain de transition siluriens. — Calcaire, ardoises, grès à gros grains;

14° Terrains de transition cumbriens. — Calcaire compacte, schiste argileux à contexture cristalline;

15° Terrains primitifs. — Roches granitiques.

On voit par ces deux tableaux que les divisions géologiques ne diffèrent que par la forme, et qu'il serait inutile de multiplier davantage ces spécimens. Il est vrai que nous aurions pu les fondre ensemble, mais c'eût été créer à notre tour un nouveau système, et il nous semble qu'il y en a déjà un nombre suffisant.

tantôt l'une, tantôt l'autre de ces formations. Des couches récentes ne reposent pas toujours sur celle qui,
d'après l'ancienneté, en formerait la base immédiate,
mais sur une couche plus ancienne. C'est ainsi, — pour
ne citer qu'un exemple, — que la craie est placée directement sur la houille, quand la couche intermédiaire, le
grès, fait défaut; mais nulle part on ne trouverait la
houille posée sur la craie. L'ordre géologique n'est

Rochers escarpés en Écosse.

jamais interverti, et cet ordre, constaté d'après des
observations séculaires, peut se vérifier sur les étendues
considérables de terrain visitées jusqu'à ce jour, mais
qui ne forment encore qu'une petite partie de la surface
de la terre; car l'Afrique, l'Asie, l'Australie et les deux
tiers de l'Amérique nous sont inconnus, et même les
couches connues n'ont été explorées que superficiellement et non pas en profondeur.

La plus grande hauteur à laquelle l'homme s'est élevé sur les montagnes est de 4,000 mètres; la profondeur à laquelle il soit descendu dans les mines ne dépasse pas 800 mètres; ces deux nombres réunis forment approximativement la dixième partie de l'enveloppe solide de la terre.

Étudier cette fraction pour connaître le tout semble opérer sur fort peu de chose. Mais ce peu renferme des quantités que l'imagination la plus hardie ne pourrait guère embrasser, s'il fallait cuber les roches dans les monts, compter les pierres dans les vallées, ou mesurer les sables dans le lit des fleuves et des mers.

Et c'est dans les montagnes, et dans les vallées, et au fond des eaux, que l'homme fouille et creuse sans cesse; il y cherche les trésors qu'il croit utiles à son bonheur, il y trouve la tombe nécessaire à son repos.

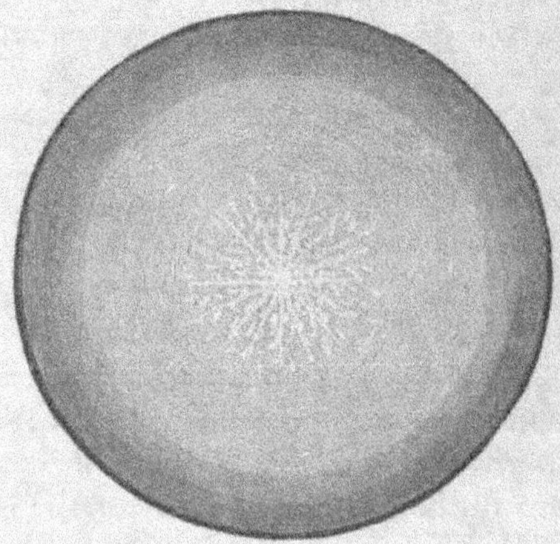

Écorce terrestre enveloppant les matières centrales en fusion.

CHAPITRE DEUXIÈME

LA PALÉONTOLOGIE
OU HISTOIRE DES ÊTRES ANTÉDILUVIENS.

§ I.

ORIGINE DE LA PALÉONTOLOGIE.

A Paléontologie, cette science créée par l'illustre naturaliste Cuvier, a pour objet l'étude des fossiles et des pétrifications [1].

Les *fossiles* proprement dits sont des corps organiques enfouis à l'état naturel dans la terre ; tels sont l'ambre, les éléphants antédiluviens ou mammouths, etc. On les rencontre dans les formations récentes.

Les *pétrifications* appartiennent aux périodes anciennes, et ne renferment plus que des matières inor-

[1] Cuvier, né en 1769 à Montbéliard, fit ses études à l'Académie de Stuttgart (Wurtemberg). A son retour en France, il s'occupa spécialement d'histoire naturelle, et se fit remarquer par ses cours et par ses écrits. Il fut nommé successivement professeur au Muséum et au Col-

ganiques. Ce ne sont pas, comme on le croyait autrefois, des jeux de la nature, mais bien des plantes et des animaux qui, tout en conservant leur forme primitive, ont été changés en pierre. Après avoir été moulés dans le terrain et s'y être dissous, ils ont laissé un espace vide qu'une substance pétrifiante a rempli. Cette dernière s'est également introduite dans les coquilles et dans les os, qu'elle a ainsi pétrifiés ; elle se compose, en général, de calcaire pour les animaux et de silice pour les plantes.

N'oublions pas de dire que ce phénomène de la substitution d'un corps à un autre, à la suite d'une action dissolvante, est l'*épigénie*, et qu'on le remarque surtout dans le bois pétrifié. Près de la ville de Nordhausen, en Allemagne, il y en a des couches entières, d'où l'on a extrait les marches de l'escalier de la maison communale. A la terre de Van Diemen, dans la mer Australienne, se trouve toute une forêt dont les arbres ont été changés en agate.

Souvent aussi il ne reste que des empreintes, seule trace laissée par des êtres disparus, à part toutefois quelques parcelles d'os et de l'huile provenant de leur

lége de France, et élevé à de grandes dignités dans l'Université et dans l'administration supérieure.

Comme naturaliste, il a rendu de grands services à la science. Il a donné à la zoologie une classification correcte, et perfectionné l'anatomie comparée en démontrant qu'il existe entre tous les organes d'un même animal une corrélation telle que la connaissance d'un seul de ces organes suffit pour déduire celle de tous les autres. A l'aide de cette loi, il a créé un monde nouveau pour nous, en révélant le monde enfoui dans les ténèbres du passé. Il est parvenu à reconstruire, à *restaurer* avec quelques débris informes plusieurs espèces d'animaux et de végétaux aujourd'hui disparues. Cuvier mourut à l'âge de soixante ans. Il a été surnommé à juste titre l'Aristote du dix-neuvième siècle.

décomposition : cette huile est peut-être le pétrole ou huile de pierre, dont les roches sont imprégnées, et que l'on rencontre aussi en grandes masses, à l'état libre, dans les cavités et les fissures de ces roches.

Toutefois il ne faut pas confondre les pétrifications avec les *incrustations*. Celles-ci proviennent de sources contenant des sels de chaux en dissolution. On y plonge un corps quelconque ; les matières minérales s'y déposent et le recouvrent, l'incrustent sans le faire disparaître, comme dans les pétrifications antédiluviennes. Ces incrustations sont des espèces de pralines. On produit ainsi des bas-reliefs, en faisant couler sur des moules ces eaux artistes.

Il y a des fontaines incrustantes à Clermont, en Auvergne ; à Carlsbad, en Bohême ; à Saint-Philippe, en Toscane. La plus remarquable de ces sources se trouve dans la Nouvelle-Zélande, au sud de l'Australie. Près de la mer sort d'un cratère un jet d'eau dont la température s'élève jusqu'à 80 degrés. Quelquefois l'eau est projetée en masse, et l'on peut voir jusqu'à une profondeur de trente pieds dans l'entonnoir du cratère. L'eau, en s'écoulant des bassins creusés dans le terrain naturel, a produit des terrasses qui ont l'aspect de sculptures dans le marbre ; ce sont de véritables cascades pétrifiées.

§ II.

ÉPOQUES DES FOSSILES.

Les époques des fossiles sont au nombre de cinq; elles ne sont pas entièrement tranchées et laissent encore une grande part au doute; c'est donc plutôt dans leur ensemble que dans leurs détails qu'il faut les envisager, pour en tirer un enseignement pratique; car la superposition chronologique des couches de terrain doit pouvoir se reconnaître non-seulement à la nature des rocs dont elles sont formées, mais aussi aux fossiles qui s'y rencontrent, et dontles espèces se rapportent aux révolutions successives que la terre a dû subir à de longs intervalles et avant les temps historiques.

Dans la présente étude, nous commencerons par l'ère actuelle, que nous avons sous les yeux, et nous finirons par le passé, qui échappe à nos investigations directes; de même, précédemment, pour classer les terrains, nous étions partis de la surface du globe, que nous voyons, pour nous rapprocher de son centre, qui nous reste caché.

Quant à l'époque ou âge des formations renfermant les fossiles, ce n'est qu'un terme de comparaison, puisque l'on ne connaît pas le nombre des années employées à la création d'une couche de terrain, et qui peut s'élever aussi bien à des milliers qu'à des millions. L'âge veut dire : superposition successive des roches; ainsi le calcaire est moins âgé que le granit, puisqu'il le recouvre.

L'*âge actuel*, celui de l'apparition de l'homme sur la terre, correspond à la formation des terrains d'alluvion, où l'on découvre souvent des fossiles que les eaux arrachent aux couches plus anciennes, charrient lors des crues et des inondations, et déposent, quand leur niveau baisse, sur les rives des ruisseaux et des fleuves.

Grotte ayant servi d'habitation aux hommes antédiluviens.

L'*âge quaternaire* est caractérisé par le diluvium, où existaient, avec tous les animaux actuels, quelques races éteintes que l'on trouve encore dans l'âge suivant. Des ossements d'ours, de hyènes, et de beaucoup d'autres carnassiers, se rencontrent dans les cavernes où ils avaient établi leurs repaires. On en extrait par centaines ces animaux primitifs, qui ne diffèrent pas essentiellement des races actuelles. C'est là qu'on découvre aussi des ossements humains, ainsi que les ustensiles fabriqués par l'homme des temps antéhistoriques; ce serait l'homme fossile ou le témoin des premiers déluges.

A *l'âge tertiaire*, vivaient sur les terrains tertiaires, en compagnie des pachydermes, ou animaux à peau dure, tels que les hippopotames, les tapirs, les rhinocéros, les éléphants, — d'autres pachydermes aujourd'hui disparus. C'étaient surtout les *mammouths*, ou éléphants à défenses recourbées; ils sont innombrables dans la Sibérie, où l'on en trouve encore avec leur chair, et parfaitement conservés dans les glaces.

Quand la température permet de s'approcher des contrées polaires, les ours arrivent et se nourrissent de cette viande antédiluvienne. Il existe au Kamtschatka des îlots entiers formés d'ivoire fossile, qu'on exploite comme les pierres dans une carrière; on y découvre des défenses de quinze pieds de longueur, déjà connues et employées du temps des Romains. L'ivoire ancien est verdâtre, on le nomme *ivoire vert*: il perd sa couleur au contact de l'air; exposé au soleil, il blanchit parfaitement.

Les Sibériens croient qu'il y a encore des mammouths vivants, qui habitent dans des terriers; du reste, le mot tartare *mama*, terre, semble le faire présumer.

Les éléphants fossiles découverts dans l'Amérique septentrionale sont les *mastodontes*; ils avaient, outre les deux grandes défenses supérieures, deux défenses inférieures plus petites.

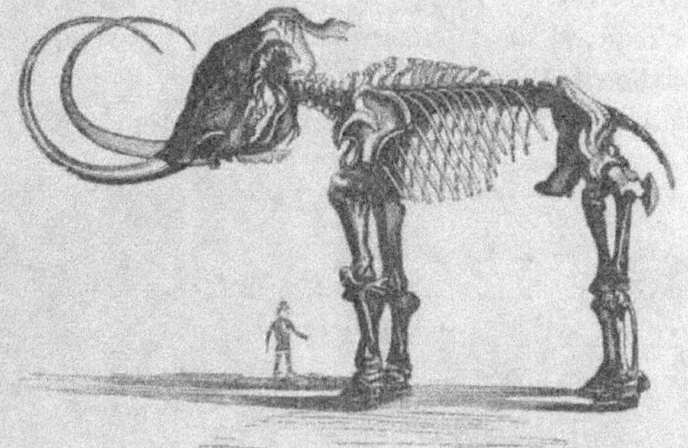

Squelette du mammouth exposé dans le cabinet d'histoire naturelle
à Saint-Pétersbourg.

Mammouth de Sibérie ayant été conservé dans la glace.

A l'époque tertiaire existaient aussi des ais géants, des cerfs avec des cornes étendues comme les branches d'un chêne, et dont les squelettes sont conservés dans les tourbes de l'Irlande.

Les baleines et les dauphins sont nombreux; les

Mégathérium et mammouth attaqués par les hommes antédiluviens restaurés.

arbres à feuilles naissent; les palmiers, les conifères se développent.

Dans les étages inférieurs, où l'on trouve l'ambre avec des insectes et le lignite avec des empreintes de plantes, vivaient des mammifères dont la race a disparu; on leur a donné des noms composés de mots empruntés à des

Squelette du mégathérium de Cuvier
exposé dans le Jardin des plantes à Paris.

Mégathérium restauré.

langues mortes : *palaïos*, qui veut dire ancien ; *megas*, qui signifie grand.

Voici le *paléothérium*, tapir plus grand qu'un éléphant, qui s'ébattait dans les joncs. Le *mégalonyx*, espèce de rhinocéros avec une corne forte comme l'éperon d'une frégate cuirassée, ravageait les forêts vierges. Le *dinothérium*, le plus grand des animaux terrestres, vivait aux bords des lacs et des marais ; ce qui le distingue, ce sont les deux défenses inférieures recourbées en dedans qui lui servaient de pics pour arracher les racines des plantes aquatiques dont il se nourrissait. De cette créature gigantesque on a trouvé une tête entière qui avait neuf pieds de hauteur.

Voici encore le *mylodon robustus*, dont on a déterré le squelette entier près de Buénos-Ayres ; il ressemble au *mégathérium* de Cuvier exposé dans la galerie minéralogique de notre Jardin des plantes.

A cette époque, la terre, les mers et les airs commençaient à se peupler. On y voit les oiseaux, dont un des plus anciens vestiges est l'*oiseau de Montmartre*, découvert par Cuvier dans le terrain gypseux de la commune de Montmartre, à Paris.

Épiornis est le nom que les savants ont donné à un oiseau inconnu qui a pondu l'œuf colossal, — unique pétrification de ce genre, et précieusement conservé à quelques pas du *mégathérium Cuvieri* dont nous venons de parler.

Comme coquillages pétrifiés dans les formations nouvelles, nous voyons la *cérite*, ou obélisque chinois.

La *cérite gigantesque* vit encore dans les mers du Sud ; on la trouve enfermée dans le calcaire de Paris.

Oiseau de Montmartre.

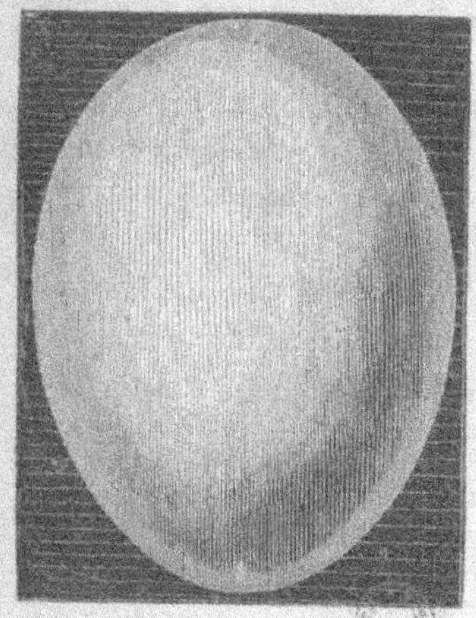

OEuf de l'épiornis.

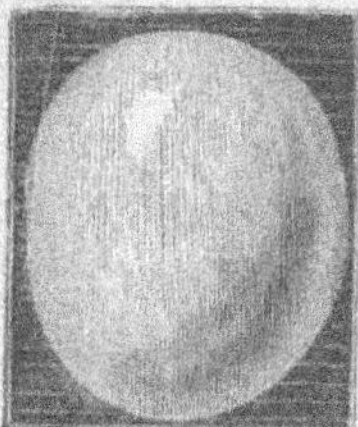

OEuf d'autruche.

OEuf
de poule.

A l'*âge secondaire*, lors de la formation des montagnes jurassiques, paraissent, puis disparaissent les reptiles de l'ordre des sauriens. Leurs espèces sont très-nombreuses. On y remarque l'*ichthyosaurus* et le *mégalosaurus*, lézards colossaux dont l'un habitait la mer, l'autre la terre; le *plésiosaurus*, crocodile à cou allongé et de dix mètres de longueur, avec des nageoires; l'*iguanodon*, avec sa corne, le plus grand de ces monstres qu'on ne voit plus que dans les rêves.

A cet âge appartient le premier oiseau qui se présente sous la forme modeste d'empreinte dans les pierres lithographiques de Soblenhofen, en Bavière.

Ce qui caractérise surtout cette période secondaire, c'est la quantité infinie de coquillages dont il suffit de donner quelques spécimens.

L'*acantholente* vient des formations jurassiques de l'Allemagne. La *bélemnite*, d'un mot grec qui signifie flèche, est aussi appelée *pierre de tonnerre*, parce qu'on la croyait formée par la foudre tombée dans les pierres; on la trouve dans le lias. Les empreintes de cet animal dans les argiles schisteuses sont connues sous le nom de *pierres de lynx*.

Les couches inférieures des terrains crétacés renferment des *criocères* et des *ancylocères*. Plus bas encore on rencontre les *turrulites*, quelquefois plus haut aussi; des montagnes entières en sont formées; puis viennent les *toxocères*.

Mais les coquillages par excellence, ce sont les *cornes d'Ammon*, ou *ammonées*, ou *ammonidées*, ou *ammonites*, qui ressemblent aux cornes de bélier dont était ornée la tête de Jupiter Ammon. Ce roi des dieux avait un

temple dans l'oasis Ammon du désert de sable de la
Libye. Le mot grec *ammos* signifie sable.

Comme pendants de ces escargots classés en deux

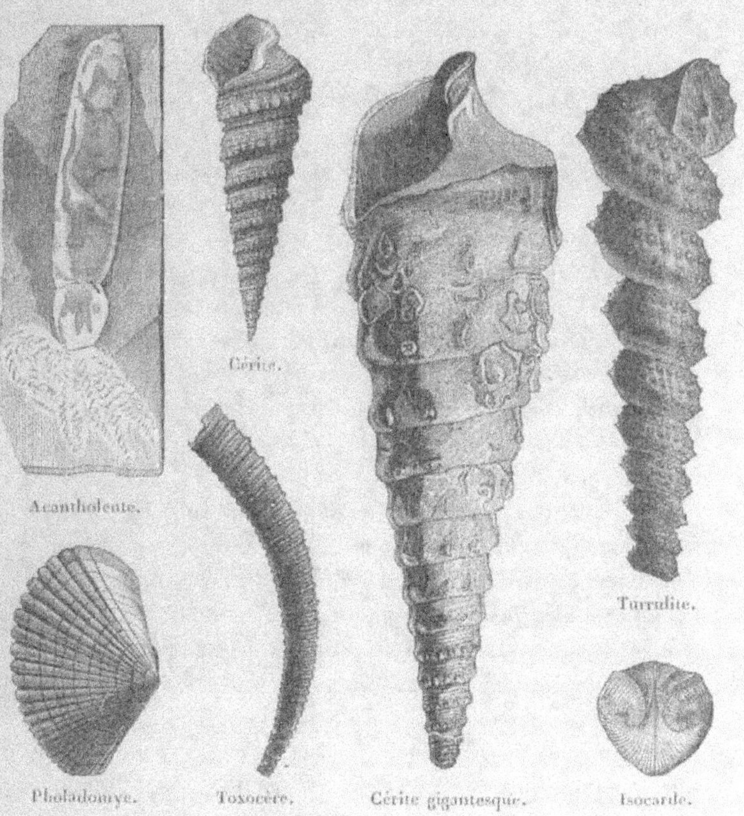

cent cinquante espèces, et dont quelques-uns ont deux
pieds de diamètre, on trouve des *tortues* fossiles qu'on
prendrait pour des bateaux échoués sur les rivages des
déluges.

Nous sommes enfin arrivés à l'âge primordial; c'est l'*époque éocène*, l'aurore de la création. Nous voyons dans les terrains sédimentaires compactes ou de transition, des mollusques, des coraux, des polypiers, des crustacés, des infusoires, qui occupent l'échelon le plus bas de l'organisme et qui n'ont plus d'analogues parmi les espèces actuelles; des montagnes entières sont composées uniquement des débris microscopiques de ces êtres dont il y a des milliers d'espèces. On y trouve aussi des individus entiers : ce sont des coquillages, qu'on a divisés par périodes correspondant aux couches de terrain, en familles et en genres ayant des noms aussi difficiles à prononcer qu'à retenir : des *trilobites*, des *spirifères*, des *orthocéras* (du mot grec *orthos*, droit), dont il y a des spécimens de deux mètres de longueur; des *productus*, des *ptérigotus bilobus*, des *cupressocrines*, des *hémiscomites*, des *plagiostomes*, des *rhizopodes*, et ainsi de suite à l'infini.

On y voit des vers avec des nageoires, tels que : l'*eozon canadense*, ou le premier animalcule de la création découvert au Canada. Voici l'*oldhamia* : est-ce une plante ou un animal, qui peut le savoir? On y trouve les algues des forêts sous-marines. Enfin on distingue encore quelques empreintes à peine visibles de petits animaux ressemblant à des crochets, à des virgules.

Puis toute trace de vie cesse; nous touchons au sombre domaine de Pluton et au mystérieux commencement du monde.

Vous devez être fatigué, patient lecteur, de cette marche forcée à travers les âges primitifs; arrêtons-nous donc un instant, et pendant que vous prenez un

Plésiosaurus entre deux ichthyosaurus.

Oiseau de Soldenhofen, dit archæoptéryx.

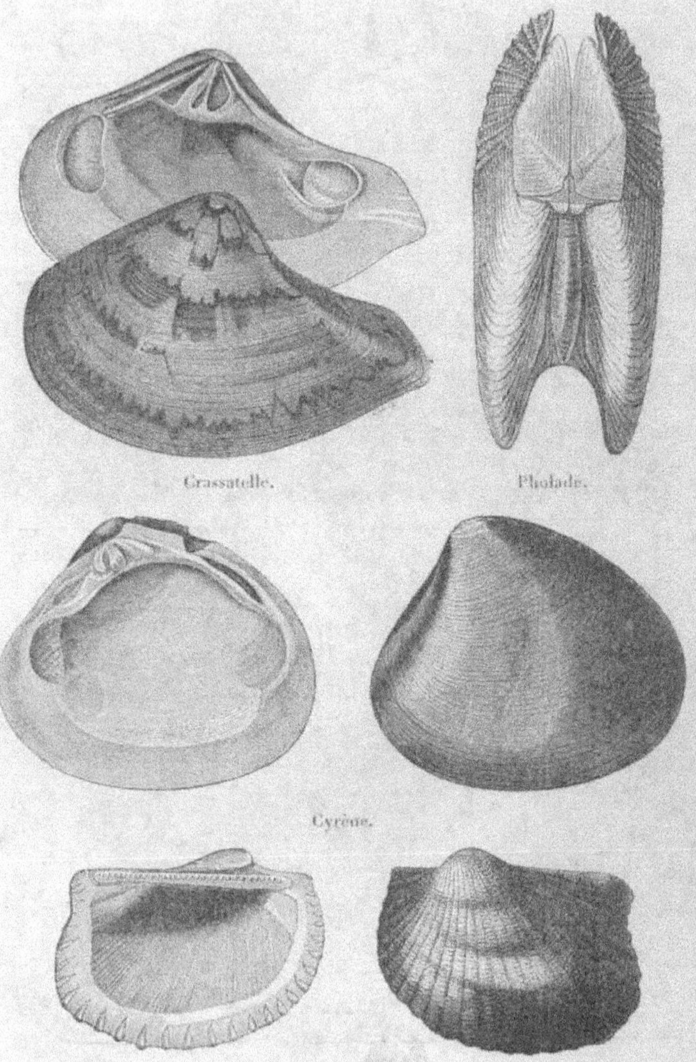

Crassatelle.
Pholade.
Cyrène.
Arche.

Corne d'Ammon.

Bélemnite.

Orthocéras.

Corne d'Ammon.

Ancylocère.   Scaphocère.   Hamite.

peu de repos, j'aurai l'honneur de vous raconter une anecdote qui touche la paléontologie.

Reportons-nous aux temps mémorables de la Révolution de 1789.

L'armée républicaine du Nord traverse la frontière. Déjà elle envahit les Pays-Bas, qui sont rapidement annexés à la France. La ville de Maëstricht seule résiste à l'élan et au patriotisme des héroïques soldats de la Convention. L'ordre est donné aux artilleurs de soumettre cette place. Les batteries sont dressées, les canonniers sont à leurs pièces, et quelques heures suffiront pour réduire en cendres la cité ennemie.

Mais elle renferme un lézard antédiluvien que des tailleurs de pierre avaient découvert aux environs, sur la montagne de Saint-Pierre, et qu'ils avaient vendu à un naturaliste de la localité nommé Hoffmann.

Mausiosaurus Hoffmanni est le nom qui fut donné à l'animal pétrifié. Il avait vingt-cinq pieds de longueur et une colonne vertébrale de cent trente vertèbres, avec une queue ressemblant à une rame de canotier.

Sur cette montagne de Saint-Pierre était bâtie une église dont le curé, actif surveillant des biens qui lui étaient confiés, ne tarda pas à réclamer pour son diocèse le curieux fossile, qui lui fut adjugé après un dispendieux procès.

C'est donc cet inestimable saurien qu'il s'agit d'épargner et de conquérir à tout prix. Tel est l'avis des savants qui accompagnent le corps d'armée. Que les maisons brûlent, que les monuments s'écroulent, peu importe, on les rebâtira; — pourvu que la précieuse trouvaille soit sauvée; car, une fois perdue, elle le sera à tout jamais.

Et les formidables coups de canon passent à côté du presbytère où elle est conservée!

Le rusé chanoine devina bientôt pourquoi une si grande faveur était accordée à son habitation, et il s'empressa, pour plus de sûreté, d'enterrer profondément dans la cave son trésor antéhistorique.

La ville est prise d'assaut. L'autorité révolutionnaire s'y installe et fait justice à sa manière. Le jugement dans l'affaire Mausiosaurus est cassé, et le fidèle serviteur de

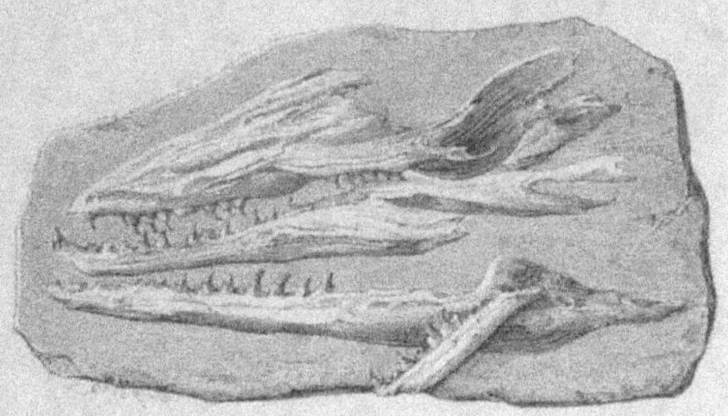

Mausiosaurus Hoffmanni, ou le grand animal de Maëstricht
(Saurien de la Meuse).

l'Église révoqué de ses fonctions. Voyez où peuvent conduire l'amour de la paléontologie et la passion des fossiles!

Les héritiers du naturaliste Hoffmann reçoivent une pension de l'État, et le représentant du peuple s'empare enfin de la célèbre pétrification, au nom de la République une et indivisible.

Hélas! le lézard des temps passés n'était plus entier; il n'en restait que la tête. On l'expédia néanmoins au Jardin des plantes, à Paris, où on peut le voir en nature

dans la galerie des minéraux, et en empreinte dans le
Cabinet anatomique, en compagnie du squelette du cheval de bataille de l'empereur Napoléon Ier, et des bustes
moulés de Cartouche le brigand, et de Fieschi le
régicide.

(Diornis.)   (Paléoptéryx.)

Oiseaux antédiluviens restaurés.

CHAPITRE TROISIÈME

---

§ I.

ORIGINE DE LA MINÉRALOGIE.

Dans les temples de la Grèce, les minéraux rares étaient jadis exposés, concurremment avec des plantes et des animaux. Ces collections furent donc, en quelque sorte, les premiers cabinets minéralogiques.

Hippocrate parle des pierres, mais seulement au point de vue médical. Aristote s'occupe du classement des minéraux ; un de ses disciples, Théophraste, le divin parleur, a écrit, quatre cents ans avant l'ère chrétienne, un traité des pierres. Pline le Naturaliste mentionne les minéraux dans un chapitre spécial de son Histoire naturelle ; il y constate un grand nombre de faits qui intéressent encore de nos jours les beaux-arts et la technologie.

Avicenne essaya d'établir une classification scientifique des minéraux; il les divisa en quatre sections, comprenant : les métaux, les pierres, les matières sulfureuses et les sels.

En nous rapprochant de l'époque moderne, nous voyons Agricola qui définit les signes extérieurs des minéraux. Ses observations sont consignées dans un livre intitulé *De la nature des fossiles*. Il y donne indistinctement le nom de fossiles à toutes les substances minérales.

Dans sa *Physica subterranea*, publiée en 1700 à Francfort, le naturaliste Becker considère les minéraux uniquement au point de vue de leur composition.

En prenant pour base les quatre éléments : l'air, le feu, l'eau et la terre, il obtient la classification suivante :

Les minéraux d'air, qui se changent en air par leur propre chaleur : ce seraient les combustibles fossiles, tels que la houille et le soufre;

Les minéraux de feu, qui ont l'éclat du feu, ou les métaux et les minerais brillants;

Les minéraux d'eau, qui se dissolvent : ce sont les sels;

Enfin les minéraux de terre, qui ne peuvent être brûlés comme les combustibles, ni fondus comme les métaux, ni dissous comme les sels : ce sont les pierres ou les terres.

Toujours subordonnée à l'empirisme, la minéralogie ne prend un aspect systématique que vers le dix-huitième siècle, par les travaux de Linné. Avec son esprit ordonné, ce grand botaniste rangea les pierres d'après les mêmes principes qu'il avait appliqués à la classification des plantes, et qui reposent sur la détermination exacte de leurs divers caractères et sur leur groupement d'après les signes extérieurs. Il eut en outre le mérite de découvrir la corrélation qui existe entre les différentes formes des cristaux.

Cronstedt, compatriote de Linné, établit sur les bases de la chimie un système de classement des pierres. Il se servit le premier du chalumeau et des réactifs fusibles pour distinguer les diverses substances minérales entre elles; mais il ne fut pas compris de ses contemporains, et ses doctrines, qui datent de 1760, n'eurent pas d'imitateurs.

Quarante ans plus tard, Bergmann continua les analyses de Cronstedt et publia un traité du chalumeau qui dirigea les minéralogistes dans une nouvelle voie, celle de la décomposition chimique.

Malgré ces travaux préparatoires, et malgré les nombreux systèmes de classification qui se succédèrent à des intervalles très-rapprochés, la minéralogie manqua toujours d'une méthode correcte; il n'existait encore que des descriptions sommaires des divers minéraux, avec l'indication de leurs éléments.

C'est alors que parut Werner, le fondateur de la minéralogie moderne. Il combina les caractères physiques des minéraux avec leurs propriétés chimiques; mais les signes extérieurs prévalurent toujours dans son système.

Pendant près d'un siècle ses théories furent le seul guide dans cette branche importante de l'histoire natu-

relle, et aujourd'hui encore elles sont souvent appliquées ; comme nous en verrons plus loin la preuve [1].

[1] Pline l'Ancien ou Pline le Naturaliste, né à Vérone vingt-trois ans
après Jésus-Christ, servit dans les armées romaines. Avide de science, il
travaillait constamment. Lors de l'éruption du Vésuve, dans l'année 79,
curieux d'observer ce phénomène terrible, Pline s'approcha du volcan,
mais il périt asphyxié par les vapeurs et la fumée. Ses principaux écrits se
rapportent à la description de la nature. — Pline le Jeune est son fils
adoptif, il s'est distingué dans les lettres.

Avicenne (Abou-Ibn-Sina), philosophe et médecin en Perse, vivait
environ mille ans après Jésus-Christ; plusieurs potentats de l'Asie l'appe-
lèrent à leur cour comme vizir ou ministre et comme médecin. Il fut un
des premiers à faire connaître Aristote. Les œuvres d'Avicenne ont été
publiées en langue arabe, à Rome, en 1600. Ses *Canons* ou préceptes de
médecine ont été dans tout l'univers la base de l'enseignement thérapeutique
pendant plusieurs siècles.

Agricola est le nom latin qu'adopta, suivant l'usage de son temps, l'éru-
dit Baur; il était né vers 1500, en Saxe; il ne fut pas exempt des préjugés
de son siècle, car il croyait à l'existence de la pierre philosophale; il
publia un traité sur l'alchimie.

Abraham Werner naquit en 1749 dans la haute Lusace, où son père
était préposé dans une fonderie de fer. Là, il vit fondre beaucoup de minerais, mais dont l'état naturel l'intéressa plus que leur transformation en
métaux. Il s'en occupa dès sa première jeunesse; à l'âge de vingt-quatre
ans, il publia le résultat de ses observations dans une brochure qui depuis
cette époque a servi de base à la minéralogie. S'étant distingué dans ces
études spéciales, il fut appelé comme professeur à l'Académie des mines
de Freyberg en Saxe. Il s'occupa également de la géologie et la relia à l'exploitation des mines métalliques. Werner a laissé peu d'écrits; il a préféré
propager ses théories par ses nombreux élèves, qui venaient vers lui de
tous les pays.

Linné, né vers 1700, dans un village de Suède, était fils d'un pasteur.
Les commencements de sa carrière ne furent pas brillants. Placé en
apprentissage chez un cordonnier, il eut néanmoins le bonheur d'attirer
l'attention d'un médecin qui lui reconnut d'heureuses dispositions et lui
fournit les moyens d'étudier la botanique. Les plantes restèrent toujours
l'objet de ses prédilections; il créa pour elles une classification métho-
dique, et il étendit ensuite son système aux minéraux.
Linné est mort comblé d'honneurs, à l'âge de quatre-vingts ans.

§ II.

CLASSIFICATIONS MINÉRALOGIQUES.

Les principes d'après lesquels on établit un système de minéralogie reposent sur la considération des rapports chimiques et physiques qui distinguent les substances minérales les unes des autres. Cependant aucune classification n'a encore été acceptée d'une manière universelle, parce qu'aucune n'a une tendance pratique bien prononcée. Chaque minéralogiste a donc sa méthode propre, qui ne diffère cependant pas d'une manière notable de celles de ses collègues.

Tout classement est arbitraire, car la nature n'a donné aucun indice à ce sujet; elle n'a pas dit que le rubis, — par son éclat, ou le moëllon, — par son utilité, doive occuper le premier rang.

Dans les diverses industries qui se servent des pierres, les systèmes de classification sont complétement inconnus. Les architectes ne s'occupent que des roches qui peuvent être facilement coupées en morceaux réguliers et qui résistent à l'action de l'atmosphère. Les tailleurs de pierre en reconnaissent deux espèces : les pierres dures et les pierres tendres. Les joailliers divisent les pierres précieuses d'après leur beauté et leur prix. Les mineurs ne s'occupent que des pierres qui renferment des métaux, et quand elles n'en renferment pas en quantité suffisante, ils les comprennent toutes sous le terme de *gangues* ou pierres inutiles, et les jettent sur les *haldes* ou dépôts.

En résumé, quant à la valeur d'un système de classification des minéraux, nous y appliquerons les réflexions que nous avons faites au sujet de la classification des terrains géologiques. Tout système est bon, quand il aide à faire connaître la nature des minéraux et leurs usages dans les arts et métiers ; mais quand il n'apprend uniquement que des noms grecs ou latins qu'on inscrit sur des milliers d'étiquettes, il ne rend aucun service, et ne peut être, par cette seule raison, recommandé à l'attention de la jeunesse.

Pour se former une opinion sur la manière de cataloguer les minéraux, nous allons indiquer, avec quelques développements à l'appui, une méthode de classification généralement adoptée, d'après laquelle on peut diviser les minéraux en quatre classes.

La première comprend les *acides libres*, qu'on rencontre dans la nature, savoir :

L'*acide sulfurique* (huile de vitriol), qui résulte de la combustion du soufre. On le trouve dans des grottes en Toscane, et dans l'île de Bornéo ; vient ensuite l'*hydrogène sulfuré*, qui est en dissolution dans les eaux thermales sulfureuses (de Baréges, dans les Pyrénées, entre autres) ; l'*acide borique,* qui est recueilli en Toscane, sur les bords de petits lacs : il s'y présente en petites masses lamelleuses ; enfin l'*acide carbonique*, qui se dégage en abondance dans les terrains volcaniques, comme la grotte des Chiens, à Naples ; les eaux minérales, dites eaux gazeuses, le contiennent ; des cavités sans issue dans les houillères en renferment. La *silice* est également un acide au point de vue de la chimie ; mais au point de vue de la minéralogie, c'est une pierre : le *quartz*.

La deuxième classe contient les *substances métalliques hétéropsides*, c'est-à-dire qui se montrent sous un aspect étranger; ce sont des oxydes de métaux terreux ou les pierres; la base de ces oxydes est le calcium, le baryum, le strontium, le magnésium, l'aluminium, le potassium, le sodium, le sélénium; ainsi il existe huit genres de pierres.

Dans la troisième classe se trouvent les *substances métalliques autopsides*, ou existant sous leur forme naturelle; elles sont douées de leur éclat métallique; ce sont les métaux proprement dits. Ils se présentent à l'état natif ou à l'état d'oxyde et combinés avec d'autres corps; dans ce dernier cas ce seraient aussi des pierres, et effectivement ils le sont; mais le métal domine, et elles ne servent pas comme pierres ou minéraux, mais comme minerais ou matières d'où l'on extrait le métal, et alors elles feront partie des métaux.

La quatrième et dernière classe renferme les *combustibles fossiles*.

Les considérations qui précèdent, ainsi que celles qui vont suivre, s'appliquent également à la classification des *roches*, lesquelles sont des pierres se trouvant en masses assez grandes pour être considérées comme parties essentielles de la terre [1].

Parmi les cinq cents espèces de pierres qui ont quinze cents variétés, il y a vingt-cinq espèces tout au plus qui constituent les roches.

---

[1] Les mots roche, roc, rocher (du grec *rox*), se distinguent par de faibles nuances; *roche* est toute masse minérale; *roc* est une formation qui tient à la terre, qui s'étend en largeur; *rocher* est un roc très-élevé qui sort de terre et qui s'étend en hauteur.

Cette simplicité n'est qu'apparente, car ces vingt-cinq espèces, en se groupant, donnent naissance à des variétés de roches très-nombreuses, qui deviennent plus nombreuses encore par suite de la diversité des proportions du mélange et par les nuances des pierres qui les composent. Les autres espèces minérales sont incrustées dans ces roches accidentellement, en petites parcelles, ou en cristaux tels que les pierres précieuses.

Cependant, comme en définitive il faut adopter un ordre quelconque pour passer en revue les différentes pierres, nous ferons la distinction entre les pierres simples ou sédimentaires, formées par l'eau, et les pierres composées, ou ignées, formées par le feu; nous garderons ainsi la même limite que précédemment nous avions tracée entre les terrains neptuniens et plutoniques.

Si la marche adoptée n'avait pas l'agrément du lecteur, nous pourrions le mettre à même de choisir une classification à sa convenance parmi celles qui ont été établies par de célèbres minéralogistes; pour ne pas interrompre notre récit, nous reléguerons ce classement dans une note à la fin du paragraphe.

On verra, par la comparaison entre ces diverses nomenclatures, qu'elles ont l'inconvénient d'être compliquées, par suite de la malencontreuse idée qu'on a eue de donner souvent plusieurs noms à la même pierre; il faut donc adopter les dénominations les plus usitées, et considérer les autres comme nulles et non avenues.

Il ne me sied pas de donner des conseils, mais si je voulais apprendre d'une manière commode la minéralogie pure, ou l'art de classer les minéraux, voici comment je m'y prendrais : je copierais sur de petits morceaux de papier ou fiches, les noms des pierres, avec une indication sommaire de leur composition et de leurs propriétés principales, que je tirerais du premier traité de minéralogie venu, — si je ne disposais pas d'un nombre suffisant de pierres; je mettrais toutes ces fiches sur un tas; ensuite je les classerais sur une grande table en deux colonnes, l'une destinée aux calcaires, etc.; — l'autre aux quartz, etc., et j'aurais alors devant moi un relevé complet des minéraux.

Quand je serais satisfait de mon travail, j'inscrirais au dos de chaque fiche un numéro d'ordre, et je couperais la description, après l'avoir suffisamment apprise. Ce serait ma première leçon.

Dans la seconde, je reclasserais ces papiers de nouveau; il va sans dire que je ne regarderais pas les numéros à l'avance; je verrais ensuite s'ils se suivent, et dans ce cas je serais content.

S'ils ne se suivaient pas, j'aurais commis une erreur facile à réparer, — ou j'aurais introduit dans mon système une amélioration bonne à constater.

La troisième leçon, qui n'est pas à la portée de tout le monde, consisterait à aller vérifier l'ensemble du travail précédent dans un cabinet de minéralogie. Ce serait, je crois, le meilleur moyen de connaître — au moins superficiellement — cette science, qui est aride, sèche... comme une pierre [1].

[1]   DIVERS SPÉCIMENS DE SYSTÈMES MINÉRALOGIQUES.

Système minéralogique en huit catégories.

1re CATÉGORIE. — Soufre, carbone, quartz, chaux carbonatée, gypse, spath fluor, dolomie, magnésie carbonatée, magnésie boratée,

baryte carbonatée, baryte sulfatée, strontiane, sels gemmes, cryo-
lithe, corindon, alumine phosphatée;

IIe Catégorie. — Silicates d'alumine, disthènes, argiles, kaolin;

IIIe Catégorie. — Micas, chlorites;

IVe Catégorie. — Feldspath, pierres feldspathiques, granits;

Ve Catégorie. — Gemmes alumineuses, émeraudes, lapis-lazuli;

VIe Catégorie. — Zéolithes, mésotypes;

VIIe Catégorie. — Silicates trappéens, magnésites, talc, serpentine,
pyroxène, amphibole;

VIIIe Catégorie. — Minerais, métaux.

Système minéralogique en trois classes.

Ire Classe. — Minéraux inflammables ou combustibles;

    1er Ordre. — Corps sulfureux (soufre, sulfure de sélénium);

    2e Ordre. — Corps charbonneux (diamant, graphite, anthracite,
houille, lignite, tourbe, pétrole, asphalte, succin, sels organiques (mellites);

IIe Classe. — Métaux et minerais;

IIIe Classe. — Minéraux lithoïdes ou pierres;

    1er Ordre. — Oxydes non métalliques (magnésie, alumine ou corin-
don, silice ou quartz, eau à l'état de glace);

    2e Ordre. — Chlorures (sel marin, sel ammoniac, calomel ou chlo-
rure de mercure);

    3e Ordre. — Fluorures (spath fluor, fluorure de sodium et d'alumi-
nium);

    4e Ordre. — Iodures d'argent, de zinc, de mercure;

    5e Ordre. — Bromures d'argent et de zinc;

    6e Ordre. — Aluminates de magnésie ou spinelle, de fer, de zinc, etc.;

    7e Ordre. — Silicates alumineux : grenat, mica, émeraude, feldspath;

    8e Ordre. — Silicates non alumineux : zircon, talc, pyroxène, etc.;

    9e Ordre. — Silicates unis à d'autres composés, tels que ceux de
phosphore, de soufre, de chlore (lapis-lazuli, tourmaline), etc.;

    10e Ordre. — Borates de chaux, de magnésie, de soude;

    11e Ordre. — Carbonates de chaux, de baryte, de plomb, etc.;

12ᵉ Ordre. — Carbonates unis à d'autres sels, tels que ceux de silice, de chlore, de soufre ;

13ᵉ Ordre. — Nitrates (salpêtre) ;

14ᵉ Ordre. — Phosphates de fer, de chaux, de cuivre, etc. ;

15ᵉ Ordre. — Phosphates chlorifères (apatite, etc.) ;

16ᵉ Ordre. — Arséniates ;

17ᵉ Ordre. — Arséniates chlorifères très-rares ;

18ᵉ Ordre. — Sulfates (alun, gypse) ;

19ᵉ Ordre. — Chromates ;

20ᵉ Ordre. — Vanadates (du métal nommé vanadium) ;

21ᵉ Ordre. — Molybdates (du métal dit molybdène) ;

22ᵉ, 23ᵉ, 24ᵉ Ordres. — Les pierres de ces trois derniers ordres ont pour base le tungstène, le tantale, le titane ; elles sont très-rares et à peine connues.

Ces vingt-quatre ordres sont subdivisés en tribus, genres, sous-genres, etc., etc., selon leurs divers modes de cristallisation.

Le lecteur aura été surpris de voir figurer dans cette classification ultra-savante l'eau et des sels organiques. Il est utile de faire remarquer que l'alumine, classée comme oxyde non métallique, est l'oxyde d'un métal très-connu : l'aluminium.

Système minéralogique en six classes.

Iʳᵉ CLASSE. — Corps simples.   IVᵉ CLASSE. — Métaux.
IIᵉ CLASSE. — Alcalis.   Vᵉ CLASSE. — Silicates.
IIIᵉ CLASSE. — Terres alcalines.   VIᵉ CLASSE. — Combustibles.

Le lecteur remarquera sans doute que les métaux, — corps simples par excellence, — figurent dans la IVᵉ classe, — en regard des corps simples Iʳᵉ classe.

Les systèmes suivants sont une espèce de transition entre le classement des pierres et le classement des roches, ou, en d'autres termes, on y divise les pierres en diverses catégories, dont chacune représente une roche.

Système de classification des pierres d'après les caractères chimiques.

Ire CLASSE. Pierres terreuses. — Roches de feldspath, de quartz et d'argile, granits, talc, etc.

IIe CLASSE. Pierres salines. — Roches calcaires et gypseuses, roches de sel gemme, roches à carbonate de soude, roches alumineuses, etc.

IIIe CLASSE. Pierres métallifères. — Roches à carbonate de zinc et de fer, à oxydes de manganèse, à silicates et à hydrates de fer, pierres à oxydes et à sulfures de fer, etc.

IVe CLASSE. Roches combustibles. — Roches à base de soufre, les bitumes, les houilles.

Ve CLASSE. Appendice. — Pierres du ciel.

Système de classification des pierres en huit sections.

Ire SECTION. Pierres feldspathiques. — Roches à base de feldspath orthose, de kaolin, de granit, de gneiss, d'amphibole, trachytes, obsidienne, pierre ponce, basalte.

IIe SECTION. Pierres talqueuses. — Talc et micaschistes.

IIIe SECTION. Pierres siliceuses. — Pierre meulière, etc.

IVe SECTION. Pierres calcaires. — Marbres, marnes, etc.

Ve SECTION. Pierres de dolomie. — Dolomie saccharoïde, etc.

VIe SECTION. Pierres de chaux sulfatée. — Gypse, etc.

VIIe SECTION. Sels gemmes. — Sel de cuisine, etc.

VIIIe SECTION. Pierres de fer. — Perhydrate, etc.

(Dans cette nomenclature, les combustibles minéraux sont passés sous silence.)

Système de classification des pierres en cinq sections.

Ire SECTION. — Pierres volcaniques (laves, etc.).

IIe SECTION. — Pierres arénacées (grès, etc.).

IIIe Section. — Pierres granitoïdes (gneiss, etc.).
IVe Section. — Pierres unies (calcaires, etc.).
Ve Section. — Combustibles minéraux.

Système de classification des roches en trois catégories.

Ire Catégorie. — Roches simples : chaux carbonatée, chaux fluatée, chaux phosphatée, chaux sulfatée, sulfates d'alumine, magnésite, baryte sulfatée, strontiane sulfatée, sels gemmes, grès, quartz, agates, jaspes, tripoli, pierres ponces, obsidienne, résinite, pétro-silex, feldspath, pyroxène, basalte, talc, argiles, marne, ocre, schistes, graphites, anthracite, houille, lignite, tourbe, minerais de fer, minerais de zinc, manganèse oxydé.

IIe Catégorie. — Roches mélangées : roches à base de feldspath, d'amphibole, de quartz, de mica, de schiste, de talc, de serpentine, de pétro-silex, d'obsidienne ;

    Roches à base indéterminée : laves.

IIIe Catégorie. — Roches agrégées ou arénacées : grès, sables, pouddingues, brèches.

Système de classification des roches en vingt ordres successifs, adoptée par les géologues allemands.

Ordre.		Ordre.	
1.	Argiles et ardoises.	11.	Talc.
2.	Grès et brèches.	12.	Serpentine.
3.	Houille.	13.	Trappes.
4.	Minerais de fer.	14.	Diallage.
5.	Sels.	15.	Hypersthène.
6.	Gypse.	16.	Pyroxène.
7.	Dolomie.	17.	Amphiboles.
8.	Chaux, tuf	18.	Trachytes.
9.	Quartz.	19.	Porphyres.
10.	Mica.	20.	Granits et gneiss.

§ III.

CARACTÈRES DES PIERRES.

Comme tous les corps dans la nature, les minéraux — ainsi que nous l'avons dit — se distinguent entre eux par leurs caractères extérieurs et leurs caractères intérieurs ; la physique détermine les premiers, la chimie les seconds.

La *forme des pierres* est ce qui frappe de prime abord ; elles n'en ont qu'une seule qui soit définie, c'est celle du cristal. La cassure est aussi un signe caractéristique : elle est franche, indécise, vitreuse, cristalline, résineuse, fracturée, creuse, conchoïde ou ressemblant à des coquilles, écailleuse, tuberculeuse et saccharoïde, analogue au sucre, en petites lames accolées et se croisant dans tous les sens avec une multitude de petits points brillants.

Les *couleurs des pierres* sont innombrables ; elles proviennent autant des matières colorantes que de la faculté que possèdent certains minéraux de réfléchir les rayons du spectre solaire ; cependant les couleurs sont tellement variables dans une seule et même espèce de pierres, qu'il ne serait pas prudent de leur attribuer une importance capitale.

D'une manière sommaire on peut admettre que le blanc, avec ses nuances infinies, appartient aux quartz, aux calcaires, aux silicates ; que le vert caractérise les minéraux renfermant du cuivre ou du fer, ainsi que certains grès, des schistes et des marnes ; la couleur bleue est plus rare, on la trouve dans les minerais de fer; le violet appartient au spath fluor; enfin les pierres précieuses représentent tous les reflets de la lumière du soleil, décomposée par le prisme.

Souvent les minéraux offrent des teintes qu'on peut varier d'après leur exposition au jour : c'est l'*irisation*; elle est extérieure quand elle résulte d'une légère altération de la surface; elle est intérieure quand elle provient de petites fentes ou fissures.

L'altération des couleurs naturelles est due à l'influence de l'atmosphère ou à une action chimique qui dénature la composition primitive du minéral; dans ces couleurs il faut encore distinguer la couleur propre : — le marbre pur est blanc, — et la couleur accidentelle : — le marbre mélangé à des oxydes de fer est rouge, noir, etc.

La *phosphorescence des pierres* est une qualité mystérieuse de certains minéraux. Ce phénomène est produit par le frottement de deux morceaux du même minéral l'un contre l'autre, dans l'obscurité, bien entendu; car la phosphorescence donne une lumière si douce qu'elle n'est pas sensible au jour. C'est la lumière sans chaleur et sans combustion, comme celle que dégage le phosphore. Il y a des pierres qui luisent quand elles ont été exposées à une lumière vive ou au feu de charbons ardents.

L'*électricité des pierres* appartient à un certain nombre de minéraux; ils peuvent s'électriser par la pression ou le frottement. Ils manifestent leurs propriétés électriques par des attractions et des répulsions exercées sur des corps légers et suspendus librement dans l'espace. Le magnétisme n'est inhérent qu'à certains métaux.

Les propriétés physiques d'une nature plus vulgaire auxquelles on reconnaît les minéraux, sont : la pesanteur, la dureté, la fragibilité, la ténacité; elles peuvent être facilement déterminées, car on prend pour modèle le minéral qui jouit d'une de ces propriétés au plus haut point, et on classe après lui les autres minéraux. Mais la plupart de ces essais sont bien vagues; ainsi, toutes les pierres ont à peu près le même poids; nous ne parlons pas des métaux minéralisés, qui sont plus ou moins lourds.

Werner a cherché à établir les degrés de la *dureté des pierres*. Il a divisé ces dernières, d'une manière pratique : en pierres dures, que la lime n'attaque pas (granit), — demi-dures, qu'on ne peut pas rayer avec l'ongle (chaux), — celles qui reçoivent l'empreinte de l'ongle (argile).

Ces termes sont très-éloignés et n'ont pas paru assez significatifs; aussi le besoin d'une méthode plus détaillée s'est-il fait sentir immédiatement : mais on n'a encore rien trouvé de mieux, si ce n'est d'établir une espèce d'échelle de proportion dont les points extrêmes sont précisément le numéro 1 et le numéro 3 de la classification de Werner.

Le 1ᵉʳ degré de l'échelle perfectionnée est occupé par le diamant, le 2ᵉ par le corindon, le 3ᵉ par la topaze, le 4ᵉ par le quartz; puis viennent le feldspath, le phosphate de chaux, le spath fluor, le spath d'Islande, le gypse, et en dernier lieu le talc ou l'argile.

Telle est la démonstration; voici maintenant l'application donnée par un exemple : « Connaître la dureté d'un morceau de marbre. » Il se laisse limer, — le quartz ne se laisse pas limer; — donc le marbre est déjà placé au-dessous du quartz; il aura provisoirement le numéro *4 bis*. Il reste à savoir s'il est plus dur que le feldspath; à la lime on voit qu'il est plus tendre, donc il est classé au-dessous du feldspath, et ainsi de suite; on arrivera alors, par le tàtonnement, à une classification rigoureuse.

Souvent il suffit d'enfoncer une pointe de fer dans une pierre pour déterminer si celle-ci est calcaire ou quartzeuse; car la première se laisse pénétrer par le fer, l'autre lui résiste.

L'essai comparatif de la dureté est très-utile pour les gemmes, puisque la plus légère addition de substances étrangères diminue leur dureté, et c'est ainsi qu'on peut reconnaître les pierres fausses. Le choc du briquet qui fait jaillir une étincelle est aussi un moyen facile de juger du degré de la dureté des pierres.

Voici, à titre d'exercice, un exemple de classement des pierres de taille d'après leur *durabilité*. Certains granits conservent leurs arêtes très-vives encore après trois mille ans, comme on peut s'en convaincre en examinant les obélisques d'Égypte. Après les granits viennent les calcaires des formations secondaires, qui sont d'une dureté remarquable. Après le calcaire vient le grès de dureté moyenne; au dessous, ce dernier ne peut pas conserver la pureté de ses angles.

L'*élasticité* et la *flexibilité des pierres* sont des propriétés exceptionnelles dont on ne soupçonnerait pas l'existence de prime abord; les feuilles de mica sont élastiques; elles reprennent leur forme primitive après avoir été courbées; les talcs ne sont que flexibles, car ils gardent la courbure qu'on leur a imprimée.

On reconnaît beaucoup de substances minérales au

toucher ; quelques-unes sont savonneuses, froides et onctueuses comme la peau des serpents ; d'autres, au contraire, sont rudes, sèches, arides. L'impression du froid permet de distinguer les joyaux du cristal de roche et du strass.

Le *goût* n'est affecté que par les sels solubles qui ont une saveur propre ; c'est un caractère infaillible, mais il y a toujours du danger à les déguster. Le goût d'encre caractérise toutes les pierres qui renferment du sulfate de fer.

Le *happement à la langue* est la faculté qui permet à certaines pierres, traversées par une foule de petits canaux capillaires, d'absorber subitement l'eau de la bouche et de s'y attacher assez pour qu'on soit obligé d'exercer un léger effort pour les en détacher ; c'est là le signe des argiles.

Peu de minéraux ont une *odeur particulière.* L'odeur bitumineuse, l'odeur d'ail ou de soufre, sont les plus distinctes et les plus communes. L'odeur de pierre à fusil, l'odeur fétide de certains quartz ou du calcaire noir, l'odeur empyreumatique, l'odeur d'ambre, sont rares.

Les odeurs se développent également par le feu, par le choc ou le frottement. L'odeur terreuse est produite par l'humidité ou par la respiration projetée sur des substances argileuses. C'est cette odeur qui se fait remarquer à la campagne quand il commence à pleuvoir après une longue sécheresse.

La *double réfraction* est la propriété de doubler l'image des objets placés à proximité pour être vus par transparence. On observe ce phénomène en mettant le minéral diaphane et cristallisé, tel que le spath d'Islande, sur une ligne tracée en noir sur du papier blanc, et à l'instant on en aperçoit deux, dont l'une paraît plus pâle que l'autre, qui est rapprochée de l'œil. Ou encore on tient devant soi le cristal, et en regardant un objet mince, tel qu'une aiguille, on en voit deux.

La *gélivité* est aussi une qualité, ou plutôt un défaut de certaines pierres dites *gélives*. Il en sera question dans le chapitre X des sels gemmes, article *Sel de Glauber*.

Tels sont les caractères physiques les plus importants des minéraux. Il nous reste à parler de leurs propriétés chimiques, qu'on découvre par la chaleur et par des acides, ce qui est toujours très-simple, — ou par des procédés de laboratoire qui sont souvent très-compliqués, et dont nous n'avons pas à nous occuper ici.

On fait usage de l'acide nitrique et de l'acide sulfurique; leurs effets sont assez variés, mais en général on ne cherche qu'à observer l'effervescence qui est due à la production du gaz carbonique. La présence du calcaire est ainsi révélée : l'acide sulfurique en contact avec le carbonate de chaux forme le sulfate de chaux, et l'acide carbonique se dégage.

L'épreuve consiste à toucher le minéral à essayer avec une lame de verre qu'on a trempée dans l'acide; on peut aussi le réduire en petits fragments ou en poussière, qu'on délaye dans un liquide corrosif; sa dissolution ou sa non-dissolution indique l'espèce à laquelle il appartient.

L'essai par le feu a lieu au moyen du *chalumeau*, tube de laiton ou de verre dont l'extrémité est recourbée à angle droit et terminée en pointe; l'air s'en échappe par un jet continu pour peu qu'on ait l'habitude de souffler dans cet instrument. On place un globule de minéral à essayer avec un fondant dans le creux d'un morceau de charbon, creux qu'on y a pratiqué avec la pointe d'un couteau.

Les effets obtenus par le chalumeau sont les suivants : le feu laisse intacts certains minéraux réfractaires ; il les couvre d'une espèce de vernis ; il les fond en verre, en émail ; il les réduit en scorie ; il les fond après les avoir boursouflés ; il les forme en culot métallique ou il les volatilise.

On emploie le carbonate de soude comme fondant pour découvrir les traces métalliques même dans les minerais les plus pauvres.

Nous terminerons ainsi l'énumération des caractères auxquels on reconnaît les diverses espèces de pierres ; ils permettent d'indiquer leur emploi comme roche ou comme minerai, et leur valeur comme joyau ou comme curiosité, ce qui, en résumé, est le but pratique de la minéralogie.

Matière cosmique formant la terre.

CHAPITRE QUATRIÈME

LA CRISTALLOGRAPHIE
OU DESCRIPTION DES CRISTAUX.

---

§ I.

ORIGINE DE LA CRISTALLOGRAPHIE.

POUR s'élever au rang de corps de doctrine, la minéralogie devait s'appuyer sur la définition du cristal, qui est la forme régulière des minéraux aussi bien que des métaux et des sels organiques et inorganiques. Il était réservé aux savants français de combler cette lacune, et une nouvelle science, la *Cristallographie*, fut créée. Elle est due aux efforts de Romé de l'Isle et de l'abbé Haüy[1].

Ce qui a donné l'idée d'analyser la structure des cristaux, c'est au fond leur uniformité pour un seul et même corps, quel que soit son lieu de pro-

---

[1] Romé de l'Isle était né à Gray (département de la Haute-Saône),

venance; s'ils diffèrent entre eux par le nombre et par la figure géométrique de leurs faces, ils ont néaumoins un caractère de symétrie d'après lequel on peut les rattacher tous les uns aux autres ou les faire dériver d'une forme générale.

En étudiant ces curieuses dispositions, on est porté à en rechercher l'origine, et à croire que les matières inorganiques, confuses, placées dans certains milieux, acquièrent de la vie, puisqu'elles prennent une sorte de mouvement afin de se former en cristaux. Et la vie n'est-elle pas le mouvement?

Les anciens considéraient les cristaux comme des jeux de la nature, et l'admirable géométrie indiquée par le Créateur leur avait complétement échappé.

en 1736. Dans son cours de minéralogie, il compta Haüy au nombre de ses élèves. Il publia le premier un traité de cristallographie, à Paris, en 1783.

L'abbé Haüy, né en 1743 au Bourg-Saint-Just (département de l'Oise), est mort à l'âge de quatre-vingts ans. Fils d'un tisserand, il devint professeur dans un collége, et cultiva les sciences comme amusement. Ayant laissé tomber à terre du spath d'Islande, il remarqua que tous les morceaux avaient conservé une forme régulière et constante. Cette circonstance, déjà connue d'ailleurs, est le commencement de ses études sur la cristallisation; il développa cette science, à laquelle son nom restera attaché. Il fut nommé professeur de minéralogie au Muséum du Jardin des plantes à Paris. (*Muséum* est le nom latin donné en 1793, par la Convention, au Cabinet d'histoire naturelle à Paris. Tous les autres établissements consacrés à la collection d'objets d'art ou de sciences s'appellent *Musées*.)

§ II.

FORMATION DES CRISTAUX.

Ou rencontre les cristaux très-fréquemment dans la nature; ils sont attachés aux fentes ou aux excavations des rochers, qui portent les noms de *fours, druses, poches, caves*. On les trouve aussi disséminés dans les agglomérations de pierres ou incrustés dans les roches et dans les filons des métaux. Lorsque les roches sont tendres, on peut facilement les en dégager; mais ils sont généralement liés à la pâte rocheuse, au point qu'ils se briseraient pendant l'effort tenté pour les en séparer.

Les cristaux à l'état libre sont répandus dans les alluvions, où ils sont recueillis par le lavage. Il faut avoir une grande habitude pour les distinguer, car ils ont perdu leurs beaux contours primitifs; ils ne se présentent plus que comme des cailloux difformes, brisés, et ce n'est qu'à leur éclat ou à leur couleur qu'on les reconnaît.

Lors des révolutions terrestres, les eaux ont dû les arracher de leurs gisements, les entraîner et les rouler dans un perpétuel va-et-vient, car les cristaux sont principalement des pierres précieuses, les corps les plus durs que nous connaissons, et pour les arrondir par le frottement, des siècles ont dû être nécessaires.

Mais l'origine la plus curieuse des cristaux est celle qui est donnée par les *géodes*. Ce sont, comme nous le verrons plus loin, des cailloux creux contenant des cristaux, qu'on entend remuer parfois lorsqu'on les secoue;

mais généralement ils sont attachés aux parois de la géode même.

La nature, aussi bien que l'art, forme les cristaux par fusion, par sublimation ou volatilisation, et par dissolution dans l'eau et les acides. C'est suivant leur mode de constitution que les cristaux sont plus ou moins réguliers; ainsi ceux qui naissent dans un liquide qu'on agite sont imparfaits; ils donnent des aiguilles, des masses fibreuses, saccharoïdes, telles que les sucres (d'où le nom de saccharoïdes), les marbres, les albâtres, dans lesquels les cristaux ne sont visibles qu'à la loupe.

Il y a également des structures qui résultent des tendances à cristalliser, mais qui n'arrivent qu'à une cristallisation imparfaite; la plus remarquable est la *structure dendritique*, où les cristaux sont disposés en groupes représentant des mousses, des feuillages, de petits arbres. Ces *dendrites* se forment dans les fissures de certaines roches. Ce sont, en effet, des cristaux très-petits qui produisent ces *arborisations*, comme les fleurs de glace sur les vitres pendant l'hiver. L'interposition d'une matière étrangère tend à les amoindrir et même à les supprimer tout à fait, comme cela arriverait du reste dans toutes les cristallisations en général. D'autres fois, cette interposition entre les lames moléculaires détermine des apparences de clivage.

De tous les modes de cristallisation, le plus curieux est l'enchevêtrement d'un cristal dans un autre, ou le croisement de deux cristaux, qui a produit les *macles*, dont les *pierres de croix* ou *staurotides* des roches schisteuses de la Bretagne sont un exemple frappant; nous les retrouverons dans les pierres précieuses secondaires.

Tous les cristaux, quelque grande que soit la diversité de leurs contours, ont dû se former de la même manière, que l'on observe facilement dans la cristallisation du sel de cuisine. Il naît d'abord à la surface de l'eau salée de petits cristaux qui s'accolent les uns aux autres; ils se recherchent comme les membres d'une seule famille, se réunissent en pyramides, puis vont au fond pour achever leur mystérieuse croissance. Ces pyramides à quatre pans et à parois en gradins sont appelées des *trémies*. Nous en voyons le dessin sur la planche ci-jointe.

L'alun aussi donne un exemple frappant de la cristallisation. On voit dans l'eau mère les cristaux se développer; puis ils augmentent en grosseur, et les petites lames se superposent les unes aux autres. Avec quelques soins on peut cultiver les cristaux; on n'a qu'à tendre des fils dans les liquides salins, dont la nature détermine la forme du cristal; ainsi l'alun cristallise en octaèdres dans l'eau, et en cubes dans les liquides alcalins.

§ III.

EAU DE CRISTALLISATION ET EFFLORESCENCES.

Les cristaux qui se déposent dans l'eau en retiennent souvent, en combinaison chimique, une certaine quantité qu'on appelle *eau de cristallisation*, et qui semble indispensable à leur formation; sa proportion est toujours constante pour le même minéral à température égale. C'est à sa présence que les sels doivent la propriété de *s'effleurir* au contact de l'air sec; ces sels perdent alors leur transparence et se réduisent en poussière par l'effet de la perte de leur eau de cristallisation, ainsi que cela se voit dans la soude ; sur les murs, sur les parois des caves humides, se produit l'efflorescence du salpêtre, qui apparaît en cristaux blancs microscopiques. Cette eau leur communique aussi la propriété de se liquéfier par une légère chaleur ; la fusion aqueuse fait vaporiser leur eau de cristallisation, et ce n'est qu'après être devenus anhydres qu'ils peuvent de nouveau se fondre par l'action du feu ; ils éprouvent alors la fusion ignée. Les sels desséchés et susceptibles de se combiner avec l'eau développent toujours de la chaleur au contact de ce liquide, parce qu'ils reprennent l'eau de cristallisation qu'on leur avait fait perdre ; on observe ce phénomène en gâchant avec de l'eau le plâtre cuit.

Outre l'eau de cristallisation, les sels contiennent souvent une certaine quantité d'eau simplement engagée entre les molécules des cristaux, et qui est l'*eau d'interposition*. Elle a la propriété d'humecter le papier dans lequel on les comprime, ainsi que de les fendiller avec bruit, les faire décrépiter quand on les expose brusquement à une forte chaleur ; le sel de cuisine offre ce phénomène de *décrépitation* à un haut degré.

§ IV.

CLIVAGES.

La structure cristalline ne se manifeste pas seulement à l'extérieur des minéraux; elle est indiquée aussi dans l'intérieur par des *clivages*. Ce sont des plans qui divisent les cristaux d'une façon constante; ils forment toujours les mêmes angles entre eux et avec les faces du cristal.

Cette découverte est due à l'anatomiste danois Sténon, qui l'a consignée, au dix-septième siècle, dans un mémoire intitulé : *De solido intra solidum*.

On voit aussi dans les cristaux transparents des *glaces* ou surfaces lisses, miroitantes, qui indiquent déjà une première séparation; quelquefois aussi ce sont des stries qu'on aperçoit à l'œil nu sur des échantillons volumineux. Elles proviennent d'une superposition de cristaux à des distances très-petites, ce qui fait que tous les cristaux se terminent en arêtes ou en pointes; car toutes les dimensions se réduisent simultanément.

On met en évidence les clivages par le tâtonnement; à cet effet il faut appuyer sur les cristaux une lame fine ou une pointe d'acier, et y frapper des coups légers; on provoque ainsi la séparation de tranches parallèles. Si l'on chauffe le minéral et si on le refroidit ensuite subitement, le retrait qu'il éprouve dans sa masse donne aussi naissance à des clivages. Ils n'existent pas cependant d'une manière absolue dans tous les cristaux de même espèce; il y en a qui ont un seul plan de clivage, d'autres en ont deux ou trois, ou même quatre. Le mica se divise à l'infini en feuilles minces dans le sens de son clivage. Si on voulait le diviser dans un autre sens, il résisterait; il ne donnerait qu'une rupture indécise, et se réduirait en une masse pulvérulente.

Au point de vue théorique, si l'on poussait le clivage d'un minéral à la dernière limite, on arriverait à la molécule, qui serait un cristal infiniment petit et semblable au premier solide de clivage, qui a servi de point de départ.

§ V.

SYSTÈMES DES CRISTAUX.

Il existe six formes géométriques auxquelles on peut ramener les cristaux :

AXES DROITS. . . . {
1° Cube;
2° Prisme droit à base carrée;
3° Prisme droit à base rectangulaire,

AXES INCLINÉS. . . {
4° Rhomboèdre;
5° Prisme oblique rhomboïdal;
6° Prisme oblique non symétrique.

Les cristaux ont des formes simples, qui sont terminées par des faces semblables, comme dans le cube, — ou des formes composées qui sont terminées par des faces dissemblables, comme dans le cube dont les angles seraient coupés.

En comparant les figures géométriques des cristaux avec celles des clivages, on arrive à établir certaines

[illegible] relations qu'on saurait se formuler ainsi. [illegible]

[illegible]

On peut faire dériver toutes les [illegible] [illegible]

[illegible]

[illegible]

[illegible] cristaux primitifs.

[illegible]

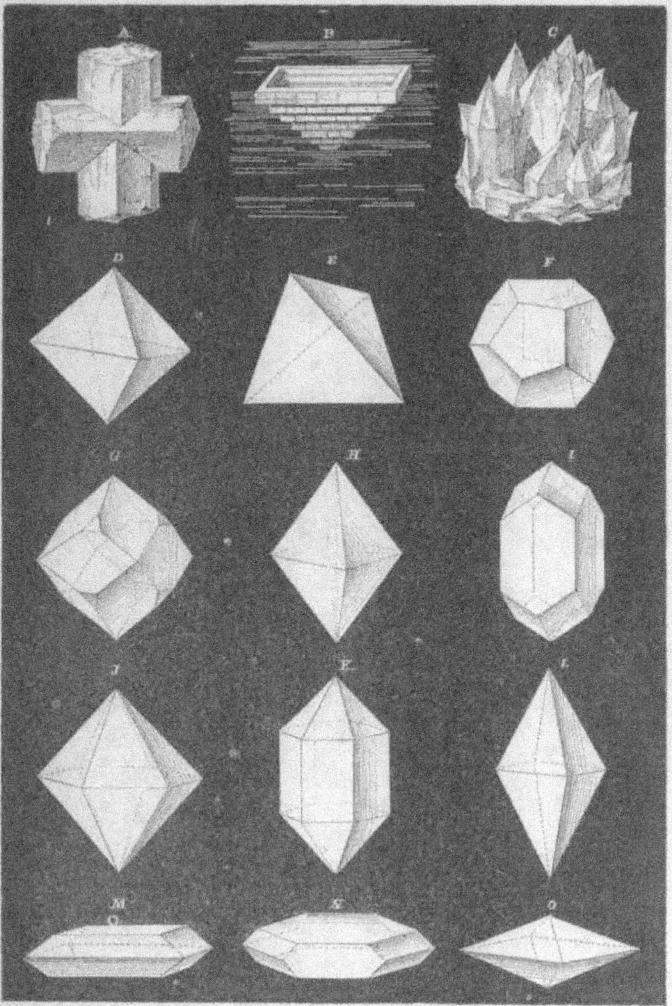

A Mâcle, ou pierre de croix.
B Trémie formée à la surface d'un liquide.
C Cristaux de quartz.
D Octaèdre régulier.
E Tétraèdre.
F Dodécaèdre pentagonal.
G Dodécaèdre rhomboïdal, combiné avec l'octaèdre.
} 1er système.

H Octaèdre à base carrée.
I Prisme à pointements quadrangulaires.
} IIe système.

J Dodécaèdre hexagonal.
K Prisme hexagonal bipyramidal.
} IIIe système.

L Octaèdre droit à base rhomboïdale.
M Prisme carré en table.
N Prisme rhomboïdal en table.
} IVe système.

O Octaèdre à axe oblique.
Ve système.

manqué de s'emparer de cette propriété du cube pour créer le mot *système sphéroédrique*, qu'on applique au système cubique; on y compte, comme principaux spécimens, le diamant, le grenat, le sel marin, l'alun.

Ainsi, en coupant les six angles, on produit l'octaèdre. Ce sont deux pyramides réunies par leur base. Mais cette figure n'est obtenue que quand les coupures se touchent, quand toutes les faces du cube sont enlevées; elles se trouvent alors remplacées par huit faces triangulaires.

Si l'on n'enlève qu'une petite partie des huit angles du cube, on a une figure cristalline qui ressemble à un vieux dé à jouer dont les coins sont usés; c'est une forme intermédiaire.

Le pointement des angles du cube conduit à de nouvelles formes, car la tronquature oblique sur un des coins du cube entraîne la rupture de la symétrie; et pour la rétablir il faut naturellement opérer d'autres tronquatures; il y aura alors vingt-quatre faces, et le solide est appelé *travézoèdre*, dont il existe plusieurs sortes, par suite de l'inclinaison qu'on peut donner à ces tronquatures, qui sont plus ou moins variées ou prononcées.

Jusqu'à présent nous n'avons encore coupé que des angles; ces mêmes opérations peuvent se faire sur les douze arêtes du cube; les faces primitives disparaissent, et un nouveau solide à douze faces apparaît : c'est le *dodécaèdre rhomboïdal*; en biseautant les douze arêtes on détermine vingt-quatre faces nouvelles, et on donne naissance à un solide qu'on désigne sous le nom très-peu harmonieux de *hexatétraèdre*.

Nous verrons bientôt l'application de ces recherches

théoriques ; nous supposons que le lecteur, tout en lisant ces pages, modèle en même temps les solides considérés.

Le *deuxième système* cristallin, qui comprend l'octaèdre, est caractérisé par trois axes perpendiculaires, mais dont deux seulement sont semblables entre eux.

En procédant avec ce solide comme on vient de le faire pour le cube, — on coupera ou l'on biseautera les arêtes et les angles, et l'on obtiendra les figures indiquées sur la planche en noir. En y jetant un coup d'œil, on verra que la série des modifications est très-simple ; d'autres figures sont encore possibles, mais elles n'existent pas dans les pierres cristallisées connues. Le zircon est un exemple du deuxième système.

Le *troisième système* est celui du prisme droit à base rectangulaire ; il a quatre axes, dont trois sont semblables et disposés dans le même plan. Les modifications n'en sont pas aussi variées que dans le cas précédent ; on y compte le soufre, la topaze, la baryte sulfatée.

Le *quatrième système* cristallin, à trois axes dissemblables, comprend le rhomboèdre ; cette figure est la plus symétrique parmi celles qui sont engendrées par des axes obliques et qui donnent les dérivations les plus complexes qu'on remarque dans le quartz, le corindon, le spath d'Islande ; ces rhomboèdres peuvent être aigus ou obtus ; cela dépend de l'angle sous lequel ces trois axes se croisent. En étudiant, au point de vue géométrique, le rhomboèdre, on voit qu'il y a six ordres distincts dans les modifications, dont nous avons représenté trois spécimens.

Le *cinquième système* de cristaux, à trois axes dissemblables, dont deux obliques, est celui du prisme rhomboïdal oblique; ainsi que le nom l'indique, les bases sont des rhombes; il comporte sept modifications. C'est le plus répandu des cristaux; on le remarque dans le gypse et le feldspath.

Enfin, le *sixième* et *dernier système*, représenté par le labradorite, comprend le prisme oblique non symétrique, à trois axes obliques inégaux; il est le moins symétrique de tous les systèmes.

En résumé, nous avons vu que, pour arriver à la forme des cristaux, on a enlevé les angles et les arêtes des solides primitifs; donc, pour retrouver ces derniers, il faut naturellement procéder d'une manière inverse, et replacer ces angles et ces arêtes dans leur position première.

Si cet examen des cristaux et de la symétrie de leurs modifications suffit pour en reconnaître le système quand ils sont simples, il n'en est plus de même quand ils sont composés, et surtout quand ils ont été altérés. Il faut alors obtenir les rapports de grandeur des axes et la valeur des angles que ces axes forment entre eux, mais qui ne peuvent plus être mesurés directement sur le cristal; on ne peut reconnaître que l'inclinaison des faces. Ces angles des faces ont avec la grandeur des axes une corrélation trigonométrique qu'il est facile de déterminer.

Quant à la mesure directe des angles, elle s'opère avec un instrument appelé *goniomètre* (*gônios*, angle); il se compose d'un demi-cercle gradué en métal, fixé sur une règle, au centre de laquelle tourne une autre règle ou *alidade*; on y applique le cristal dont l'angle est indiqué par l'écartement de ces deux règles; d'autres goniomètres, plus savants et plus précis, reposent sur le phénomène de la réflexion d'un rayon de lumière sur deux faces contiguës d'un cristal.

Les solides géométriques ont été étudiés récemment, au point de vue de leur constitution primordiale, par M. le comte L. Hugo, ingénieur civil des mines, dans un travail intitulé : *Théorie des cristalloïdes élémentaires*, puis dans un second travail : *Les cristalloïdes complexes*. L'auteur a donné le nom de cristalloïdes aux formes qui offrent, comme quelques cristaux de la minéralogie, des faces courbes ou pans multiples; elle comprend d'abord les prismes, les pyramides et le cube; puis, par l'accroissement du nombre des facettes, on arrive aux corps sphéroïdaux ou ovoïdes, en forme de boule ou d'œuf; le globe terrestre ne serait ainsi lui-même qu'un immense cristal, un équidomoïde.

Les solides en forme de dôme carré, tel que celui des anciennes Tuileries, sont, dans la classification, les intermédiaires entre le cube et la sphère; les cristaux naturels se rattachent, dans cet ensemble, aux premières figures : celles du prisme, du cube et de la pyramide.

CHAPITRE CINQUIÈME

ᴇꜱ pierres sédimentaires sont les plus utiles à l'homme ; elles ne sont pas trop dures, on peut facilement les tailler pour la bâtisse. Elles sont généralement formées d'une seule substance ; leur base est la chaux (les pierres calcaires), la silice (les quartz), l'alumine (l'argile). Puis viennent des bases plus rares : la baryte, la magnésie, la strontiane.

Il y a aussi des mélanges de ces pierres : les roches brisées, divisées en petits fragments, ont été ensuite collées ensemble dans l'eau et ont formé les *conglomérats*. Mais en dehors de cette circonstance exceptionnelle, les pierres sédimentaires ne renferment qu'une seule espèce de matière, et peuvent être divisées en particules ou molécules qui représentent exactement les propriétés de la masse entière.

§ I.

PIERRES A CHAUX.

Pierres calcaires ou pierres à chaux est le nom vulgaire qu'on donne aux carbonates de chaux (oxyde de calcium), employés à produire la chaux, ou comme pierres de taille, ou comme moellons. On n'a qu'à les cuire dans un four pour les convertir en chaux. La chaux — que la nature ne produit pas — est donc une pierre artificielle, dont il sera question ultérieurement.

Les carbonates de chaux sont une des substances les plus répandues sur la terre; ils font partie de toutes les formations neptuniennes à tous les âges du globe; ils constituent d'immenses chaînes de montagnes dans tous les pays. Ils se trouvent non-seulement dans le règne minéral, mais aussi dans le règne animal.

Les calcaires sont plus ou moins blancs; — excepté toutefois le calcaire carbonifère, qu'on appelle aussi la *pierre bleue*. Les légères colorations qu'on remarque dans les calcaires communs sont dues à des oxydes de fer.

Si l'on considère les pierres calcaires au point de vue de l'agrégation de leurs molécules ou de la structure, on en distingue plusieurs espèces.

Les *calcaires cristallins, lamelleux,* qui présentent dans leur cassure une infinité de lamelles cristallines enchevêtrées les unes dans les autres.

Viennent ensuite les *calcaires compactes,* composés de

petits grains fortement agrégés, tels que les *calcaires oolithiques*, qui ressemblent à une agglomération d'œufs de poisson; ou encore les *calcaires marins*, déposés aux bords des mers et contenant beaucoup de débris fossiles d'animaux marins.

Le *calcaire d'eau douce* est considéré également comme calcaire compacte, malgré les petites cavités qu'il renferme et qu'on attribue à des bulles de gaz analogues à celles qui se dégagent dans les marais; il fournit de bonnes pierres à bâtir.

En dernier lieu, nous comptons les *calcaires terreux;* ils sont très-friables et faciles à pulvériser.

Tous ces calcaires se divisent en un nombre illimité de variétés, que l'on peut étendre à plaisir; les minéralogistes en ont inscrit plus de huit cents, mais qui ne diffèrent pas essentiellement les unes des autres; elles se rapprochent plus ou moins de quelques types que nous allons choisir.

Nous commencerons par le carbonate pur, limpide, appelé *spath d'Islande*, ou carbonate cristallisé, ou *spath calcaire*. On en réserve les plus beaux échantillons pour les cabinets de minéralogie; il est très-rare et n'a pas d'usage spécial [1].

L'*aragonite* a été découvert dans le royaume d'Aragon au commencement de ce siècle. Il se présente en cristaux diaphanes renfermés dans des filons de fer oxydé; il est aussi engagé dans l'argile avec du quartz et du gypse. Certains tufs sont en aragonite; ceux de Vichy, entre autres. L'aragonite raye le calcaire ordinaire.

[1] *Spath* est le nom que les mineurs allemands donnent à tout minéral de texture lamellaire.

Le *tuf* (du mot latin *tophus*, d'où l'adjectif *tofacé*) est du carbonate de chaux tendre, léger, poreux; c'est la plus jeune de toutes les pierres; on la trouve déposée à peu de distance de la terre végétale; elle s'est formée partout où reposaient des eaux chargées de calcaire. Le tuf s'imprègne facilement de mortier; il est donc propre pour la construction des voûtes. Sa couleur varie suivant les matières étrangères qu'il renferme. La grotte de Pausilippe, près de Naples, se compose de tuf. Une particularité assez curieuse du tuf se manifeste dans son emploi comme auges pour les bestiaux. Ces auges sont détruites au bout de quelques années par les bêtes à cornes, tandis que celles que l'on destine aux chevaux résistent indéfiniment. Il y a sans doute dans la salive des ruminants quelque acide assez fort pour attaquer la chaux.

Le *travertin* de Rome est du tuf qui durcit à l'air, et prend une teinte rougeâtre. Il se présente en couches de cinq mètres d'épaisseur. Les plus beaux monuments de la Ville éternelle sont en travertin, de même que les célèbres Cloaques.

Le tuf se forme journellement sous nos yeux, par l'effet de certaines eaux chargées de calcaire en dissolution.

Les *pierres lithographiques* ont une pâte fine, un grain serré, uniforme; c'est du carbonate de chaux presque pur, car elles ne renferment que deux pour cent de silice. On rencontre ces pierres toujours en assises bien définies. Leurs deux faces sont parallèles; l'une est laissée brute, l'autre est polie. Pendant fort longtemps on les a tirées des carrières de Sohlenhofen, en Bavière, découvertes en 1818 par Sénéfelder, l'inventeur de la lithographie. On les exploite maintenant aussi en France, à Dijon, à Périgueux, ainsi qu'en Belgique.

La *craie* est une variété terreuse du carbonate de chaux; c'est une roche, car elle est très-abondante dans plusieurs terrains, en France surtout; elle contient beaucoup de fossiles d'animaux. La craie n'est presque jamais pure; elle renferme ordinairement de la silice à l'état de sable fin, qui peut en être séparé par le lavage, et la craie ainsi purifiée et pulvérisée s'appelle *blanc d'Espagne;* on en fabrique les *crayons de pastel.*

Il existe deux autres pierres se rapprochant de la craie; ce sont : la *farine fossile* et la *moelle de pierre.* L'une est un calcaire terreux, blanc, léger, friable, qui forme une croûte épaisse sur certains rocs [1]; l'autre est blanche, spongieuse : plongée dans l'eau, elle surnage jusqu'au moment où elle a absorbé tout le liquide qu'elle peut contenir.

La *pierre de porc* est le nom vulgaire donné à la chaux carbonatée fétide; elle répand une odeur d'œufs pourris lorsqu'on la frappe avec un corps dur; le feu lui fait perdre cette odeur, due à l'hydrogène sulfuré; elle avait absorbé ce gaz lors de sa formation, par son contact avec des matières organiques.

Le *calcaire bituminifère* a quelque analogie avec la pierre précédente. Il s'était imprégné de bitume, dont il répand l'odeur par l'action du feu; mais la chaleur la lui enlève promptement, et de plus le décolore.

Le *calcaire coquillier* est un calcaire dans lequel sont

---

[1] On donne également le nom de farine fossile à une terre siliceuse composée d'infusoires. On confond souvent aussi la farine fossile avec les fleurs minérales, qui sont des efflorescences pulvérulentes de certains minerais de cobalt dans lesquels la chaux ne joue qu'un rôle secondaire.

incrustées des coquilles, ou qui est entièrement composé de coquilles pétrifiées. Parmi ces roches, on distingue les *faluns*; ce sont des dépôts de dix mètres d'épaisseur formés de débris de coquilles, mélangés avec des grains de quartz et des ossements de mammifères; on les recherche pour l'amendement des champs.

Les *tangues* sont des espèces de faluns modernes combinés avec des matières organiques, et que la mer rejette continuellement sur ses rivages, dans la Manche surtout; elles sont aussi un très-bon engrais.

En jetant un coup d'œil en arrière, nous voyons que nous avons parcouru trois classes de calcaires : les cristallins, les compactes, les terreux; il nous reste à parler d'une quatrième catégorie, les *calcaires mélangés*.

Nous y remarquons la *dolomie*; elle tient son nom du naturaliste Dolomieu[1], qui l'a fait connaître. C'est du carbonate de chaux mélangé avec de la magnésie; on la trouve au-dessus du terrain houiller, ou près des roches ignées, lorsqu'elles traversent les masses calcaires. Il y a aussi une espèce de dolomie, appelée dolomie compacte, qu'on emploie comme pierre à aiguiser. La dolomie se distingue du calcaire ordinaire par son éclat nacré, son âpreté au toucher; elle renferme presque toujours quelques cavités hérissées de cristaux, rarement des fossiles.

Mais ce caractère n'est pas toujours très-distinctif; l'analyse chimique seule peut faire reconnaître la dolomie.

[1] Dolomieu, naturaliste français, né en 1750 au château de Dolomieu, en Dauphiné. Professeur de minéralogie au Muséum d'histoire naturelle, à Paris, il accompagna l'expédition française en Égypte. Il est mort à l'âge de cinquante et un ans. Parmi ses nombreux ouvrages, on remarque *la Physiologie minéralogique*.

Le quartz et la magnésie se mêlent également à la chaux ; le *grès cristallisé de Fontainebleau* est un calcaire quartzifère qui possède la contexture du grès ; dissous dans l'acide nitrique, il laisse comme résidu des grains de silex ; le *spath amer* (le bitterspath des mineurs allemands) est un carbonate de chaux magnésifère, brillant, phosphorescent, et froid au toucher.

§ II.

MARBRES.

Ce sont également des roches calcaires ; mais on donne à ces dernières le nom spécial de marbre, quand elles sont dures, cristallines, compactes au point de pouvoir être polies, et surtout quand elles présentent de belles nuances et de beaux dessins. On se servirait des marbres aussi comme de pierres à chaux, — s'ils n'étaient pas trop chers ni trop rares pour cet usage.

Leurs espèces sont nombreuses, on en compte plus de deux cents ; leurs variétés sont innombrables ; chaque contrée a la sienne ; elles diffèrent par leur coloration, leur dureté, leurs taches et leurs veines, dues à des oxydes de fer ; par des coquillages fossiles, et des nodules cristallisés.

On peut classer les marbres arbitrairement, d'après leurs couleurs, leur provenance, leur prix. Voici une classification dont le mérite est la simplicité ; c'est la classification commerciale : marbres d'art et marbres industriels.

Les *marbres d'art* ou *marbres antiques* se distinguent par leur beauté. Les carrières d'où on les tirait jadis sont presque toutes perdues pour nous.

Les célèbres marbres de Paros servaient à la statuaire dans la Grèce; leur caractère principal était la contexture en petites lames cristallines [1].

On désigne aussi sous le nom de *marbres de Paros* les tables chronologiques dressées par ordre de l'antique gouvernement des Hellènes, et gravées sur des plaques en marbre de Paros. Elles ont été trouvées dans cette île il y a deux siècles, et sont déposées actuellement dans la bibliothèque de l'Université d'Oxford; de là le nom de *marbres d'Oxford* que les archéologues leur ont donné.

Les marbres blancs anciens ont maintenant une teinte jaunâtre, due à la présence d'une petite quantité de fer oxydé à la surface par la suite des temps.

Le blanc n'est pas l'unique couleur des marbres antiques. Les *marbres de Lucullus*, par exemple, sont noirs.

Les marbres d'art modernes, quoique moins célèbres que les marbres antiques, renferment quelques variétés très-recherchées par les artistes. Dans ce nombre se trouvent les marbres de Carrare, petite ville de la Toscane. Les chefs-d'œuvre de Thorvaldsen et de Canova sont en marbre de Carrare.

L'Italie est un des pays les plus riches en marbres. On y trouve : les *marbres jaunes* de Sienne; les *marbres verts* de Florence; le *fiorito*, qui représente des fleurs; le

---

[1] Paros est une des Cyclades (îles disposées en cycle, ou cercle), dans l'Archipel, mer principale des anciens Grecs, et située entre la Grèce et l'Asie.

paisino, qui imite des paysages ; le *brecciato*, qui dessine des masses rocheuses ; le *ruderato*, qui figure des ruines. Le spectateur peut y voir, comme dans les nues, différentes images, suivant ses caprices.

L'origine de ces divers dessins est très-simple. La masse calcaire avait primitivement des fissures, dans lesquelles l'eau chargée de fer et d'autres métaux s'est infiltrée ; l'eau s'est évaporée, les oxydes métalliques sont restés et ont formé de curieuses peintures ; aussi, on taille des plaques dans ces calcaires, et on les encadre comme des tableaux.

Les *lumachelles* (de l'italien *lumachella*, colimaçon) sont aussi des marbres à dessins, mais ils ont une autre provenance ; ce sont des fragments de coquillages qui brillent en blanc sur un fond noir, gris ou rouge ; nous n'avons qu'à regarder autour de nous pour connaître les usages auxquels on réserve les lumachelles : dessus de table, devants de cheminées, etc.

Les *brocatelles*, qu'on exploite à Tortosa, en Espagne, sont composées de coquilles broyées ; elles sont rouges. Autrefois on les employait pour les ornements.

La France est aussi très-riche en marbres, qui étaient exploités déjà du temps des Romains. On en trouve dans quarante départements : l'*incarnat*, à Narbonne ; le *grand deuil*, noir et blanc, dans l'Ariége ; le *nankin*, dans l'Aude ; la *brèche*, aux environs de Marseille ; le *marbre Marie-Thérèse*, dans le Pas-de-Calais ; le *marbre Caroline*, dans les Pyrénées ; le *marbre Lamartine*, dans le Jura ; et le *marbre Napoléon*, dans les Vosges.

§ III.

PHOSPHATE ET ARSÉNIATE DE CHAUX.

Le phosphate de chaux est dû — son nom l'indique suffisamment — à l'union de l'acide phosphorique et de la chaux; cette combinaison a lieu en proportions presque égales.

Ce minéral porte plusieurs noms. Le *phosphate cristallisé* est une pierre précieuse : la *chrysolithe*. L'*apatite* avait été prise également pour telle, à cause de son apparence trompeuse; de là sa désignation (du grec *apataô*, tromper). Il y a des apatites de toutes couleurs, vertes, bleues, etc.; si elles sont incolores, on les nomme *béryls de Saxe* ou *augustites;* l'apatite verdâtre est la *pierre d'asperge;* l'apatite pulvérulente s'appelle terre de *marmorosch;* n'attirant pas l'attention, elle peut être confondue avec le calcaire impur ou avec l'argile; elle offre des colorations très-variées, suivant les substances étrangères avec lesquelles elle est mélangée. Un essai chimique peut seul éclairer sur ce point.

Les variétés cristallines du phosphate de chaux sont rencontrées dans les roches primordiales et dans les produits volcaniques; on les voit avec l'étain, en Bohême; avec le fer, en Norvége.

L'apatite ordinaire ou *phosphorite* se trouve en rognons disséminés à la surface du sol; les terres arables en contiennent à l'état de poussière.

Sa variété terreuse s'étend en couches à Truxillo, dans l'Estramadure, où l'on s'en sert comme de pierre à bâtir; il en est de même à Koursk, en Russie, où les habitants l'appellent *somarode* ou pierre naturelle, en opposition avec la brique, leur pierre artificielle, qui entre, avec la somarode, dans toutes leurs bâtisses.

Le règne végétal nous offre aussi du phosphate de chaux; les graines des céréales en renferment, de même que les tiges des plantes et que les vins de Malaga. Il joue un grand rôle dans le règne animal : il forme les os. La *corne de cerf calcinée*, qui est un remède efficace contre la diarrhée, n'est autre chose que du phosphate de chaux.

Ce minéral compose également les *coprolithes*, ou guanos pétrifiés de quadrupèdes antédiluviens; ils ont une couleur brune, et renferment près de quatre-vingt pour cent de phosphate de chaux. Ces cailloux sont de précieuses pierres pour la culture du sol; cependant il semble qu'elles ne sont pas précieuses au point de remplacer les émeraudes et les rubis. Lady Buckland, femme du célèbre minéralogiste anglais, n'était pas de cet avis quand, à l'époque de la découverte des coprolithes, elle se parait, au bal de la reine, d'un collier dans lequel on avait enfilé, en guise de perles, ces résidus fossiles [1].

L'*arséniate de chaux*, ou *pierre poison*, ou *arsénisite*, ou *pharmacolithe* (du grec *pharmacon*, poison ou remède), a encore un cinquième nom; quelque naturaliste voulant se rendre intéressant a renchéri sur ses prédécesseurs et a baptisé du nom de *picropharmacolithe* un échantillon de ce minéral insignifiant qu'il tenait entre

---

[1] Coprolithe vient du mot grec *kopros*, que le général Cambronne a traduit en français lors de la bataille de Waterloo. (Voir le roman : *les Misérables*, par M. VICTOR HUGO.)

les mains, et qui, au lieu d'être en petits cristaux colorés par le cobalt, était en houppes ou mamelons blancs.

Ce minéral, qu'on trouve dans les granits roses de la Souabe, n'a d'autre propriété remarquable que de répandre une odeur d'ail quand on le chauffe au chalumeau, et n'a d'autres usages que de figurer dans les cabinets minéralogiques, quand on peut se le procurer, car il est très-rare.

§ IV.

PIERRES A PLATRE.

Comme deuxième combinaison de la chaux avec un acide, se présente le *sulfate de chaux* ou *pierre à plâtre*, qu'on nomme également *gypse* (du grec *gypsos*), dont certaines variétés fines sont appelées *albâtre*.

Ce minéral se compose uniformément : de trois parties de chaux, de quatre parties d'acide sulfurique, et de deux parties d'eau. L'eau, par la calcination, est expulsée, et il reste le *plâtre* ou *gypse anhydre* (privé d'eau). Le plâtre est donc — comme la chaux — une pierre artificielle dont la production et l'emploi seront décrits dans l'avant-dernier chapitre.

Le gypse cru n'a aucune espèce d'usage.

Les pierres à plâtre constituent des bancs très-étendus; elles font partie des terrains houillers et peuvent dès lors être considérées comme des roches; de vastes amas de gypse se trouvent au mont Cenis. Ces minéraux entrent dans la composition des couches qui renferment des eaux salées. Ils enveloppent une foule de débris organiques. En Sicile, le gypse s'associe au soufre natif; dans le pays de Limbourg, il forme des filons et sert de gangue à la magnésie. On y trouve souvent des pyrites.

Des gisements inépuisables de pierres à plâtre, situés près de Paris, sont exploités depuis longtemps. Ce plâtre est expédié au loin et fait l'objet d'un commerce considérable et très-lucratif.

On trouve du gypse dans les eaux de certains puits; ces eaux, appelées *dures* ou *crues*, sont difficiles à digérer, ne dissolvent pas le savon, et empêchent la cuisson des légumes, car elles les enveloppent d'une couche terreuse; il s'y dépose en outre des incrustations qui adhèrent fortement aux parois des chaudières.

L'action des acides est nulle sur le gypse, et c'est là un de ses caractères distinctifs. Sa couleur n'est ni vive ni variée; elle se réduit au blanc terne ou au rouge sale; mais sa contexture offre de nombreuses formes, parmi lesquelles on remarque les variétés suivantes :

L'*albâtre* (*alabastros* en grec) est la désignation que l'on applique à deux espèces de calcaires; le premier est un carbonate, le second un sulfate. Quoique ces deux minéraux diffèrent par leur composition, ils se ressemblent par leurs qualités physiques et leurs usages.

L'*albâtre carbonaté* ou *albâtre oriental* est dur; il raye le marbre; il est susceptible de recevoir un beau poli; il est d'un blanc jaunâtre, et présente des veines d'un effet agréable; on s'en sert pour statues et pour camées. Les anciens le tiraient d'Égypte. On le trouve déposé dans plusieurs sources minérales.

L'*albâtre sulfaté*, ou *gypseux*, ou *saccharoïde*, ou l'*albastrite*, est remarquable par sa blancheur proverbiale; mais cette belle pierre est bien tendre et bien délicate;

le moindre frottement peut en détacher des parcelles; on la sculpte en vases et en pendules, que l'on met, pour plus de précaution, sous verre. Il y en a de vastes carrières à Volterra, en Toscane.

Voici encore le *gypse soyeux*, composé de fibres d'une extrême finesse; la *pierre de tripes*, qu'on trouve dans la Pologne et la Suisse, en couches minces, contournées, qui imitent les replis des intestins.

Le *gypse en cristaux* ressemblant à des fers de lance (*pierre à Jésus*), forme des bancs épais dans les terrains sédimentaires, où il constitue des collines comme les buttes de Montmartre; il se présente en grandes lames transparentes, dont on s'est servi autrefois pour recouvrir, en guise de verre, les images de dévotion.

A Montmartre, on trouve également la *pierre spéculaire*, ou *gypse en grandes lames*, dont la propriété est de réfléchir les objets à la manière d'un miroir (en latin, *speculum*); on appelle aussi cette pierre : *miroir des ânes*.

Nous pouvons encore citer, en terminant cette nomenclature, le *gypse niviforme*, qui a la blancheur et la forme des boules de neige.

Stalactites et stalagmites près de la rivière Columbia, dans l'État d'Orégon (Amérique du Nord),
sépulture des Indiens de races éteintes.

§ V.

STALACTITES ET STALAGMITES.

Ce sont des concrétions calcaires dont la surface est hérissée d'une infinité de cristaux imparfaits, et dont la cassure présente des lames cristallines ; elles se forment dans les cavités souterraines par l'infiltration lente, mais continuelle, des eaux chargées de parties minérales.

Les *stalactites* sont attachées au plafond des cavernes et se développent de haut en bas. Les *stalagmites* se développent de bas en haut.

Le mot grec *stalazo* veut dire : tomber goutte à goutte. Ainsi la goutte d'eau tombe de la stalactite sur le sol et entraîne des parcelles de pierre, qui, par la suite des temps, forment un cône.

Stalactites et stalagmites se réunissent en piliers isolés, grossissent, et finissent par se rejoindre et par remplir entièrement leur berceau ou la caverne où elles ont pris naissance.

Ces colonnes montantes et descendantes sont les véritables décorations des grottes enchantées ; elles offrent un aspect bizarre et magique, — surtout quand on les admire à la lueur des torches.

Et quand on les a suffisamment admirées, on les casse à coups de marteau pour les convertir en une foule de petits objets qui ressemblent à ceux que d'habitude on taille dans l'albâtre.

§ VI.

SPATH FLUOR.

Spath fluor, fluorine, chaux fluatée, sont les noms qu'on donne au *fluorure de calcium*[1]. Ses beaux cristaux cubiques, avec leurs couleurs vives et variées, sont les pièces capitales dans les collections minéralogiques. Le spath fluor devient phosphorescent quand on le place sur des charbons ardents; il montre alors un superbe éclat d'émeraude; mais ce phénomène s'affaiblit à chaque expérience et finit par disparaître. Quand on projette ce minéral réduit en poussière dans l'acide sulfurique, il répand, comme le feraient du reste tous les fluorures, une vapeur qui corrode le verre; cette vapeur est l'acide hydrofluorique.

Le quartz et l'alumine sont souvent mêlés au spath fluor et forment diverses espèces qui offrent des accidents de lumière d'un effet surprenant.

Ces belles pierres, qui occuperaient certes un des premiers rangs parmi les pierres précieuses, si elles étaient plus rares, se trouvent en grandes masses dans les granits de la Sibérie et du mont Blanc, ainsi que dans le calcaire grossier du sol de Paris; elles accompagnent souvent les minerais de plomb, de zinc, de cobalt et d'argent.

Les duchés de Durham et de Derbyshire, en Angle-

---

[1] Le *fluor*, corps simple, gazeux, incolore; il détruit tous les vases dans lesquels on le renferme, excepté ceux en spath fluor; on l'appelle aussi *phtore*, du grec *phtora*, destruction.

terre, fournissent non-seulement les plus beaux cristaux de fluorine, mais aussi les blocs les plus propres à être mis sur le tour.

Le spath fluor ne sert pas uniquement de matière première pour des objets de luxe et comme fondant de certains minerais réfractaires, afin de les faire couler (*fluere*, en latin); on en extrait l'acide employé comme mordant pour dépolir le verre et pour graver sur émail.

§ VII.

PIERRES DE SILICE (QUARTZ).

Quartz est le nom sous lequel les mineurs allemands désignent la silice pure, qui est l'oxyde du métal appelé *silicium* [1].

Le quartz se distingue des autres pierres par son infusibilité au chalumeau, et par sa dureté : il raye le verre et l'acier. Il comprend un grand nombre d'espèces, différant entre elles par leurs couleurs et leur transparence plus ou moins prononcée.

Le quartz est très-répandu dans la nature; les sables du désert et de la mer, les grès, sont des parcelles de quartz. Il entre comme partie essentielle dans les granits et forme ainsi une portion notable du globe; il est souvent moulé sur d'autres minéraux; il constitue la matière

---

[1] *Silicium*, corps simple, d'une couleur brun sombre, sans éclat métallique; il ne se rencontre jamais à l'état pur, mais toujours allié à l'oxygène. On l'obtient par la combustion du potassium dans des vapeurs de chlorure de silicium.

pétrifiante du bois fossile. On connaît peu de minerais qui n'aient le quartz pour enveloppe ou gangue. La silice existe aussi dans les plantes ; les tiges du blé lui doivent la rigidité que présente la paille.

Les diverses espèces de quartz forment des roches, telles que les silex, les agates, les jaspes, les pierres meulières.

Le quartz par excellence est le *cristal de roche*[1]. Cristal, en grec, veut dire *glace*. Les anciens croyaient que le cristal de roche, qui était pour eux le cristal par excellence, avait été formé par un froid excessif, et que c'était une espèce de glace pétrifiée, — susceptible de conserver sa forme primitive dans les températures élevées. Il est incolore, — c'est la silice pure ; — il a la forme d'un prisme à six faces ; il est électrique par frottement. Les cailloux du Rhin, employés dans la bijouterie, sont des morceaux de cristal de roche roulés. Quelquefois il a une teinte noirâtre ; on l'appelle alors *cristal enfumé* ou *morïon*.

Dans le granit et le gneiss se trouvent des veines de quartz, avec des excavations où les cristaux ont pris naissance. En Suisse, des industriels, connus sous le nom de *chercheurs de cristaux*, vont à la découverte de ces excavations. Ils suivent les veines de quartz et les frappent à chaque pas avec un marteau. Le son indique la présence de ces *cavernes, caves, poches* ou *fours*, que nous connaissons déjà. Quelques petits trous ronds, couverts de sable et renfermant des morceaux de cristal de roche noire, sont des indices certains. Sur le mont Saint-Gothard on en a trouvé de cent pieds de

---

[1] On donne dans l'industrie le nom de cristal au verre le plus pur, parce qu'il ressemble au cristal de roche.

profondeur, et qui ont fourni pour près de soixante mille francs de cristaux dans une année.

Un autre exemple s'est offert dans le haut Valais; on y a découvert au siècle dernier un amas de deux mille kilogrammes, dont un seul cristal pesait sept cents kilogrammes. Les gros cristaux sont descendus avec des cordes, les autres, de petites dimensions, sont simplement jetés sur la neige, où l'on vient les ramasser.

Le bloc de cristal de roche placé à l'entrée de la galerie minéralogique du Jardin des plantes, à Paris, en est un curieux spécimen.

La Suisse n'est pas le seul pays qui fournit du cristal de roche; il s'en trouve également de beaux échantillons en France dans le Dauphiné, au Groënland, dans l'île de Madagascar et en Hongrie, où on les nomme des *diamants de marbre*, peut-être parce qu'ils sont enfouis dans les rochers calcaires, ce que l'on peut considérer comme un gisement exceptionnel.

Le quartz incolore est employé en optique; généralement on le conserve comme objet de curiosité; on peut le tailler et graver. Louis XIV avait un miroir en cristal de roche. Le principal usage de ce beau produit consiste aujourd'hui dans l'imitation des pierres précieuses.

A Ninive, on a trouvé, au milieu de vases en verre, des lentilles de cristal de roche; cela fait supposer, — soit dit en passant, — que le microscope était déjà connu du temps de Nemrod, le grand chasseur devant Dieu.

Si le quartz est coloré, tout en restant limpide, diaphane, on l'appelle *quartz hyalin*. Il est très-répandu, et forme également des poches tapissées de ses cristaux.

On en compte des variétés nombreuses, les unes plus belles que les autres. Un volume considérable et une

13

pureté parfaite donnent souvent une certaine valeur à ces minéraux; s'ils ne sont pas précisément des pierres fines, ils en tiennent lieu, et nous ne les séparerons pas des joyaux. L'*améthyste* est la principale espèce de quartz hyalin.

Dans cette catégorie peut être classé le quartz *résinite;* il est limpide, mais seulement après un séjour dans l'eau pure; on l'appelle aussi *quartz hydrophane;* c'est un silex jaunâtre; sa cassure est luisante comme la résine; il happe à la langue.

Au moment où l'on plonge dans l'eau un hydrophane, lequel n'est opaque que dans son état naturel, on voit s'élever, de la surface de cette singulière pierre, de petites bulles qui se succèdent si rapidement qu'elles forment des files non interrompues. Ces minéraux, qu'on trouve en Saxe, et en France, sur les bords de la Seine, sont aujourd'hui moins rares et moins prisés qu'autrefois; on les considérait comme un des produits les plus extraordinaires du règne minéral.

Les *agates* sont des pierres communes; dans le département du Loiret, à Thorailles, nous en avons trouvé de très-belles, dont on se sert pour macadamiser la chaussée des chemins vicinaux. Elles appartiennent à presque tous les terrains sédimentaires, mais principalement aux roches crétacées.

On les a exploitées dans l'antiquité, en Sicile, sur les bords du fleuve Akatès (le Drillo actuel), qui leur a donné son nom.

On admet deux variétés d'agates : le *quartz agate en roche,* et l'agate proprement dite en *rognons* formés de couches concentriques. Leur cassure est esquilleuse comme celle d'un morceau de cire à cacheter.

Autrefois ces pierres avaient un certain prix. L'art et la bijouterie les emploient encore, mais comme matière de second ordre. Les belles agates sont réservées aux graveurs; ils y dessinent des sujets plus ou moins compliqués, suivant la diversité des couleurs et les accidents de conformation. On taille des coupes dans les agates; celles des Indes ont une grande valeur; les agates de qualité inférieure servent pour des cachets, des colliers, des manches de couteaux, etc. Voici les principales espèces d'agates, dont nous retrouverons plusieurs dans les gemmes.

La *calcédoine* a une transparence laiteuse, nuancée en gris, en bleu ou en jaune; elle se trouve tantôt en cristaux ou rosaces, tantôt en couches légères dans les terrains secondaires; la plus recherchée vient de l'Islande et des îles Færoer, au nord de l'Écosse.

La *cornaline* contient, outre la silice, de l'alumine; elle est colorée en rouge par l'oxyde de fer; elle a une transparence cornée, d'où lui vient son nom; les belles cornalines sont tirées du Japon.

Le *sardonyx* ou *sardoine* est opaque; il a trois couleurs, où l'orange domine.

Le *plasme* est vert foncé; son nom dérive du grec *plasso*, j'enduis; on le broyait autrefois pour des médicaments. Dans les déblais exécutés à Rome, on a déterré des échantillons de plasmes que les minéralogistes conservent très-précieusement.

L'*agate à fortification* et l'*agate arborisée* (*dendritique*) sont des bandes colorées; des infiltrations d'oxydes métalliques y produisent des images représentant des lignes de fortifications ou des arbres; les agates mousseuses en sont un dernier exemple.

Les *jaspes* sont des agates à veines droites, parallèles, rubannées. Ils renferment neuf parties de silice et une partie de chaux, de fer, d'alumine. On les trouve dans les alluvions, par couches ou en blocs isolés. Leurs couleurs sont plus variées que dans aucune autre espèce de pierre. Il y en a de rouges, de verts, de bruns, de violets, de jaunes. La disposition des couleurs indique aussi les variétés de cette pierre, telles que le jaspe panaché, fleuri, à couleurs innombrables; le jaspe porcelaine, le jaspe schisteux, et le jaspe noir veiné de blanc.

Ce que le lecteur aura de mieux à faire pour s'y reconnaitre, ce sera de décrire, comme bon lui semblera, le morceau de jaspe présenté et de lui donner une dénomination. C'est ainsi qu'il restera dans le vrai.

La *pierre meulière* est une pierre plus utile que les précédentes. Comme son nom l'indique, c'est une matière dans laquelle on taille les meules pour les moulins à farine, aussi bien que pour tout moulin destiné à broyer des corps de dureté moyenne. Les mines productives de la Ferté-sous-Jouarre, près de Paris, expédient ces meules dans l'univers entier.

La meulière est tantôt compacte, tantôt caverneuse, ou parsemée de trous irréguliers remplis de marne ou de silice blanche. Les tailleurs de pierres l'appellent : meulière grenue ou meulière poreuse. On la trouve dans des argiles appartenant au terrain tertiaire. Elle n'a pas de couleur précise, elle est tantôt jaune, tantôt grise, bleuâtre ou rougeâtre.

Le *quartz lydien* est la *pierre de touche*; elle vient de la Lydie (région de l'Asie Mineure); on en voit aussi dans les Pyrénées, sous forme de cailloux roulés répandus à la surface du sol. Cette espèce de quartz offre moins de ténacité que les autres pierres siliceuses. Elle est noire; le feu lui enlève le charbon qui la colore, et elle devient blanche. On s'en sert pour les essais de l'or et de l'argent, car elle est inattaquable par les acides, même les plus concentrés.

Le *tripoli* est du quartz terreux friable, pulvérulent, déposé en couches schisteuses; il est infusible, âpre au toucher, terne, blanchâtre, ou coloré en jaune ou en rouge par l'oxyde de fer; il est presque entièrement composé de silice (90 parties de silice, 7 parties d'alumine, et 3 parties d'oxyde de fer). Il se réduit facilement en poussière très-fine et ne fait pas pâte avec l'eau; il tombe de suite au fond.

On ne sait pas de quelle façon les tripolis se sont formés : proviennent-ils des argiles torréfiées par le feu des volcans? résultent-ils des schistes altérés par la décomposition des pyrites? sont-ils dus à un dépôt thermal ou à une agglomération de carapaces d'animaux infusoires antédiluviens, dont le nombre est évalué à quarante milliards par pouce cube?

Ne cherchons pas à influencer le lecteur dans le choix qu'il pourrait faire d'une origine du tripoli; disons simplement qu'on emploie ce minéral pour polir les verres, les pierres dures, les métaux, surtout le cuivre et les alliages, la nacre, la corne, l'ivoire, le bois. Son emploi exige des précautions particulières : pour la nacre, la corne, les bois durs, il doit être mêlé avec de l'huile; pour les bois tendres, avec du suif; pour l'écaille, l'ivoire, l'os et la baleine, il faut l'imprégner d'eau-de-vie ou d'alcool et de vinaigre.

Le tripoli venait autrefois de Tripoli, ville des États barbaresques; celui de Venise est très-estimé; on le

tire de l'île de Corfou, et aussi de l'Auvergne et de la
Bohême. Un gisement considérable de cette substance
vient d'être découvert dans la forêt communale de
Marsanne (département de la Drôme).

Les *quartz terreux* recouvrent les silex ; on les reconnaît à la rudesse de leur poussière ; le *quartz nectique* est
d'un blanc sale ; le *quartz thermogène* est le produit de
la dissolution de la silice dans l'eau ; c'est une espèce de
tuf quartzeux qui forme des stalagmites.

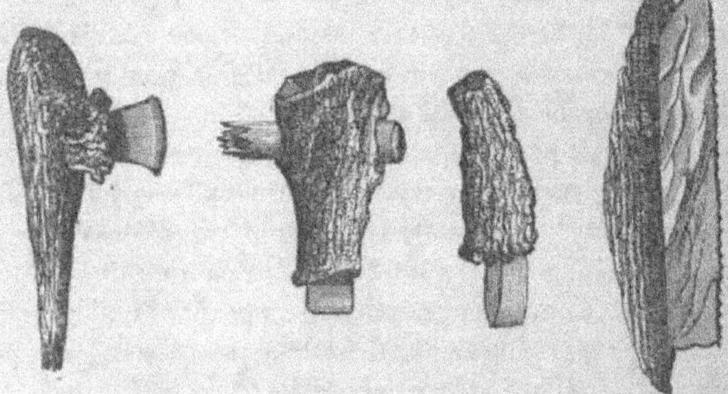

Silex taillés en hache et en scie, enchâssés dans des cornes de cerf,
trouvés dans les habitations lacustres de la Suisse.

Le *silex* ou *pierre à fusil* est jaunâtre ; sa cassure est
conchoïde et à bords tranchants ; il est phosphorescent,
et répand cette odeur particulière connue sous le nom
d'*odeur de pierre à fusil.* Comme curiosité, on peut citer
les silex creux ou *géodes* qui renferment des cristaux ;
ils sont disséminés en grandes masses, comme rognons,
dans les terrains crétacés.

A l'âge de pierre, les armes et les outils étaient con-
fectionnés avec des silex ; on les découvre dans des
grottes ou dans les habitations lacustres.

Cette pierre, qui a joué un grand rôle dans les guerres, a complétement perdu son intérêt séculaire, — depuis l'invention des fusils à piston et des fusils à aiguille, ainsi que des allumettes phosphoriques. Les mineurs et quelques vieux fumeurs de pipe conservent encore le briquet.

Habitations lacustres de l'âge de pierre, restaurées d'après des vestiges découverts en 1853 dans le lac de Zurich, en Suisse.

Une trentaine d'ouvriers, à Aignan, dans le département de Loir-et-Cher, taillent annuellement quatorze millions de pierres à fusil.

Quant aux sables, qui sont généralement des parcelles de quartz, il en sera question dans le chapitre consacré aux pierres roulées.

§ VIII.

GRÈS.

Les grès (*sand-stone* en anglais, *sand-stein* en allemand ; *sand*, sable, et *stein*, pierre) sont des pierres arénacées, formées de grains de sable soudés ensemble par une forte pression ou par une pâte argileuse, calcaire ou quartzeuse ; des parcelles de mica et de feldspath y sont souvent incrustées. Ils se présentent, comme roches, en amas, ou en rognons disséminés dans les divers terrains sédimentaires.

On distingue quatre variétés principales de grès : le *grès lustré*, dense, d'un éclat vif, d'une cassure conique ; — le *grès blanc*, d'une texture grenue ; — le *grès rouge*, coloré par l'oxyde de fer ; — le *grès bigarré*, dont le ciment est de l'argile de diverses couleurs ; cette pierre s'appelle en allemand *keuper*, — étoffe fabriquée par les habitants du duché de Cobourg, qui ont donné ce nom au grès bigarré de leur localité ; or, comme cette roche appartient aux couches du trias, le géologue Léopold de Buch a étendu à toute la formation triassique cette dénomination de *keuper*, aujourd'hui généralement adoptée en Europe.

Les grès sont employés pour bâtir, pour paver, pour moudre les grains ; on en fabrique des fontaines pour filtrer l'eau. Les pierres à repasser sont aussi des grès ; les meilleurs viennent de la Bohême et de l'Angleterre.

§ IX.

PIERRES D'ALUMINE.

L'alumine ou oxyde d'aluminium est une substance terreuse, blanche, pulvérulente, réfractaire, à peine fusible. Elle est très-répandue dans la nature, principalement dans l'argile. A l'état cristallisé, et colorée par des oxydes métalliques, elle forme un grand nombre de pierres précieuses.

Ce qu'on appelait autrefois *alumine native* ou soussulfate d'alumine est une combinaison d'alumine et d'acide sulfurique dans une proportion autre que celle de l'alun. On la trouve à Halle, en Saxe, et à Auteuil, près de Paris.

S'il entre de la potasse dans l'alumine native, cette dernière constitue un nouveau minéral : la *pierre d'alumine*. On l'a rencontrée dans les endroits où l'action des volcans a laissé des traces. Son gisement le plus connu est à Tolfa, dans les États romains.

Combinée avec d'autres matières, par exemple avec la silice, l'alumine rentre dans les pierres communes, telles que les argiles.

Mélangée à un peu de chaux, de fer et de silice, l'alumine forme le *corindon* proprement dit, qui est une pierre précieuse; mais le *corindon granulaire ferrifère* est une substance ordinaire, connue sous le nom d'*émeri*, dont la couleur est généralement violacée. A cause de sa dureté, on l'emploie à peu près comme le tripoli, pour

14

polir les glaces, les cristaux, les marbres, les pierres fines, les métaux et les bois durs.

Pour les flacons bouchés à l'émeri, on use le bouchon dans le col même du vase à l'aide de cette matière, afin d'obtenir une fermeture hermétique[1].

La fabrication de la toile et du papier émérisés est devenue, depuis une trentaine d'années, une industrie spéciale. On y emploie des machines qui coupent la toile et le papier, les saupoudrent, enlèvent la poudre excédante et les empilent. Les ébénistes, les marbriers, les horlogers et les opticiens s'en servent habituellement; ils préfèrent les toiles anglaises.

L'émeri se trouve en grains irréguliers dans les rochers de l'île de Naxos, ou cap Émeri, où il a déjà été exploité du temps de Pline; mais celui de la Chine, connu en Europe depuis près d'un siècle, est le plus pur. Il y a quelque temps, on a découvert de l'émeri à Smyrne et dans l'État de Massachussets.

L'alumine, combinée avec la soude et l'acide fluorique, forme un minéral appelé la *kryolithe*, destinée à la fabrication de la soude et de l'aluminium. Son aspect est légèrement nacré; elle se présente en masses lamineuses ou fibreuses en petits filons; à l'état pur, elle est blanche; mais souvent on la voit colorée par l'oxyde de fer; elle est très-fusible. — On trouve la kryolithe au Groënland, près de la baie d'Arkust; il n'y a pas long-

---

[1] Que veut dire le mot hermétique? Hermès Trismégiste, Dieu trois fois grand, est l'inventeur de toutes les sciences et un des premiers rois d'Égypte; à moins que ce nom ne soit un symbole de l'intelligence. Hermès était en honneur auprès des alchimistes, qui appelaient leur art l'*Hermétique* ou *Grand œuvre*. Ils avaient toujours soin qu'aucune substance impure ne pût s'introduire dans leurs récipients et leurs fioles, et à cet effet ils les bouchaient hermétiquement.

temps qu'elle était encore très-rare; mais maintenant c'est une pierre commune; les vaisseaux en apportent des chargements entiers en Europe.

Quoique les *zéolithes* ne soient pas aussi utiles que la kryolithe, elles ne sont pas moins curieuses à connaître. Ce sont des silicates alumineux hydratés de couleurs claires. Des substances étrangères y sont souvent mêlées. Elles ont peu de dureté et peu de densité. On les trouve disséminées dans les fissures des roches volcaniques et dans les géodes. On les recherche à cause de leur belle cristallisation.

Ces pierres ont la propriété de fondre en bouillonnant et de donner avec les acides des précipités gélatineux. Le nom de zéolithe vient de *zéo*, bouillir.

Leurs variétés sont nombreuses. La zéolithe par excellence est le *mésotype*, qui renferme un peu de soude et de fer; il est blanc ou jaune. C'est de l'Islande que viennent ses plus beaux et ses plus brillants cristaux.

La *natrolithe* est du mésotype fibreux; elle reçoit un très-beau poli et peut servir de plaques d'ornement.

L'*harmotome cruciforme* est remarquable par sa cristallisation en forme de croix. On la trouve dans les mines du Hartz.

Avec ces deux derniers zéolithes on confectionne des objets de fantaisie qui sont estimés des amateurs de curiosités.

Parmi les pierres de silicates d'alumine, il y en a encore de très-rares, que nous ne devons pas passer sous silence.

La *pétalithe* à surface nacrée; sa couleur est indécise, tantôt blanche, rose ou verdâtre. Elle fut découverte dans les mines d'Uto, en Suède; puis tout à coup ses filons cessèrent : elle était perdue, et ce n'est que long-temps après qu'elle s'est présentée de nouveau. La pétalithe tire son nom du grec *pétalon*, feuille, à cause de sa structure feuilletée. Elle est aussi appelée *berzé-lithe*, d'après Berzélius, car ce célèbre chimiste en a extrait la *lithine*, oxyde du métal *lithium*.

Il y a encore un autre minéral ressemblant à la péta-lithe, c'est le *spodumen* (de *spodas*, cendre), ainsi nommé à cause de sa couleur cendrée; on l'appelle aussi *triphane*, du grec *tréis* (trois), et *phaïno* (briller), parce qu'elle brille dans ses trois clivages. N'oublions pas la *stilbite* de Fahlun, en Dalécarlie; elle est rouge; la *préhnite* est verte. Que les hellénistes et les latinistes ne se donnent pas la peine de rechercher l'origine de ce dernier sub-stantif; ils y perdraient leur grec et leur latin. Préhnite vient de Prehn, nom d'un capitaine de vaisseau qui a découvert cette pierre au cap de Bonne-Espérance, et l'a rapportée en Europe.

§ X.

ARGILES.

Les argiles (du grec *argillos, argos*, blanc) sont des terres plus ou moins blanches. Elles sont difficiles à définir au point de vue minéralogique, car la forme cris-talline leur manque. Elles sont une espèce de silicate d'alumine contenant trois parties d'alumine, cinq parties de silice et deux parties d'eau.

Toutes ces argiles indistinctement *happent* à la langue, c'est l'un de leurs signes caractéristiques; l'autre signe est leur état pâteux. Leur coloration est très-variée; toutes celles qui renferment du fer se colorent en rouge par le feu, à la suite de l'oxydation de ce métal. Mais si l'oxyde existe déjà au préalable, la couleur rouge est naturelle; la couleur verte est due à un silicate de fer; la couleur grise, ou bleuâtre, ou noire, provient du charbon et du bitume.

On peut délayer complétement les argiles; les parties fines argileuses restent en suspens dans l'eau, et les substances étrangères disséminées en grains vont au fond : par ce procédé on peut obtenir l'argile pure. Les argiles délayées, mises en pâte et calcinées prennent une dureté d'autant plus grande, qu'elles sont plus pures. Mais comme toutes les substances plus ou moins vitrifiées, elles sont peu tenaces. On sait combien les objets en terre cuite sont fragiles.

Si les argiles sont abondamment mouillées, elles deviennent plastiques et se convertissent alors en une pâte à laquelle on peut donner toute espèce de forme. Cette pâte est *longue* ou *courte*; pour s'en assurer, on en fait un rouleau que l'on suspend; plus la pâte est longue, plus le rouleau s'étire avant de se rompre. Les argiles à pâte courte s'étirent peu et se rompent de suite. Le pétrissage augmente la longueur des pâtes et les rend plus aptes aux usages industriels.

L'argile soumise au feu éprouve un retrait par suite de la perte de l'eau qu'elle renferme. Ce retrait, qui dépend de la chaleur, est utilisé pour en mesurer les degrés. Les *pyromètres* (mesureurs du feu) sont en argile. Ils servent, non pas à évaluer les degrés thermométriques, mais des températures beaucoup plus élevées, afin de reconnaître si un four est suffisamment chauffé pour produire une haute chaleur déterminée. A cet effet, on place entre deux règles métalliques, posées obliquement l'une contre l'autre, de petits cylindres formés d'argile et d'alumine calcinée. On les a préalablement séchés à la chaleur du rouge naissant. Puis on les porte dans le four dont on veut connaître la température; ils y éprouvent un retrait, et alors, placés de nouveau entre les règles, ils pénètrent plus avant. Le point où ils s'arrêtent sur l'échelle arbitraire des règles, permet de reconnaître si la température voulue pour certaines opérations chimiques est atteinte.

Les argiles impures servent à la fabrication des briques, des tuiles, des tuyaux de cheminées, des conduites de drainage. Les argiles de pureté moyenne sont utilisées pour la faïence ordinaire, et les argiles pures, qui sont aussi les plus réfractaires, pour la faïence fine et la porcelaine.

On emploie aussi, à cause de leur impénétrabilité, les argiles, comme toutes les terres glaises, pour empêcher les infiltrations dans les digues et les bassins. A cet effet on établit un noyau en argile au centre des digues, ou une plaque en argile au-dessus du fond des bassins.

Les argiles sont très-répandues dans les couches sédimentaires et dans les terres labourables, grasses, glaiseuses ou franches; ces terres ne sont pas propices à la végétation, car l'argile durcit pendant l'été, se gerce et absorbe facilement l'eau, et, une fois humide, sèche très-difficilement.

Quant à la provenance de l'argile, les géologues l'attribuent généralement à la décomposition des roches de feldspath, dont le *kaolin* est l'exemple le plus intéressant, ainsi que nous le verrons bientôt.

Les argiles dont la description va suivre sont toutes remarquables par quelques propriétés particulières.

L'*argile bitumineuse* ou l'*argile plombagine* est employée à la fabrication des creusets pour acier fondu. Le charbon, en brûlant, rend ces creusets poreux; ils peuvent alors supporter plus facilement le passage incessant d'une température ordinaire à une température très-élevée, et réciproquement, quand on les sort du feu pour couler l'acier dans les moules, ou lorsqu'on les rapporte dans les fourneaux.

L'*argile smectique*, ou *terre à foulon* ou *savon du soldat*, sert pour dégraisser, pour nettoyer (*smekho* en grec) les étoffes; elle a la faculté d'absorber les corps gras.

La *terre de pipe* est une argile fine employée, en dehors de l'usage vulgaire indiqué par le mot pipe, aux ouvrages de sculpture. Par une légère cuisson, cette terre change sa couleur naturelle, qui est le gris clair, en blanc. On la trouve principalement en Angleterre et dans la province prussienne de Nassau.

Le *bol d'Arménie* ou *terre lemnique* (de Lemnos) est de l'argile très-douce au toucher; on la rencontre dans les terrains volcaniques. Autrefois on la considérait comme un médicament; on la formait en une pâte qu'on divisait en petites boules, sur lesquelles on imprimait, avec un cachet particulier, un signe cabalistique qui lui donnait sa vertu réelle; de là le nom de *terre sigillée* (*terra sigillata*, *sigille*, cachet).

On l'appelait aussi la terre miraculeuse des apothicaires. On aurait pu donner ce dernier nom également à la *terre cimolée* ou *cimolite*, qu'on trouvait dans l'île de Cimolis, de la mer de Crète; cette argile aussi avait une vertu pharmaceutique : elle passait pour astringente.

L'*ocre* (du grec *okros*, jaune) est de l'argile jaune ou rouge. Elle se trouve principalement au-dessus du calcaire oolithique, en amas ou en filons. On emploie les ocres dans la peinture, où elles sont connues sous divers noms : le *rouge d'Ormuz* (de l'île d'Ormuz, dans le golfe Persique), ou *rouge indien*; la *terre de Sienne* (Italie) ou *ocre brûlée*; la *terre d'ombre* (de l'Ombrie, des États pontificaux) ou *ocre brune*. L'*almagre* est rougeâtre; elle sert aux Espagnols pour colorer leurs tabacs, ainsi que pour polir les glaces et nettoyer l'argenterie. Les Cafres se peignent le corps avec l'ocre ordinaire, qui est destinée, dans les pays civilisés, à mettre en couleur les carreaux des appartements.

Enfin, la *terre comestible* est une ocre magnésifère que mangent les sauvages, les lithophages; elle agit sur l'estomac plutôt comme lest que comme nourriture; elle trompe la faim, mais ne la satisfait pas [1].

§ XI.

MARNES.

Les *marnes* sont des terres ou roches calcaires renfermant de l'argile, quelquefois aussi du quartz, et dans des proportions très-variables. D'après l'élément dominant, on distingue : la *marne argileuse* ou *terre forte*, elle est grasse au toucher; la *marne calcaire* ou

---

[1] D'après les naturalistes, les lithophages sont des insectes qui se nourrissent de minéraux; les voyageurs désignent aussi sous le nom de mangeurs de terre les habitants de quelques îles de la Polynésie.

terre blanche s'émiette à l'air et à la gelée; la *marne siliceuse* est toujours friable et s'écrase entre les doigts. Les marnes forment des couches plus ou moins épaisses. Nous les retrouverons parmi les minéraux destinés à l'amendement des terres labourables et à la fabrication de la poterie, des tuiles et des briques.

La *marne à foulon* est une variété de marne résultant de la décomposition des laves par les vapeurs aqueuses; elle est très-soluble dans l'eau et très-savonneuse, ce qui la fait employer comme la *terre à foulon* précitée.

§ XII.

PIERRES DE BARYTE[1].

Les pierres de baryte sont ou des sulfates ou des carbonates d'oxyde de baryum, métal gris, mou, brillant.

Le *sulfate de baryte* ou la *baryte sulfatée* est le *spath pesant*, ainsi nommé à cause de son poids spécifique considérable, qui est de 4.5, chiffre très-élevé pour une pierre. C'est dans ce minéral que Scheele découvrit, en 1774, la baryte (du grec *barys*, pesant). Ce spath a plusieurs couleurs : tantôt il est blanc, tantôt jaune ou bleuâtre; il est translucide ou opaque. Sa composition est de trois parties de baryte et de deux parties d'acide sulfurique. Il est fusible en émail blanc. Chauffé, puis refroidi et placé sur la langue, il fait éprouver le goût des œufs pourris. Calciné et réduit en poussière, il

---

[1] La baryte est une substance terreuse qui ressemble à la chaux; mais elle est plus avide d'eau; sa solution est vénéneuse.

luit dans les ténèbres, surtout quand on l'a exposé pendant quelque temps au soleil.

Haüy s'est donné la peine de décrire soixante-treize variétés de ce minéral; on y remarque la *baryte sulfatée fétide;* la gangue ordinaire de l'argent natif en Suède. D'autres variétés accompagnent les minerais de plomb et de cuivre, où elles traversent le granit en veines droites, s'entrecoupant sous divers angles.

A l'embouchure de la Tamise il existe de grandes masses ovoïdes de spath pesant, très-recherchées à cause des beaux fossiles qu'elles recouvrent. Quand ce spath est cristallisé, on ne le rencontre plus isolé, mais associé à une foule d'autres substances minérales; on en trouve des échantillons très-remarquables dans le département du Puy-de-Dôme. Le spath ne figure pas dans les cabinets d'histoire naturelle seuls; l'industrie l'emploie à divers usages; il sert dans la peinture et dans la fabrication du papier; on le mélange en fraude à la céruse et au blanc de zinc; il rend des services dans la métallurgie pour réduire les minerais réfractaires.

La *baryte carbonatée* est d'un blanc mat; elle raye le spath calcaire; le spath fluor la raye à son tour, ce qui prouve qu'elle n'est pas un corps bien dur; elle est soluble dans l'acide nitrique; sa composition est d'une partie d'acide carbonique et de quatre parties de baryte. Ce minéral est très-commun. En le mélangeant avec du charbon et en le chauffant, on produit une substance d'où l'on extrait l'hydrate de baryte au moyen de l'eau bouillante, et l'on obtient un poison énergique. Le carbonate de baryte cristallisé est mêlé quelquefois à des filons métalliques, tels que ceux de plomb en Angleterre. Dans ce pays on le vend comme poison, et on l'appelle *pierre des rats*. Les minéralogistes lui ont donné une désignation qui nous est personnellement plus agréable à entendre, celle de *withérite*.

§ XIII.

PIERRES DE MAGNÉSIE.

Magnésia est le nom qui appartient à plusieurs villes de l'antiquité. Près de l'une d'elles, située dans l'Asie Mineure, on trouvait une espèce de fer attirant le fer; on l'a appelé *magnès*, d'où sont venus les mots : magnétique et aimant, adoptés dans toutes les langues.

Nous allons voir par quel ingénieux détour les savants sont parvenus à la dénomination de magnésie : ils l'ont fait dériver par voie indirecte de *magnès*, en annonçant que la magnésie a la propriété, — qu'elle partage du reste avec toutes les terres argileuses, — de happer à la langue, de l'attirer pour ainsi dire, comme le *magnès* ou aimant attire le fer !

Quelques-unes de ces pierres de magnésie, — nous l'apprendrons bientôt, — appartiennent évidemment aux régions du feu, et devraient à la rigueur être intercalées dans les roches ignées; mais y a-t-il une grande utilité pratique à diviser ce paragraphe, et à revenir sur le même sujet?

L'essentiel, nous l'avons déjà dit, est de faire connaître la chose, et chacun est libre alors de la classer à sa guise et d'établir son système; pourrait-on compter tous les systèmes produits jusqu'à ce jour?

La magnésie ou oxyde de magnésium avait été confondue avec la chaux; il y a tout au plus un siècle qu'on l'a reconnue comme un corps particulier. Elle ressemble à la craie pulvérisée, mais elle est plus fine et plus blanche; elle est douce, insipide et inodore.

Il existe dans la nature d'abondantes masses terreuses de magnésie; telles sont la *périclose* ou *magnésie naturelle*, disséminée dans les roches cristallines du mont Summa au Vésuve, elle est d'un vert obscur, transparente et infusible : la *magnésie hydratée* ou *brucite*; la *magnésie carbonatée* ou *giobertite*; la *magnésie boratée* ou *boracite*, en cristaux blancs. Quant à la *magnésie sulfatée*, il en sera question dans le chapitre des sels gemmes.

Mais ce ne sont pas les seules combinaisons de magnésie; nous avons aussi les silicates, mélanges intimes de magnésie avec la silice, laquelle est considérée, au point de vue de la chimie, comme un acide.

Voici l'*as beste*, du grec *asbestos*, incombustible. C'est peut-être le plus singulier de tous les minéraux; il a l'air d'un paquet de chanvre qui aurait toutes les couleurs possibles : blanc, gris, jaune, vert, brun. C'est un composé de silicate de magnésie, de fer et de chaux; on peut le fondre en un émail grisâtre.

Cette substance était rare autrefois; aujourd'hui elle est très-commune; les plus beaux échantillons viennent de la Savoie, de la Sibérie, de l'île de Corse et de quelques montagnes américaines.

L'asbeste se présente en filons dans les roches métamorphiques, dans les serpentines principalement, où il donne lieu à des solutions de continuité qui pourraient occasionner des ruptures dans les bâtisses que l'on aurait construites avec ces pierres.

Ces filons sont composés de fibres roides; ils appartiennent à l'asbeste proprement dit.

L'*amiante*, au contraire, a des fibres ou filaments déliés, doux, flexibles comme de la soie; il y a de ces fils de plus d'un pied de longueur. L'amiante (*amiantos*, incorruptible) ne s'altère pas au feu, il y blanchit.

Les noms ne manquent pas à l'amiante : *bois* ou *carton de montagne*, *liége* ou *cuir fossile*; les alchimistes l'appelaient le *lin vif* ou la *laine de salamandre*[1].

Les anciens nommaient l'amiante *lin incombustible*, et en confectionnaient des vêtements dans lesquels ils brûlaient leurs morts, afin d'en conserver les cendres. Un de ces suaires, provenant d'un tombeau antique, est exposé dans la bibliothèque du Vatican. Pausanias dit que la mèche de la lampe éternelle du temple de Minerve était en asbeste.

Charles-Quint faisait usage de serviettes en amiante; — si cela peut intéresser le lecteur : quand elles étaient sales on les brûlait, et elles redevenaient blanches.

On fabrique avec ce minéral des mèches, du papier, et toutes sortes d'objets de fantaisie. Les paysans russes ont des bonnets en amiante.

Le secret de tisser l'amiante, qui avait été perdu pendant longtemps, a été retrouvé de nos jours; et actuellement on tisse l'amiante mélangé avec le chanvre, puis on brûle le tissu; la matière végétale est détruite, et il reste l'amiante. — Avec cette étoffe on peut se préserver des premières atteintes du feu.

[1] La salamandre, espèce de lézard, est incombustible (dans une certaine limite); elle sécrète une humeur abondante qui peut la protéger quelques instants contre l'ardeur de la flamme. Les anciens donnaient la salamandre pour attribut au feu. François Ier avait dans ses armoiries une salamandre avec cette devise : « *J'y vis et je l'éteinds.* »

Dolomieu avait emballé dans l'asbeste de Corse toute une collection minéralogique de cette île; c'est peut-être l'usage le plus logique qu'on puisse faire de cette substance, plus curieuse qu'utile.

Cependant on vient d'en découvrir une nouvelle application pour l'entretien des boîtes à étoupe dans les machines à vapeur. Jusqu'à présent on a employé le chanvre, qui a l'inconvénient de se carboniser à la longue; l'asbeste n'est pas détérioré par la chaleur; en outre, il est mauvais conducteur du calorique.

On a fait des essais avec cette substance sur les chemins de fer d'Amérique et d'Angleterre, et on en a obtenu des résultats satisfaisants.

Le *talc* ou *talk* ne diffère de l'asbeste, dans sa composition, que par une faible quantité d'alumine et de potasse, qu'il renferme en plus de la silice et de la magnésie, dans la proportion de vingt parties de silice, de dix parties de magnésie, d'une partie de potasse et d'une partie d'alumine. Le talc est blanc, nacré, gris ou verdâtre; il est gras au toucher; il n'est pas dur, on peut le racler avec un couteau. On le trouve en feuilles compactes dans les micaschistes, et en masses considérables dans plusieurs terrains calcaires.

La *stéatite* ou *pierre de lard* est une variété du talc.

L'*écume de mer* ou la *magnésite* est du talc blanc, tendre, infusible, d'une densité de 1.4. On la trouve en Moravie, en Piémont, en Turquie, et dans les environs de Madrid. Ce minéral a pour gisement, non pas les vagues de la mer, comme son nom semblerait l'indiquer, mais les fissures des roches serpentineuses. Son nom primitif donné par les mineurs allemands était *Erdschaum* (*écume de terre*), d'où est venu le mot *Meerschaum*.

Du temps de Pline on exploitait le talc près de Côme, en Italie, sous le nom de *pierre ollaire* (du latin *olla*, marmite); on en confectionnait des marmites et des poêles pour chauffer les appartements; on peut le tailler facilement et le façonner au tour. Toute la poterie indienne est en pierre ollaire.

Les diverses variétés de talc ont un grand nombre d'usages dans la petite industrie.

On s'en sert pour la fabrication des crayons de pastel, et du fard appelé *fard de Venise;* pour enlever les taches, pour dégraisser la laine desstinée aux draps; les tailleurs marquent leurs étoffes et y font des dessins avec la *craie de Briançon*, qui est du talc coupé en petites tablettes; la *poudre de savon des bottiers* est du talc pulvérisé; il entre dans les stucs et dans les couleurs de la peinture à fresque, sous le nom de *terre de Vérone*.

On emploie les talcs, dans beaucoup de fabriques de porcelaine, à la place du kaolin.

L'écume de mer est principalement façonnée pour des pipes. A cet effet, on la trempe dans l'eau pour la ramollir, et lui donner avec un couteau la forme voulue. On la sèche au soleil ou au feu; ensuite on la plonge dans de la cire vierge fondue, afin d'en rendre l'extérieur très-uni, et on la polit avec de la chaux et de la graisse mélangées ensemble.

Cette substance étant très-chère, on a cherché à l'imiter par la *fausse écume*, qui est une pâte composée de déchets d'écume véritable cuits dans un mélange d'huile de térébenthine et d'alun. On s'en sert pour garnir l'intérieur des pipes en bois.

La *pierre à magot* ou la *pagodite* est du talc rougeâtre, onctueux, froid au toucher, dans lequel les Chinois taillent des figurines qui sont assez recherchées en Europe pour orner les étagères.

Une autre pierre lui ressemblant beaucoup, l'*agalmatolithe* (*agalma*, statue), nous arrive également du Céleste Empire sous forme de statuettes ou de petits magots. Elle est translucide et a des couleurs délicates, indécises; on peut la couper et la modeler facilement avec un canif.

La composition chimique de ces *pierres à figurines* est déterminée par la silice, l'alumine, un peu de chaux, de potasse et de soude.

Les dernières pierres de magnésie que nous avons à citer, ce sont les *chlorites*; elles sont vertes, mais le chlore (du grec *chloros*, vert) n'y entre pour rien; elles sont composées de silice, d'alumine, de magnésie et de fer; on les trouve en couches minces au mont Saint-Gothard et dans l'Oural. Quand elles se présenteront en couches plus épaisses, on les utilisera peut-être; jusque-là, on pourra les laisser dans la catégorie des pierres qui n'ont pas d'emploi industriel.

§ XIV.

PIERRES DE STRONTIANE.

On ne connaît que deux combinaisons minérales de la strontiane : le *sulfate de strontiane* ou *célestine*, et le *carbonate de strontiane* ou *strontianite*.

Le premier est d'un blanc jaunâtre et a beaucoup de ressemblance avec le spath pesant. Il colore en rouge le

Pierres calcaires détruites par le feu. (Ruines des Tuileries.)

dard de la flamme produite par le chalumeau. Ce minéral appartient aux formations sédimentaires de Bristol en Angleterre, et de Montmartre à Paris. De beaux cristaux de célestine accompagnent le soufre en Sicile.

Le carbonate de strontiane est blanc ou vert; il est soluble dans l'eau forte et communique une couleur pourpre à la flamme d'un morceau de papier trempé dans cette dissolution, puis séché.

La strontianite fut signalée pour la première fois en 1793, par Klaproth, dans un filon de plomb, au cap Strontian, en Écosse; c'est de là que vient le nom de strontiane, oxyde du métal appelé strontium.

Pendant ces dernières années, des masses considérables de carbonate de strontiane, avec des géodes cristallines, ont été exploitées dans les mines de Westphalie; et cette pierre, très-rare à l'origine, n'est plus qu'une pierre commune.

§ XV.

SCHISTES ET ARDOISES.

Les argiles anciennes, qui font partie des terrains de transition, offrent une structure feuilletée et ne peuvent pas être délayées dans l'eau; ce sont les *schistes* (du mot grec *skizo*, fendre); on peut les fendre en feuilles très-minces; ils ont des couleurs variées : gris, bleuâtre, verdâtre, violacé. Du quartz et du mica en parties très-ténues y sont souvent mêlés. Ils sont tendres, faciles à rayer et à casser. Quand le quartz n'y est pas abondant, ils se délitent et changent, par une nuance très-délicate, leur nom de *schistes argileux* en celui d'*argiles schisteuses*.

La plupart des schistes, exposés aux influences atmosphériques, perdent à la longue leur cohérence et se transforment en argile.

Voici quelques spécimens de pierres schisteuses.

Le *schiste bitumineux* est imprégné d'huile minérale; on en trouve à Autun (département de Saône-et-Loire).

Le *boghead* est un schiste carbonifère imprégné d'huile minérale, qui, à la distillation, fournit du gaz d'éclairage; le schiste sortant des cornues s'emploie comme combustible au chauffage des mêmes cornues.

Le *schiste marneux* contient de la marne.

Le *schiste ampélite* de la Bretagne sert de crayon aux charpentiers pour tracer leurs épures.

La *pierre à rasoir* est un schiste jaune dont les couteliers se servent. Elle venait autrefois du Levant; aujourd'hui la Belgique en fabrique beaucoup.

Les schistes les plus utiles sont les *phyllades*. On appelle ainsi les *ardoises*, qui tirent leur nom de la ville d'Ardy, en Irlande, où étaient situées les premières ardoisières. Les ardoises se présentent en masses gris bleuâtre, faciles à diviser par feuilles minces et droites, qui ont un luisant satiné; elles n'absorbent pas l'eau. On les extrait par blocs à ciel ouvert, ou dans les mines; elles sont placées en couches très-inclinées et quelquefois verticales, dont les feuillets renferment souvent des empreintes de corps organisés. Les meilleures ardoises sont dures, pesantes, sonores; chauffées au four, elles acquièrent plus de ténacité.

Les principales ardoisières en France, celles des Ardennes, sont très-anciennes, car déjà au quinzième siècle il y avait une *confrérie d'ardoisiers*. Les ardoises d'Angers sont également en renom. Celles de Westmoreland, en Angleterre, fort estimées, passent pour être les plus durables; celles de la province de Gênes sont recherchées à cause de leurs grandes dimensions. Il y a plusieurs variétés d'ardoises, qu'on désigne, d'après leur application industrielle, sous les noms de *carré fin, long et étroit, gros noir* et *poil roux*.

Les anciens ne savaient pas employer les ardoises; aujourd'hui on n'en connaît encore que deux usages : pour couverture de maisons et pour tableaux à écrire, destinés aux enfants et aux aubergistes. On dit que les Chinois savent sculpter l'ardoise pour coupes, assiettes, figurines, etc. Nous aurons occasion de parler d'une nouvelle invention, celle des ardoises émaillées.

Quant aux micaschistes et aux stéaschistes, qui terminent la série des schistes, ce sont des roches composées intercalées entre les couches inférieures des terrains de transition; il en sera question dans les pierres granitiques.

Pierres sédimentaires attaquées par les eaux.

CHAPITRE SIXIÈME

GÉNÉRALEMENT les pierres plutoniques sont composées de pâtes cristallines de divers minéraux enchevêtrés les uns dans les autres, unis ensemble par un ciment, et dont les diverses parties, qui n'ont le plus souvent pas de ressemblance entre elles, peuvent être distinguées à l'œil nu ou à l'aide du microscope.

Ces pierres, formées par le feu, sont dures, difficiles à tailler, et par conséquent trop coûteuses pour les usages vulgaires; aussi ne les emploiet-on que dans les arts et les travaux exceptionnels, où il faut une grande dureté et une longue durée. Nous les rencontrerons plus loin sous forme d'obélisques, de socles de monuments, de colonnes, de dalles de trottoirs, etc.

Parmi ces pierres, il y en a de très-rares, plus rares même que beaucoup de gemmes, mais on ne s'en sert comme joyaux que quand elles offrent de belles nuances et un grain uniforme.

§ 1.

PIERRES DE FELDSPATH.

Le feldspath (spath des champs) est une des matières les plus répandues dans les roches ignées; mêlé avec quelques autres genres de pierres, il constitue les granits, le gneiss, les porphyres, les laves. Il est rarement en filons, mais presque toujours disséminé; il y en a plusieurs variétés, qui sont employées comme pierres précieuses. Voici d'abord les espèces ordinaires.

Le *feldspath orthose* est le plus pur; sa composition est de trois parties de silice, d'une partie d'alumine et d'une partie de potasse, — en chiffres ronds; il est fusible au chalumeau et se transforme en émail blanc; il raye le verre. On le trouve à l'état cristallin. Telles sont sommairement ses propriétés générales, ainsi que celles de tous les autres feldspaths qui vont suivre.

Le *pétrosilex* est gris ou verdâtre; il forme des veines dans les roches granitiques.

La *pierre de lune* est le *feldspath chatoyant* du mont Saint-Gothard ou de l'île de Ceylan.

La *pierre de soleil*, ou *adular*, ou *aventurine jaune*, est parsemée d'une infinité de points brillants sur un fond d'or; on l'appelle également *aventurine à pluie d'or*; c'est une variété rare que produit la Russie.

L'*aventurine verte* à pluie d'argent est déjà plus répandue dans certaines roches ignées.

L'*albite* ou *schorl blanc* renferme, outre le feldspath orthose, de la chaux, du manganèse et du fer; ses cristaux sont moins éclatants.

Le *rhyacolithe* a des cristaux fendillés; on le trouve dans les porphyres du mont Dore, et dans ceux des bords du Rhin, entre Mayence et Coblentz.

Le *labradorite* a des reflets opalins; il renferme de la chaux; un des clivages de cette pierre offre d'une manière remarquable le phénomène du chatoiement. On a découvert le labradorite dans le pays de Labrador, vaste région du Canada habitée par des Esquimaux.

L'*anorthite* est un produit des volcans; on ne l'a encore vu que dans les laves du Vésuve.

Toutes les pierres dont nous venons de parler n'ont que des usages locaux, comme moëllons, ou comme pierres isolées pour les usages domestiques. Voici maintenant le feldspath par excellence, qui joue un rôle important dans la céramique.

C'est le *kaolin* ou *terre à porcelaine*, résultant de la décomposition naturelle du feldspath. On le rencontre en nids dans les granits et dans les micaschistes. Les Portugais l'ont apporté de la Chine. En 1700, il a été observé pour la première fois en Europe, dans la Saxe, par Boëttger; cet alchimiste confectionnait avec une terre inconnue appartenant à sa localité, à Meissen, des creusets pour fondre la pierre philosophale, et produisit par hasard la porcelaine. Plus tard, on a trouvé des masses considérables de kaolin également à Limoges, en Hongrie et en Angleterre.

Le kaolin ne sert pas seulement à la fabrication de la céramique fine, mais aussi à celle de l'alun, au blanchiment des toiles, à la production de l'outremer, aux pâtes de carton, au mélange des graisses pour essieux de voitures et de machines.

La dernière pierre feldspathique que nous avons à étudier est aussi la plus curieuse. Tout le monde connaît ces paillettes brillantes que renferment presque généralement les cailloux. Si elles sont blanches, on les appelle *argent des chats*; jaunes, elles sont l'*or des chats*; noires, on les nomme *pierres de corbeau*. Leur terme minéralogique est *mica*, du latin *micare*, briller.

Si les micas diffèrent par leurs couleurs, ils diffèrent également par leur composition. Ce sont des silicates d'alumine, mêlés tantôt à la potasse, tantôt à l'oxyde de fer ou à la magnésie; et voici sommairement dans quelles proportions : silice (4 parties), alumine (3 parties), fer, ou potasse, ou magnésie (1 partie).

Ce qui donne un caractère tout à fait original à cette pierre, c'est sa grande divisibilité, qui peut aller à l'infini.

Le mica est très-répandu; tous les sables en contiennent; il provient des terrains anciens; les eaux des déluges l'ont charrié dans les vallées, dans les fleuves, dans les mers. Ce n'est pas seulement en paillettes qu'on rencontre cette intéressante substance, ou en morceaux de la largeur de la main, mais aussi en grandes tables dans les granits des régions septentrionales, où elles sont connues sous le nom de *verre de Marie* ou *verre de Moscovie*; plusieurs de ces tables ont trois et même quatre mètres carrés.

Parmi les nombreuses variétés de mica, on distingue le *mica en épis* ou *mica palmé*, dont les lames sont disposées comme des barbes de plumes; on le trouve dans les Pyrénées : il est d'un blanc d'argent; une autre variété, jaune et pulvérulente, s'appelle *poudre d'or des papetiers*, elle vient de la Lorraine; le *mica du Limousin* est employé, sous le nom de *jenners*, pour les feuilles entre lesquelles on conserve le vaccin découvert par Jenner. Les confiseurs font cuire sur des tablettes pareilles certaines friandises délicates.

En Russie, les vitres des fenêtres et des lanternes sont très-souvent en mica; on l'emploie de préférence pour les vitres des vaisseaux de guerre, car il résiste à la détonation dans les batteries. On en fait aussi des verres cylindriques pour lampes à gaz; ce sont des feuilles recourbées dont la fente est fermée par une baguette en laiton; elles offrent l'avantage de ne pas se casser.

Les chauffeurs, les ouvriers des hauts fourneaux, les verriers se servent de lunettes en mica pour se préserver de la chaleur. Ce minéral translucide adoucit la lumière et repose beaucoup les yeux.

§ II.

PIERRES GRANITIQUES.

Les pierres granitiques sont des mélanges de quartz fondu, de cristaux de feldspath et de feuilles de mica. Ces trois substances restent distinctes, quoique parfaiment liées; on ne peut les séparer sans les briser.

Par suite de la multiplicité des proportions et des couleurs de ce mélange, les variétés de granits sont très-nombreuses; on en compte plus de trente, dont les plus belles sont : le granit rouge d'Égypte; le granit rose des Alpes; le granit bleu d'Espagne; le granit

orbiculaire de Corse à zones blanches, noires, verdâtres ;
le granit violet de l'île d'Elbe, etc.

Dans les granits, les parties constituantes ont sou-

Granit à petits cristaux.

Granit porphyroïde à grands cristaux.

vent des dimensions considérables ; le quartz et le feldspath s'isolent en masses arrondies, et le mica se
montre en larges lames ; ce sont les *granits à grandes
parties*, ou *à grands cristaux*.

Les granits donnent de bons matériaux de construction pour les murs de quais, l'empierrement des chaussées, les trottoirs, les socles de statues, les rigoles, les jetées dans la mer; pour les ponts, les phares, les églises; de ces dernières, il s'en trouve plusieurs dans le département du Nord.

Le granit est toujours employé avec avantage pour les monuments, car il prend un fort beau poli; il n'a aucune valeur par lui-même : cette circonstance tend à le préserver de la main des hommes; mais sa grande dureté surtout le rend précieux pour les constructions devant passer à la postérité; aussi ce motif a-t-il dû déterminer les Égyptiens dans le choix de cette pierre, qu'ils sont allés chercher au delà des cataractes du Nil, tandis que près d'eux ils avaient du calcaire en masses considérables et de très-bonne qualité.

Les roches granitiques n'ont cependant pas toutes la même dureté, et par conséquent pas la même durée; les unes ont résisté depuis la création du monde aux influences atmosphériques, les autres se réduisent petit à petit en gravier; d'autres encore se changent en terre argileuse et donnent lieu à la production du kaolin. Ces transformations tiennent à la combinaison plus ou moins intime du feldspath et du mica; elles ne s'opèrent qu'au bout d'un temps compté par siècles. Le granit ne s'altère rapidement que dans des circonstances exceptionnelles; c'est le cas du *rappakivi*, ou granit de Finlande.

Le mode de disposition des trois pierres composant le granit n'est pas uniforme, ainsi que nous allons le voir.

Si les lames du mica, au lieu d'être disséminées, sont disposées parallèlement, le granit présente alors la conformation du schiste et prend le nom de *gneiss*. Il y a souvent un passage insensible du granit au gneiss, dont les éléments sont moins gros.

On distingue plusieurs variétés de gneiss : celui dans lequel le quartz n'est pas visible à l'œil nu, puis le *gneiss quartzeux*, dans lequel le quartz abonde, et le *gneiss talqueux*, où le talc remplace le mica.

Si la disposition des éléments du granit (en italien

Gneiss ou granit schisteux.

granito, de *grana*, grain) n'est pas uniforme, sa composition ne l'est pas davantage ; un de ses trois éléments disparaît quelquefois complétement, et donne ainsi lieu aux nouvelles combinaisons suivantes.

Quartz et mica, nommé *greisen* ; quand ces deux éléments sont disposés en couches, comme dans le gneiss, le greisen prend le nom de *micaschiste*, et quand le quartz se trouve en faible quantité entre les plans de stratification, ce micaschiste devient le *quartz schisteux*.

On voit combien ces nuances sont délicates; mais nous ne sommes pas encore au bout.

Les micaschistes dans lesquels le mica est remplacé par le talc, prennent le nom de *stéaschistes* ou *schistes talqueux*, ou *talcites*; l'absence du feldspath les distingue du *gneiss talqueux*. Le greisen dans lequel le mica est remplacé par l'amphibole s'appelle *syénite*, qu'on a trouvé à Syène, en Égypte, dès la plus haute antiquité.

Enfin, si le mica ou ses remplaçants disparaissent pour faire place au feldspath, il advient une nouvelle espèce de pierre granitique : la *pegmatite* (de *pegma*, concrétion), ou *granit graphique*. Ici le quartz n'est plus en pâte, comme dans le granit ordinaire; mais il montre des rudiments de cristaux orientés parallèlement, de manière à présenter une texture qui rappelle l'écriture hébraïque.

Nous voici loin de notre première division du granit en trois éléments : quartz, feldspath et mica; et puisque la méthode rigoureuse de cataloguer les pierres vient d'être battue en brèche, hâtons-nous de faire passer l'*arkose*, une roche de quartz et de feldspath dont les grains sont d'une petitesse remarquable; on l'emploie dans la construction des cheminées, des fourneaux, pour carreaux de dallage et meules de moulins destinées à l'écrasement de matières très-dures. Il y a une variété d'arkose friable, se réduisant en gros sablon ou arène par les influences atmosphériques.

§ III.

PORPHYRES.

Le nom de *porphyre*, du grec *porphyra*, pourpre, ne définit pas suffisamment ces minéraux, car ils ont toutes les couleurs possible. Les anciens ont employé de préférence le porphyre rouge, qu'ils tiraient d'Égypte ;

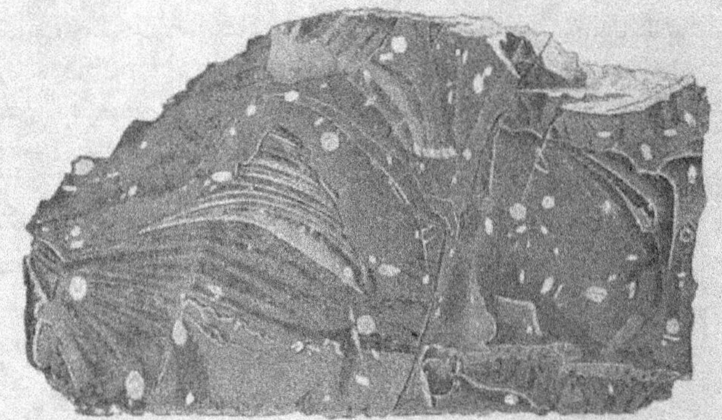

Porphyre à pâte de feldspath.

mais ils ont aussi exploité et répandu dans tout l'univers, — alors connu, — le *porphyre vert antique*, dont on a retrouvé les carrières sur le champ de bataille de Marathon, près d'Athènes. Le *porphyre de Corse* est noir, avec des taches roses ; le *porphyre des Vosges* est vert.

La couleur de ces pierres n'en constitue pas seule les variétés ; si la pâte prend un éclat résineux, on a la *pierre à résine*. Ces dénominations peuvent aller à l'in-

fini et faire souvent double emploi; ainsi il y a l'*ophite
des Pyrénées*, qui ressemble à la peau de serpent (*ophis*,
en grec); il y a aussi la *serpentine*, dont nous parlons
plus loin. Mais quelles que soient leur structure et leur
couleur, tous les porphyres se composent uniformément
d'une pâte de feldspath dans laquelle sont disséminés des
cristaux de feldspath ou des amandes d'autres pierres.
La beauté de ces roches et leur poli en ont fait une des
substances les plus recherchées pour l'ornementation et

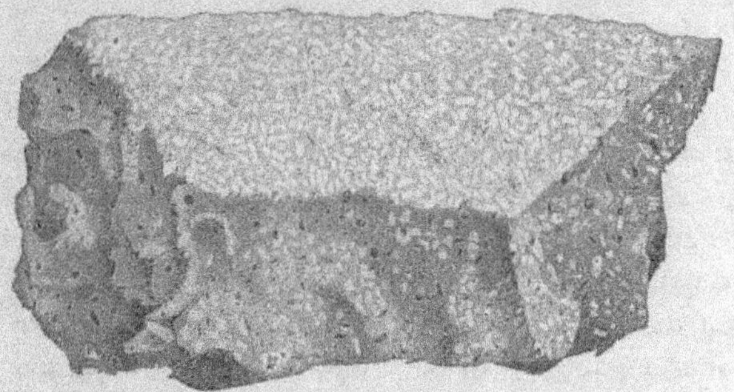

Porphyre quartzifère.

les objets de haut luxe. Les porphyres sont très-durs;
on les taille en plaques et en mortiers pour y pulvériser
certaines matières; de là vient le terme *porphyriser*,
connu dans tous les laboratoires.

Quoique moins répandus que les granits, les porphyres occupent une place plus importante dans les collections minéralogiques à cause de leur beauté et de leur
singulière conformation. Malheureusement, leur taille
et leur polissage les rendent toujours très-chers.

§ IV.

AMPHIBOLES.

Le mot grec *amphibolos*, ambigu, doit indiquer que les amphiboles ressemblent à d'autres minéraux. On les appelait autrefois *schorl* ou *hornblende*. Il y en a de nombreuses variétés : de blanches, de vertes, de noires, dont quelques-unes cristallisent.

Les blanches sont appelées *grammatites* ou *trémolithes*, du val Trémola, au Saint-Gothard; les vertes : *actinotes*, ou *amphibolithes*. Mais à quoi bon relater toutes les autres dénominations? Elles n'apprennent rien au lecteur, qui ne pourrait pas les retenir.

Cependant nous pouvons ajouter que les *diorites* (du grec *diorao*, distinguer) se distinguent des autres amphiboles par leur couleur noire bien tranchée; qu'elles renferment du feldspath, et forment le passage des roches amphiboliques aux roches granitiques; enfin qu'elles ont un aspect cristallin très-curieux.

Une certaine pierre, ressemblant à ces diorites à s'y tromper, est la *dolérite*, du mot *doleros*, tromper; on y remarque néanmoins une structure granitoïde bien définie, qui est leur signe caractéristique.

Il y a encore une autre espèce appelée *trapp* ou *trappite* (du mot suédois *trapp*, ou du mot allemand *treppe*, escalier), ainsi nommée parce que cette roche affecte la forme d'un escalier. Les trapps sont verts ou bleuâtres.

Toutes ces espèces d'amphiboles sont des mélanges de silicate de magnésie, de chaux et de fer. Elles com-

posent des montagnes entières; on peut les observer
surtout en Suisse. Leur importance est plutôt minéralo-

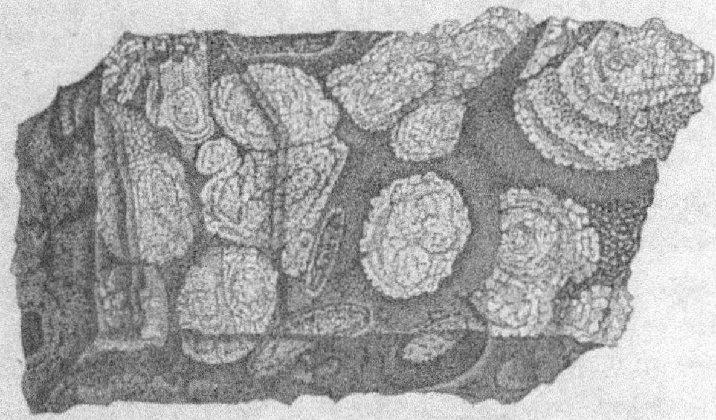

Diorite orbiculaire (à parties rondes).

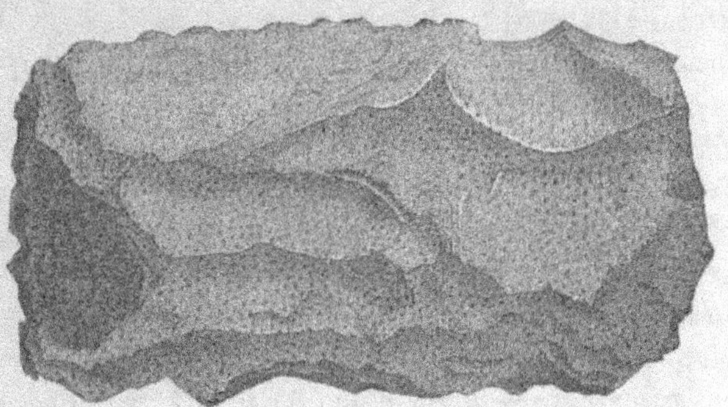

Trapp moucheté.

gique qu'industrielle; à peine s'en sert-on comme de
pierres à bâtir, et les boutons d'habits ou les manches
de couteaux en schorl ne sont que de pauvres curiosités.

§ V.

SERPENTINES.

L'origine du nom de serpentines est facile à deviner. Tantôt claires, tantôt foncées, ces pierres ont — comme les serpents — les mêmes taches verdâtres, et sont douces et froides au toucher.

Les serpentines sont des silicates de magnésie analogues au talc et infusibles au chalumeau. On les exploite en Corse, en Saxe, en Égypte et en Chine.

On en distingue trois variétés principales : la *serpentine lamelleuse*, la *serpentine noble*, que sa belle couleur fait rechercher pour des plaques d'ornement, pour des vases, des coupes et autres objets de fantaisie. La troisième variété est la *serpentine commune*, aux couleurs mélangées, qu'on emploie dans l'architecture, dans la fabrication des poteries économiques, comme la pierre ollaire, car elle est assez tendre pour être travaillée au tour. Elle résiste au feu, mais elle est fragile, a peu de cohésion, et se laisse facilement écraser; elle est presque toujours traversée par des fissures, et il est rare de la trouver en blocs d'une grande dimension.

Les *gabbros* ou serpentines agglomérées sont chargés d'oxyde de fer, et semblent s'être formés dans leur sortie à travers les autres terrains; ce sont des espèces de *magma*, terme d'apothicaire qui veut dire résidu d'une masse ayant subi une forte compression, ou plutôt une forte expression; le marc de café en est un exemple frappant, quoique vulgaire.

§ VI.

PIERRES DE PYROXÈNE (BASALTES, LAVES).

On pourrait confondre les pyroxènes avec les amphiboles, si les premières n'étaient pas placées plus près du feu central, comme leur nom l'indique (*pyr* feu, et *xenos* hôte). Ce sont les dernières roches expulsées du

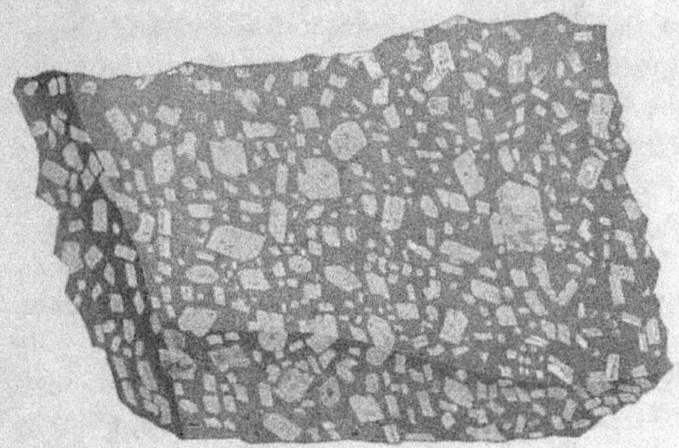

Mélaphyre.

sein de la terre; aussi sont-elles très-abondantes dans toutes les régions plutoniques.

Leurs éléments comprennent la silice, l'alumine, la chaux, la magnésie, le fer, le manganèse et la soude; le tout mélangé dans diverses proportions.

Leurs variétés sont nombreuses; comme exemples nous pouvons citer : les *mélaphyres* (de *mélas*, noir, et *phyro*, pétrir), espèces de porphyres pyroxéniques, formant une pâte noire, brune, bleuâtre ou verdâtre, avec des cristaux de labradorite.

De toutes ces pierres de feu, celles qui nous intéressent le plus, au point de vue des applications pratiques, ce sont les basaltes et les laves.

Les *basaltes*, roches ignées par excellence, ont l'aspect d'une masse noire, grise ou bleuâtre; ils sont sonores, résistants, plus durs que le verre; c'est un mélange de pyroxène et de labradorite, que l'on ne distingue qu'au moyen du microscope; ils sont donc un juste milieu entre les pierres simples et les pierres composées. Beaucoup de minéraux étrangers, à l'état cristallisé surtout, y sont accidentellement incrustés.

Dans plusieurs contrées, les basaltes se trouvent en grandes masses prismatiques et forment de véritables monuments naturels, tels que : la chaussée des Géants, près du cap Fairhead, en Irlande, de plus de deux cents mètres de hauteur; la grotte de Fingal, dans l'île de Staffa, à l'ouest de l'Écosse; la fameuse aiguille de l'île de Sainte-Hélène, surnommée *la Cheminée*, est en prismes horizontaux. Les lames de la mer, qui dans les tempêtes ont battu le pied de ces escarpements basaltiques pendant des siècles, y ont produit de profondes cavernes, dont le sol, jonché de prismes éboulés, offre le tableau d'une vaste ruine.

On se sert des basaltes comme de matériaux de construction, entre autres pour le pavé; mais à cet usage ils ne sont pas à recommander, car, par suite du frottement, ils deviennent glissants et dangereux.

La statue de Werner, à Dresde, est en basalte.

Les produits volcaniques se rapprochant le plus des

basaltes sont les *laves*, qu'on trouve en grande abondance près des cratères, d'où elles se sont échappées à l'état de fusion et s'en échappent encore de nos jours; elles deviennent solides en se refroidissant, mais conservent longtemps une température très-élevée. On cite des laves qui coulaient pendant dix ans sur des pentes faibles; d'autres répandent des vapeurs vingt ans encore après leur sortie de la terre.

L'intérieur des laves est d'une texture pierreuse; leur partie extérieure, du côté exposé à l'air, est spongieuse et scoriacée. Leur composition est variable; ce sont généralement des espèces de basaltes avec des oxydes de fer. On en compte près de quinze variétés, telles que la *lave micacée verte* du Vésuve; la *lave tigrée* du Puy, dans le département de la Haute-Loire; la *lave vitreuse, perlée, nacrée*, de la Hongrie.

Il existe aussi un verre volcanique : la *perlite globulaire d'Islande*, formée de grains de lave soudés ensemble uniquement par l'action du feu.

Une autre espèce de lave, que le savant Obsidius a fait connaître, c'est l'*obsidienne*, laitier naturel qui a pour base une matière vitreuse, composée de silice (8 parties), d'alumine (2), soude (1), fer (1); elle est fusible en un émail blanc. On la trouve en Auvergne, sur les bords du Rhin, au Mexique, au Pérou; c'est le *miroir des Incas* : on peut s'y voir; de là une seconde origine du mot obsidienne (*opsis*, vue). Les couleurs de l'obsidienne, qu'on appelle aussi *agate d'Islande*, sont très-diverses : noires, vertes, rouges et jaunes. Elle est très-dure; les Péruviens y taillaient des lames de couteaux; ils la trouvaient sur la *montagne des Couteaux*. On l'emploie dans la décoration et la bijouterie; elle se prête, à cause de sa cassure conchoïde, à des formes assez agréables et originales.

Les laves en général peuvent servir de pierres de taille; à Naples, on en fabrique aussi des camées, des vases, et même de petites boîtes.

La variété la plus utile de cette roche est la *pierre ponce*, ainsi appelée parce qu'on l'exploite principalement dans les îles Ponces ou Ponza, six petites îles volcaniques à six lieues de la ville de Naples.

La lave et l'obsidienne — à l'état liquide — ont été traversées par les gaz et se sont formées en cellules ou tubes vitreux juxtaposés. Telle est l'origine de la pierre ponce, qui est de la lave spongieuse; sa pesanteur est moindre que celle de l'eau; aussi surnage-t-elle. Dans les mers de l'Océanie, on en rencontre des bancs immenses, au travers desquels on navigue pendant des journées entières. Les Grecs anciens l'employaient au polissage, exactement comme aujourd'hui; de là le verbe *poncer*. On sait que les peintures à l'huile sont d'abord brillantes, mais inégales et rugueuses; on les ponce, elles deviennent unies, mais perdent leur éclat, et c'est pour cela qu'on les vernit.

La *ponce lapillaire* est une pierre ponce lancée par les volcans dans l'air, où elle s'était divisée et refroidie, et d'où elle est retombée sur le sol en fragments incohérents; on préfère cette variété à cause de l'égalité et de la finesse de son grain.

Les *cendres volcaniques* ou *lapilli* sont des ponces très-divisées. Il y a des morceaux de lave criblés par des cavités irrégulières; ce sont les *scories volcaniques*.

La *pouzzolane* compte aussi parmi les laves; c'est une espèce d'argile ferrugineuse calcinée par le feu des cratères; on la trouve particulièrement à Pouzzoles, près de Naples; elle n'a pas de couleur bien précise; on la recherche pour les mortiers hydrauliques, et on l'expédie au loin. Le *trass* (du mot hollandais *tiras*, ciment) est brun ou gris rougeâtre; il est composé de silice, d'alumine, de chaux carbonatée et d'oxydes de fer. C'est la pouzzolane allemande, répandue en rognons dans les terrains plutoniques, à Andernach, près de Coblentz.

Il n'y a pas d'inconvénient à classer dans les pierres ponces une espèce de minéral volcanique spongieux des environs de Naples et très-apprécié des gourmets : il y pousse des champignons comestibles; par bonheur, on ne lui a pas appliqué de dénomination grecque, et on l'a appelé tout simplement *pierre à champignons*.

§ VII.

TRACHYTES.

Ce sont des roches rudes, raboteuses : le mot grec *trakhys* veut dire rude. Elles ont une apparence homogène, mais à la loupe on distingue dans leur pâte, qui est l'amphibole, de petits cristaux de *rhyacolithe* (feldspath vitreux) renfermant des particules de mica; leur texture est compacte, quelquefois bulleuse. Ils forment des amas, des couches, des filons très-abondants dans les terrains ignés. Le Puy-de-Dôme en est entièrement composé; aussi n'a-t-on pas manqué d'appeler *domite* le trachyte de cette localité.

Parmi les trachytes on distingue les *phonolithes* ou pierres sonores (du mot grec *phonos*, son); ces roches sont divisibles en plaques que l'on emploie pour couvrir des rigoles, des puits, tout espace qui doit rester fermé, mais ne peut pas être bien grand; on les connait sous la dénomination de *pierres tégulaires*.

§ VIII.

PIERRES TOMBÉES DU CIEL [1].

De tout temps les pierres du ciel ont intrigué les hommes de science, et ont inspiré de folles terreurs aux ignorants et aux superstitieux.

Les *pierres miraculeuses* que les anciens gardaient dans leurs temples et consacraient aux dieux, ont dû être des aérolithes. Plutarque a décrit une de ces pierres tombée en Thrace, la Roumélie des Turcs.

Le public connaissait la chute des pierres, la considérait comme un événement prodigieux, et l'admettait comme certaine; mais les savants la reléguèrent parmi les préjugés populaires. Cette discordance ne cessa que dans l'année 1798, où il tomba à Bénarès (Indes orientales) une grande masse de ces pierres.

Si leur chute sur la terre est aujourd'hui hors de discussion, il n'en est pas de même de leur provenance, qui

---

[1] On désigne les pierres qui tombent du ciel, ou les étoiles filantes, aussi sous les noms de bolides (du grec *bolis*, projectile), d'aérolithes (du grec *aer*, air, et *lithos*, pierre), de météorites (du grec *meteoros*, élevé en l'air); on emploie également le terme astéroïdes (petits astres).

Quant aux météorites métalliques ou masses de fer tombées du ciel, il en est question dans le livre intitulé : *les Métaux, les mines et les mineurs*, par Émile WITH. Paris, Furne et Jouvet.

reste obscure et sur laquelle beaucoup de théories ont été élevées, puis abandonnées et reprises de nouveau.

On avait admis l'existence de certaines vapeurs dissoutes dans l'éther, puis coagulées fortuitement par l'effet d'une cause ignorée.

Cette hypothèse laisse les curieux dans le doute; car elle ne leur explique pas de quelle manière des oxydes métalliques disséminés à l'état de fluide peuvent se réunir et se transformer en pierres.

Laplace avait émis à ce sujet une opinion beaucoup plus compréhensible : « Il existe, dit-il, dans la lune des volcans qui lancent des pierres sur les planètes à proximité. » Cette explication ne pouvait évidemment pas satisfaire les savants; ils soutiennent que ces cratères sont éteints.

Pour trancher la question des volcans lunaires, savoir s'ils sont en feu ou non, des astronomes avancés admettent, sans plus ample informé, qu'il n'y a pas de volcans du tout et que ce sont de simples effets de lumière. Mais quelle peut être la cause de ces effets?

Ces néophytes, ayant rompu en visière avec le premier géomètre français, ne s'expliquent pas à ce sujet; ils se sont probablement souvenus du sage proverbe : Silence est or. Je les en remercie, et j'ose espérer que le lecteur remarquera aussi, avec une certaine gratitude, que je ne donne pas mon avis personnel sur les aérolithes, — surtout après avoir cité Laplace[1].

---

[1] Le marquis de Laplace, né dans le département du Calvados en 1749, mourut à l'âge de quatre-vingts ans. Dans sa jeunesse il enseigna la géométrie; il compléta l'œuvre de Newton, relative à la gravitation universelle. Ses nombreux écrits, — sa *Mécanique céleste* principalement, — font loi dans les mathématiques transcendantes. Laplace a occupé les postes les plus élevés dans l'administration publique.

La théorie généralement admise sur ces pierres, c'est que ce sont des morceaux de sphères disloquées flottant dans l'éther, et auxquels on a donné le nom de matières cosmiques.

Aux mois d'août et de novembre, il suffit de regarder dans un télescope, et on voit l'azur sillonné par une multitude de petits corps opaques qui montent, qui descendent, qui paraissent, qui disparaissent, qui *filent* : ce sont des *étoiles filantes* qui s'approchent de la terre ou s'en éloignent, et se perdent à tout jamais dans les solitudes infinies de l'immensité.

Les astéroïdes, une fois attirés vers la terre, s'y précipitent et s'enflamment par leur frottement contre l'air atmosphérique. On croit que leur vitesse est de vingt kilomètres par seconde. Ils feraient donc le trajet de Paris en Espagne dans une demi-minute! Ici-bas nous n'avons pas l'idée d'une pareille vitesse.

L'apparition des météorites se manifeste par un globe lumineux dont la lueur n'a qu'une faible durée; elle est accompagnée d'une traînée de vapeur. Au moment de leur chute on entend une et même plusieurs détonations semblables au roulement du tonnerre ou à une salve de coups de canon. Le bolide fait explosion; les éclats tombent avec un bruit analogue au sifflement des balles de fusil ou à celui que produit une étoffe quand on la déchire avec violence; ils arrivent brûlants sur le sol, et dégagent une odeur sulfureuse.

Ces météorites forment quelquefois une véritable pluie de pierres, pareille à celle qui, dans le livre de Josué, détruisit l'armée combattant contre les Israélites.

Ces mystérieux phénomènes se manifestent en tout temps et à toute heure; mais c'est dans le silence et l'obscurité de la nuit qu'on les observe le plus distinctement.

Une chute de pierres météoriques qui a eu lieu à Sétif, en Algérie, le 9 juin 1867, paraît avoir présenté une particularité nouvelle. « Vers dix heures du soir, « raconte un Arabe, nos tentes ont été subitement éclai-« rées par une longue traînée de feu descendant du « ciel. Une forte détonation s'est fait entendre, et nous « avons vu un globe lumineux sillonner le sol à plus « d'un quart de lieue. Nos troupeaux effrayés ont pris la « fuite dans toutes les directions. Le matin, au lende-« main, nous avons suivi ce sillon, et nous avons trouvé, « dans un trou profond, une pierre presque entièrement « calcinée. »

Au même endroit furent encore recueillis d'autres aérolithes, dont le plus gros pesait six kilogrammes ; il est exposé au Muséum du Jardin des plantes, à Paris.

Dans la liste des météorites célèbres par leur volume ou par les circonstances exceptionnelles de leur apparition, figure en première ligne la plus ancienne pierre du ciel que l'on possède, celle d'Ensisheim, village près de Strasbourg, en Alsace.

« Le 7 novembre 1492, — dit une chronique de ce « temps, — vers midi, on entendit un terrible coup de « tonnerre, et un enfant vit une pierre tomber dans un « champ, où elle s'enfonça jusqu'à trois pieds de profon-« deur ; on l'en retira pour l'exposer aux yeux du « public. » Elle pèse vingt-sept livres ; elle fut suspendue dans l'église, où elle se trouve encore aujourd'hui.

La nécessité d'une classification des météorites s'étant fait sentir, on les a divisés en trois catégories.

Les *météorites granulaires* sont les plus communs; on
en a trouvé d'un poids de cent à trois cents kilos;
leurs morceaux détachés pèsent seulement quelques
grammes. Une croûte noire les recouvre; son épaisseur
est d'un millimètre; elle est mate, quelquefois luisante
comme un vernis; elle résulte d'une fusion superficielle

Trajet du bolide d'Orgueil entre Nérac et Montauban, le 14 mai 1864.

que la pierre a subie pendant son passage dans l'atmosphère. Ces météorites sont formés de grains réunis en
masses anguleuses, dont les côtés sont arrondis; leur
intérieur a une couleur grise avec des taches de rouille.
Ils contiennent souvent des globules de fer pur et des
cristaux quartzeux.

Ces pierres sont composées de silice et d'oxyde de fer,
en plus de quelques parties de soufre, de nickel, de

manganèse, de chaux, de soude, de potasse, d'alumine;
on y trouve aussi, mais rarement, du chrome, du cobalt,
de l'arsenic et de l'étain.

On voit, par cette analyse, que les pierres du ciel ne
renferment aucun élément étranger à la terre.

Les *météorites pulvérulents*, ou poussières tombées du
ciel, n'ont jamais attiré l'attention publique; cela tient à
la difficulté de distinguer ces matières cosmiques de
celles dont l'origine est terrestre. Elles accompagnent
toujours les aérolithes. Dans les Calabres, en 1813, on a
recueilli en abondance une certaine poudre rouge, ainsi
que des pierres entourées de cette matière. Ces poussières sont assez dures pour pouvoir polir le verre.

Les *météorites charbonneux* restent uniques dans leur
genre; on ne connaît encore que ceux qui sont tombés
aux environs d'Alais, dans le département du Gard, et
au village d'Orgueil, près de Montauban; ils ressemblent à du charbon impur. Sauf le charbon et quelques
matières salines solubles dans l'eau, ils ont la même
composition que les autres aérolithes.

Comme spécimen de ces météorites charbonneux,
nous voyons ci-contre celui du bolide tombé le 14 mai
1864, à huit heures du soir, au village d'Orgueil, près
de Montauban. Il paraissait plus gros que la lune et
lançait des étincelles dans son parcours. Au moment de
son explosion, il projetait des pierres en feu dans toutes
les directions; on en a recueilli une vingtaine.

Les aérolithes ayant été déterminés dans leur constitution chimique, il a semblé curieux de les reproduire

artificiellement, et on espère être bientôt mis à même de
faire à ce sujet des comparaisons utiles et intéressantes
au point de vue de la géologie.

Maintenant, à quoi servent les pierres du ciel?
Question qui peut-être n'a jamais été posée.
Les mahométans croient qu'Allah, dans sa juste colère,
lance ces météorites, de ses mains invisibles mais puis-
santes, sur les infidèles, pour les avertir, et au besoin
pour les écraser.

Chute du bolide au village d'Orgueil, près de Nérac.

CHAPITRE SEPTIÈME

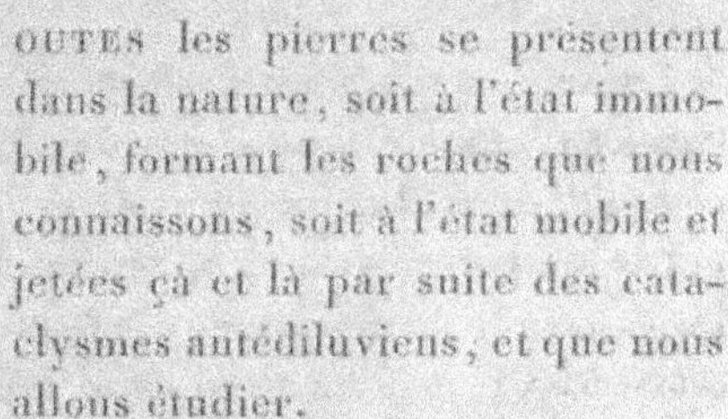

OUTES les pierres se présentent dans la nature, soit à l'état immobile, formant les roches que nous connaissons, soit à l'état mobile et jetées çà et là par suite des cataclysmes antédiluviens, et que nous allons étudier.

Si les pierres ainsi roulées sont petites, on les appelle *sables*; un peu moins petites, *graviers*; plus grandes, *cailloux*; plus grandes encore, *galets*; enfin, si ce sont des rochers venant de loin, *blocs erratiques*. Il y a encore une espèce de pierres roulées et collées ensemble par un mastic minéral, ce sont les *conglomérats*.

§ I.

SABLES.

Le sable (*sabulum*, en latin) offre plusieurs espèces.

Le *sablon* est fin, entièrement composé de quartz; chaque grain vu au microscope se présente comme un fragment de cristal de roche; le sable des déserts appartient à cette catégorie. On l'emploie pour récurer la vaisselle, pour la fabrication du verre fin et des glaces, pour filtrer les liqueurs, pour remplir les sabliers.

Le *sable de plaine*, moins fin que le précédent, est employé comme fondement dans le pavage; il sert à remplir, dans les chaussées de macadam, les interstices entre les pierres cassées, ainsi qu'à sabler les allées et les cours; on le mélange avec la chaux pour préparer le mortier. On nomme aussi cette espèce de sable *sable de carrières*, puisque son extraction a lieu, comme celle des pierres, dans les carrières; mais en général, tout endroit où l'on exploite les sables est une *sablière*.

Le *sable de rivière* est toujours très-fin; il entre dans la composition du verre noir ou verre à bouteilles; s'il est entièrement lavé et qu'il ne renferme pas des parties terreuses, on le préfère à tout autre sable pour les mortiers. Quand il n'y a pas de sable de rivière à la disposition des ingénieurs et des architectes, il faut bien se contenter de celui de la localité, et le choisir aussi pur que possible. On voit qu'il est pur si, en le lavant, l'eau

Mer de sable du Sahara.

reste limpide; on le sent aussi s'il rend un petit bruit sec, s'il crie quand on le frotte dans la main. Vitruve dit : « Le sable est bon quand, après avoir été jeté sur un vêtement noir, il n'y laisse pas de trace. »

Le *sable des mouleurs* est tantôt gris, tantôt jaune ou verdâtre; on le prend toujours dans les carrières, jamais dans les rivières, car il faut qu'il ait une certaine ténacité et un certain onctueux dû à un mélange d'argile. Le sable de Fontenay-aux-Roses, excellent pour les moules fins, a longtemps été expédié aux fabriques étrangères, jusque dans la Russie.

Le *sable vert du fondeur* est légèrement argileux et assez gros; il sert à mouler les grosses pièces, telles que les gueuses.

Le *sable micacé* ou la *poudre d'or* renferme du mica jaune et brillant.

Le *sable aurifère* est du sable noir, ferrugineux, avec des paillettes d'or, comme son nom pourrait l'indiquer, si l'on écrivait *orifère*, — puisqu'en définitive nous parlons français et non pas latin.

Le *sable-arène*, ou *arène* (*arena* en latin), est un sable très-gros tenant le milieu entre le sable ordinaire et les graviers. Les Romains jetaient cette arène dans leurs cirques, où avaient lieu les combats des gladiateurs et des animaux féroces, — afin d'amortir les chutes et d'absorber le sang du vaincu et..... du vainqueur. Le nom *arène*, primitivement donné à la place sablée, a été étendu ensuite à tout l'amphithéâtre; de là vient aussi le nom d'*arenarius*, ou acteur principal de ces spectacles barbares.

Les *sables volcaniques* comprennent les matières pulvérulentes qui sortent du cratère des volcans pendant l'éruption des laves; ce sont des cendres volcaniques qu'on utilise dans les ciments.

Il existe aussi des sables composés d'autres matières que la silice; tels sont les *sables calcaires;* le frottement les réduit en boue; aussi n'ont-ils pas d'usages.

Il y a également des *sables métalliques.* Le *sable vert du Pérou* est du chlorure de cuivre; le *sable stannifère* est composé presque entièrement d'étain en poudre; on le trouve dans la presqu'île de Malacca et dans la mer, près de Cornouailles, en Angleterre.

Ces sables métalliques ne sont cités que pour mémoire, car on en extrait des métaux, et par conséquent on ne les considère pas comme des pierres, mais comme des minerais. (Voir notre livre *les Métaux.*)

Quelles que soient les variétés des sables quartzeux, la petite dimension du grain leur donne la propriété des fluides, qui est de répartir d'une façon égale la pression qu'ils exercent par leur poids et celle qu'on leur fait supporter accidentellement.

Cette propriété est utilisée pour le décintrement des grandes voûtes en pierre. A cet effet, le sable est enfermé dans des sacs ou dans des cylindres en tôle qui servent de supports aux montants des cintres. Lors du décintrement, on fend les sacs, ou l'on enlève les bouchons qui fermaient les cylindres; le sable s'écoule, et les montants s'abaissent avec lenteur et régularité. On sait que si les bois sont enlevés trop rapidement, les voussoirs peuvent prendre dans leur descente une certaine vitesse, et provoquer la rupture de la voûte.

Disons encore, pour terminer, qu'une nouvelle invention vient de surgir en Amérique, ayant pour but de perforer les roches avec un jet de sable lancé par la vapeur à haute pression. On rapporte qu'on en a obtenu des résultats merveilleux. (Voir notre livre : *les Machines*.)

§ II.

CAILLOUX.

La pierre la plus populaire est le caillou. David a lancé avec sa fronde un caillou à la tête du Philistin Goliath, et dès que les enfants sont abandonnés à eux-mêmes, ils ramassent des cailloux pour les jeter à la tête des passants.

Les Romains comptaient avec des cailloux (*calculus*, en latin); de là le mot *calculer*.

Toute petite pierre roulée est un caillou : morceau de granit, de silex, de marbre, de porphyre; il y a autant d'espèces de cailloux que d'espèces de roches.

Dans la bijouterie, on donne le nom de caillou à des fragments de certaines roches susceptibles d'un beau poli. Le *caillou d'Alençon* est du quartz hyalin noir; le *caillou du Rhin* est du cristal de roche.

Les cailloux sont toujours ronds; l'eau des déluges a enlevé des quartiers de roche qui se sont arrondis dans les torrents en se frottant les uns contre les autres. Ils remplissent le fond des vallées à des profondeurs considérables, et forment des monticules dans les plaines.

Les gros cailloux que l'on trouve au bord de la mer et au fond de quelques fleuves sont des *galets*, du mot celtique *gal*, pierre; ils sont généralement aplatis.

Parmi les cailloux on peut compter les *géodes*, ou pierres naturellement creuses, dont l'intérieur est tapissé de cristaux ou rempli de cristaux détachés, de sable ou de matières étrangères. Près de Besançon, il y a des géodes de silex qui contiennent du soufre en poudre. Comment ce soufre s'y est-il introduit? On n'a jamais pu établir la moindre hypothèse à cet égard.

Il en est de même de l'origine des *étites* ou *pierres d'aigle*, — géodes sphériques en oxyde de fer, avec un noyau d'argile mobile, et que les nobles oiseaux sont censés porter dans leurs nids pour faciliter la ponte de leur progéniture.

§ III.

CONGLOMÉRATS, BRÈCHES ET POUDDINGUES.

Les sables, les limons, les graviers, les cailloux, rassemblés au fond de l'eau, forment des pâtes qui durcissent par la suite des temps, surtout quand elles restent constamment à sec après que l'eau s'est retirée.

Ces pâtes de pierre s'appellent, — puisque l'usage demande des noms extraordinaires, même pour les choses ordinaires, — des *agglomérats* ou *conglomérats* (*conglomeratus*, en latin : masse réunie en pelote).

Ces agglomérats se distinguent des *agrégats*, ou substances d'agrégation, dont les particules homogènes sont réunies en vertu de la force de cohésion, comme dans la craie, entre autres.

Si ces conglomérats sont composés de pierres angulaires, on les appelle des *brèches* (du mot allemand *bréchen*, rompre), parmi lesquelles la plus remarquable est la *brèche universelle d'Égypte*; elle renferme des fragments de granit, de porphyre, de pétrosilex, etc., etc. Ces pierres, d'une grande dureté, sont incrustées dans une pâte également très-dure. Elles sont une des matières les plus riches en couleurs et les plus belles du règne minéral. La variété verte était recherchée par les anciens; un schiste argileux lui donnait une nuance des plus agréables. Les carrières d'où on la

Pouddingue (brèche mosaïque).

tirait avaient été perdues pendant des siècles; elles ont été retrouvées par les savants de l'expédition de Bonaparte en Égypte, sur le chemin qui conduit du Nil à la mer Rouge. Mais ces brèches n'appartiennent pas à l'Égypte seule; elles sont même assez répandues aujourd'hui dans d'autres pays.

Disons en passant que la *fausse brèche* est du marbre veiné d'un très-bel aspect.

Les conglomérats à parties arrondies sont les *mo-*

lasses; elles se composent de galets de quartz, de paillettes de mica, d'argile, de débris de coquilles réunis
par un ciment calcaire. On les trouve dans les vallées
et sur les bords des torrents.

Généralement on préfère donner à ces pierres agglu-
tinées le nom de *pouddingues*, en anglais *pudding-stone*,
qui rappelle le mets national anglo-français, ce mélange
hétéroclite de raisins, de graisse, de pain et d'eau-de-vie.

§ IV.

BLOCS ERRATIQUES.

Dans les plaines, comme au sommet des monticules,
se trouvent souvent des blocs de pierre isolés n'ayant
aucune ressemblance avec les rochers sur lesquels ils
gisent, ni avec ceux qui sont à leur proximité. On les
voit groupés sur le sol ou enfouis dans les sables. Ils
sont venus de très-loin, et avant de se mettre en place
ils ont dû errer; de là leur nom de *blocs erratiques*. Ils
ont probablement été détachés des montagnes d'autres
contrées, et transportés à de grandes distances lors des
cataclysmes antédiluviens.

On admet que l'eau a roulé ces blocs, comme cela se
voit journellement; mais on ne croit pas qu'elle les ait fait
remonter sur des collines qui atteignent quelquefois cinq
cents mètres de hauteur. Pour expliquer ce phénomène,
on fait intervenir l'action des glaciers, et voici de quelle
façon.

Les glaces accumulées au sommet de ces montagnes

ont exercé une pression sur celles des régions inférieures, qui ont glissé, ont arraché sur leur passage des
blocs de pierre, et les ont entraînés. Toujours pressés
par les poids supérieurs, ces bancs de glace ont parcouru les vallées et sont remontés sur les collines. Ce
mouvement s'est opéré à l'époque glaciaire par laquelle
notre système planétaire a passé dans des temps inconnus, quand les éléphants des régions arctiques furent
saisis par les froids intenses et conservés dans leur état
primitif pendant une série incalculable de siècles.

Ce phénomène de l'élévation naturelle des corps à de
certaines hauteurs peut se vérifier journellement lors
de la marche des laves, lesquelles emportent souvent
de grands arbres. On l'observe aussi lors de la formation des glaçons au fond des rivières. Dès qu'ils s'arrachent de leur lit et surnagent, on y voit attachés des
graviers, des cailloux qui sont alors charriés au loin,
tant que la surface du cours d'eau, par suite de son
mouvement, ne gèle pas. C'est ainsi que des bornes de
délimitation ont été enlevées des prairies et des champs
inondés, et plantées sur les propriétés voisines.

Il en est de même des banquises qui ont transporté
des blocs erratiques depuis les mers polaires jusque sur
les continents. Le capitaine Ross, célèbre navigateur
anglais, a vu dans la mer du Sud un glaçon portant un
bloc de granit; ce rocher avait été pris dans les glaces,
et, par une action d'équilibre, s'était retourné.

CHAPITRE HUITIÈME

EMBLABLES à des fleurs rares dans
une vaste prairie, les pierres précieuses sont disséminées dans la
masse des rochers.

Lors des convulsions terrestres,
ces roches ont été brisées, jetées en
fragments au hasard, puis roulées,
disloquées par les eaux, et c'est mélées aux
sables et aux terrains des alluvions qu'on retrouve généralement les gemmes, non pas dans leur
forme cristalline, mais arrondies ; leurs faces sont
ternes, leurs angles sont enlevés ; leur excessive dureté
même n'a pas pu les garantir contre les conséquences
des chocs, des chutes et des frottements auxquels elles
ont été soumises pendant des siècles.

Quelquefois aussi on découvre leur gisement primitif.
Elles sont alors incrustées dans les masses schisteuses
ou granitiques des formations anciennes, et on les

exploite dans des mines régulières comme les filons métalliques.

Les peuples de l'antiquité estimaient beaucoup les pierres précieuses.

Chez les Israélites, le grand rabbin portait comme insignes de la sacrification, pendant les cérémonies du rit judaïque, sur le *rational* de son *éphode,* donze pierres précieuses où étaient gravés les noms des douze fils du patriarche Jacob.

Les minéraux rares ont de tout temps joué le principal rôle dans les *amulettes.* Ce sont, on le sait, de petits objets consacrés par la superstition et la crédulité, et qu'on porte sur soi afin de se préserver des malins esprits, des accidents et des maladies.

Les Chaldéens et les Égyptiens communiquèrent aux Grecs et aux Romains la croyance aux amulettes. Cet usage pénétra même dans le christianisme, et le vulgarisa au moyen âge. Pascal, Charlemagne portaient des amulettes. Depuis cette époque, les conciles ont, à plusieurs reprises, condamné cette coutume.

Les musulmans vénèrent encore aujourd'hui ces objets mystiques, qui, chez eux, sont généralement des pierres taillées d'une façon bizarre et ornées de caractères et de figures symboliques, ou de versets du Coran.

On distingue deux espèces de pierres précieuses : les *gemmes,* entièrement transparentes ; et les *pierres fines,* demi-transparentes ou même opaques.

Le public n'aime pas cette classification ; il préfère celle de *pierres orientales* ou de premier ordre, et de *pierres occidentales,* ou d'un rang inférieur. Cette dénomination provient de ce que l'Orient a fourni, avant la

découverte de l'Amérique, aux peuples de l'Occident,
les plus belles pierres fines.

Dans le commerce, elles se classent d'après leur forme,
leur éclat, leur grosseur, leur poli, mais nullement
d'après leurs propriétés physiques ou chimiques; car
leur composition et leur poids spécifique sont à peu
près les mêmes. La silice, l'alumine sont leurs éléments
principaux; on y trouve aussi un peu de potasse et de
chaux; les oxydes de fer, généralement, les colorent. Du
reste, s'il y a des différences notables, nous les ferons
ressortir dans la description succincte de chaque espèce.

§ I.

JOYAUX.

Sous ce titre, nous comprendrons les pierres précieuses les plus à la mode comme ornement ou comme
amulettes : les grenats, les tourmalines, les corindons,
dont les plus beaux sont les saphirs, les rubis, les
topazes; ensuite les quartz fins : améthystes, opales, etc.;
nous ferons connaître aussi l'émeraude, la turquoise, le
lapis-lazuli et le jade.

Les *grenats* sont les gemmes populaires. Toute bourgeoise en province, toute campagnarde aisée veut avoir
son collier de grenats.

Il y a plusieurs variétés de ces pierres dont la composition n'est pas toujours la même; les principaux éléments en sont : la silice, l'alumine, la chaux, le fer.

le manganèse; tantôt l'une de ces substances manque, tantôt l'autre, mais la silice y est toujours. Les grenats en général sont rouges; cependant il y en a aussi de noirs et de jaunes; ils ressemblent aux grains de la grenade; de là leur nom. Ils se présentent cristallisés ou en forme de schistes provenant de cristaux brisés; les roches primitives les renferment. Quelquefois, dans les alluvions, on découvre des amas de grenats détachés de leur gangue, charriés et rassemblés par les eaux.

Les anciens gravaient cette pierre et la nommaient *escarboucle* (du latin *carbunculus*, charbon); car, exposée au soleil, elle a le vif éclat d'un charbon ardent.

Les grenats ont toujours une couleur sombre, ce qui oblige de diminuer l'épaisseur des gros échantillons en les creusant en dessous et en y plaçant une feuille d'argent; sans cette précaution, ils sembleraient noirs et ne produiraient aucun effet.

Dans le commerce on distingue les grenats de l'Orient et ceux de l'Europe, dont le Tyrol produit la majeure partie depuis de longues années.

Au sommet des Alpes Tyroliennes, dans un labyrinthe de glaciers et de rochers nus, on a découvert il y a cent ans des carrières de grenat. Les hardis montagnards se hissent au moyen de cordes sur ces pics abruptes, où ils font sauter les rocs, dont les éclats tombent sur les glaces éternelles. Ils ramassent ces éclats, les mettent dans des paniers et les portent à l'usine, située également sur ces régions élevées; puis ils les jettent dans les bocards pour écraser la gangue, que l'eau enlève. Au bout de quelques heures, on obtient les grenats entièrement privés de leur enveloppe. Ceux qui ne sont pas assez durs ont été écrasés par les pilons et ont disparu; d'ailleurs ils n'auraient pu servir à la polissure. On rejette aussi ceux qui n'ont pas la forme voulue pour la taille. On choisit les plus beaux échantillons, et on les livre au *moulin à rouler* ou *dégrossir*, à quelques pas des bocards. Ce moulin est très-simple et très-original.

D'un ruisseau s'écoulant des glaciers, on dérive une petite rigole dans laquelle tourne une roue à palettes. À l'axe de cette roue est attachée une caisse en bois consolidée par des chaînes. On y verse les grenats. La roue tourne avec la caisse, et les grenats, en tombant de paroi en paroi, perdent leur forme cristalline, car le frottement continuel en enlève les parties molles; mais leur valeur augmente, puisque le noyau dur, susceptible d'être poli, est resté. On les emballe soigneusement dans cet état, et on les porte dans la plaine, où demeure le propriétaire de ces moulins. On les assortit et on les envoie aux ateliers de polissage, à Prague ou à Turnau, en Bohême, et là ils sont livrés au commerce sous le nom de *grenats du Tyrol*.

La *tourmaline* devient électrique quand on la frotte; c'est là sa propriété principale, qu'on utilise aux cours de physique dans le but de démontrer certaines propriétés de l'électricité. Pour les lunettes astronomiques on emploie des plaques de tourmaline afin d'observer les corps célestes trop lumineux, dont l'éclat est ainsi affaibli.

Il n'y a pas de pierre qui ait autant de nuances et de noms que la tourmaline; on l'appelle *aimant de Ceylan, schorl électrique, aphrisite*; la tourmaline rouge est la *rubellite*; la verte, l'*émeraude du Brésil*; la bleue, l'*indiolite*; la blanche, le *schorl blanc* du Saint-Gothard et l'incorôle de la Sibérie. Les noires sont les plus communes et se trouvent dans des endroits fort éloignés les uns des autres, dans les Alpes, à Madagascar, dans la Grande-Bretagne; mais toujours dans les terrains anciens, où elles accompagnent l'étain et les topazes. Les tourmalines de premier choix sont ramassées dans les alluvions du Brésil et de l'île de Ceylan.

Ces belles pierres sont connues depuis longtemps: elles passaient dans le commerce après avoir été taillées par les lapidaires de l'Inde; elles sont très-estimées des joailliers, à cause de leurs teintes magnifiques et de leur rareté; quelquefois une nuance rembrunie les altère.

Elles sont composées de silice, d'alumine, de soude, de chaux, de fer et d'acide borique.

Le *corindon* (de l'indien *corund*) est de l'alumine combinée avec un oxyde terreux. Il raye tous les corps, excepté le diamant; il est infusible au chalumeau; sa pesanteur spécifique est de 4.

Les variétés communes, telles que le *spath adamantin*, ne se trouvaient autrefois que dans les roches anciennes de l'Orient; aujourd'hui on en a découvert en Suède et au Saint-Gothard. Ses variétés rares, qui diffèrent entre elles par la couleur et la forme des cristaux, forment une série assez importante, à cause de leur brillant, de leur dureté et de la fraîcheur de leurs teintes.

Voici d'abord le corindon incolore, ou *saphir blanc*, du mot hébreu *sappir*, qui a la même signification; le *saphir oriental* ou *mâle*, d'un bleu d'azur, est le plus estimé; les Grecs anciens l'avaient consacré à Jupiter. Les beaux saphirs provenant du sable des rivières de l'île de Ceylan sont très-chers; à six karats ils valent deux mille francs; il y en a du prix d'un million; malheureusement, à la lumière ils perdent leur éclat et deviennent ternes.

Le *saphir femelle* est bleu pâle et moins estimé.

Le *saphir astérie* est d'un bleu clair à reflets argentés, qui se divisent en une étoile à six rayons perpendiculaires à l'axe de la pierre.

Le *saphir calcédonien* est une masse bleue dans laquelle se fond un nuage laiteux.

Le *corindon rose* ou *rouge* est le *rubis* (du latin *rubeus*, rouge), appelé aussi le *saphir rouge*. On le trouve dans les Indes, et en France, près du Puy (Haute-Loire).

Il y a plusieurs variétés de rubis : le *rubis balais* rose violacé, renfermant de la magnésie; le *rubis calcédonien*, avec un nuage laiteux; le *rubis couleur de vinaigre*, qui est petit et rare. Le *rubis spinelle* est le plus estimé; il a la teinte la plus vive, celle d'un rouge cramoisi éclatant; il est plus cher que le diamant. Le plus gros de ces rubis appartient à la couronne de France.

Il y a aussi des variétés moins belles, de nuances vertes, noires même, que le Vésuve a rejetées avec les laves en fusion.

La gemme qui se rapproche le plus du rubis est la *topaze*, qu'on appelle aussi le *saphir jaune* ou *rubis jaune*. Les anciens la croyaient très-utile contre l'épilepsie. Elle se compose essentiellement de silice (4 parties), d'alumine (6 parties) et d'acide fluorique (1 partie); le fer la colore; la chaleur la rend électrique. La chaleur rouge lui donne une couleur rose violacée, on la nomme alors *topaze brûlée*.

Autrefois ces pierres venaient de l'île Topazos, dans la mer Rouge; aujourd'hui celles du Brésil sont les plus estimées. On les rencontre dans les granits, les schistes et les grès. Le jaune orange n'est pas leur seule couleur; il y en a de verdâtres et d'incolores; les joailliers distinguent la *topaze du Brésil jaune-orange* et la *topaze jonquille-safran*; la *topaze aigue-marine* est bleuâtre; celle de la Saxe, qu'on rencontre dans les filons d'étain, est jaune paille. Il y a dans l'île de Flinder, en Tasmanie (Australie), une espèce de topaze incolore qu'on appelle *goutte d'eau*.

Nous connaissons déjà les quartz agates, avec lesquels on pave les chaussées; mais il y a aussi parmi ces pierres des spécimens fort rares, fort beaux, et fort estimés comme joyaux; ils sont plus ou moins translucides et diversement colorés.

En premier lieu figure l'*améthyste*. Dans l'antiquité déjà on la connaissait, et on lui attribuait une singulière vertu, celle de préserver de l'ivresse; de là son nom, du mot grec *méthé*, ivresse. Aujourd'hui elle orne l'anneau épiscopal, à cause de sa couleur violette, due à l'oxyde de manganèse; on l'appelle aussi *pierre d'évêque*.

Les plus belles améthystes viennent des Indes, de la Sibérie, du Brésil; on les trouve dans des filons.

Après l'améthyste se présente l'*opale*. C'est du *quartz résinite*, disent les minéralogistes. Les opales sont peu répandues et ne forment que des veines légères, disséminées dans des terrains argileux. Parmi les bois changés en silex résinite ou *pierre de poix*, le *palmier agatisé* de la Hongrie est très-connu, et ses beaux échantillons sont d'un grand prix.

Dans la joaillerie, on distingue plusieurs opales.

L'opale noble orientale ou *opale de lait*, ou *opale cha-toyante*, est la plus brillante de toutes.

L'opale de feu, ou *opale rouge*, ou *opale de miel* avec reflet d'un rouge de feu, provient des veines de porphyre du Mexique.

L'opale irisée, à couleurs changeantes, est très-recher-chée pour bagues et boucles d'oreilles; on la rencontre en Hongrie et en Saxe. La faculté qu'elle possède de refléter les couleurs de l'arc-en-ciel est attribuée à une certaine quantité d'eau interposée dans ses couches et dans ses nombreuses fissures, lesquelles interrompent la continuité de la matière et déterminent la réflexion des rayons solaires. Cette disposition donne sans doute lieu aux continuels changements que subit la couleur de cette pierre, car le froid et la chaleur lui font perdre son éclat, qu'elle recouvre à la température moyenne; si elle reste exposée au soleil, sa beauté diminue; longtemps après seulement revient son admirable colo-ration, qui peut être comparée à celle des papillons des Tropiques.

L'opale était en faveur dans l'antiquité. La *pierre de l'Apocalypse* est une opale réfléchissant l'éclat du rubis et la teinte vert tendre de l'émeraude; on l'appelait la plus précieuse des pierres précieuses.

Marc-Antoine désira offrir à la reine Cléopâtre une certaine opale de la valeur de deux millions; mais son propriétaire, un patricien romain, ne voulant pas la vendre, se laissa condamner à l'exil, et garda... son joyau.

La *calcédoine* est également une espèce d'agate pré-cieuse des environs de Chalcédoine, ville de Bithynie. Elle a une transparence laiteuse, nébuleuse, blanche bleuâtre et jaune; on la trouve en cristaux et en filons. Les plus estimées viennent aujourd'hui d'Islande.

C'est suivant sa couleur que la calcédoine porte diverses désignations :

La *cornaline* est rouge, elle a une transparence cornée, de là son nom; la *chrysoprase* est verte; l'*héliotrope*, verte et rouge; la *sardoine*, orange, ou plutôt l'orange domine parmi ses diverses couleurs. L'*onyx noir*

Agate onyx.

et blanc, entrecoupé de rose, était d'un grand prix chez les Grecs et les Romains.

Il n'y a que les beaux échantillons de calcédoine qui servent dans la joaillerie; avec les qualités inférieures on fait des ustensiles, des molettes, des brunissoirs, des mortiers de pharmacien.

L'*émeroude* est une pierre verte; on l'appelle aussi

aigue-marine; sa couleur est celle de la mer : on lui donne le nom de *béryl* quand sa teinte est jaunâtre.

Sa composition est assez compliquée; elle renferme 30 parties de silice, 8 d'alumine, 6 de glucine, 1 partie de chaux, et 2 de chrome, qui est la matière colorante. Elle est infusible au chalumeau, raye le verre, mais est rayée par la topaze.

L'émeraude antique ou *smaragdus* venait de l'Égypte, des rochers près de la mer Rouge, où l'on a retrouvé les traces d'anciennes exploitations qui n'ont plus qu'un intérêt historique. A la Nouvelle-Grenade, on la recueille dans de véritables mines creusées au milieu du calcaire spathique, où sont cachés des cristaux isolés ou des géodes.

Sur le territoire de la république américaine de Guatemala, il y a des gisements d'émeraude que les Indiens exploitent depuis les temps les plus reculés; mais les Espagnols de Pizarre, n'estimant les pierres fines que d'après leur dureté, essayaient les émeraudes au marteau; ils brisèrent ainsi les plus belles pierres qui aient jamais existé. Les Indiens, auxquels les conquérants les avaient arrachées, ne savaient probablement pas que les gemmes, sorties du sein de la terre, doivent sécher lentement dans l'obscurité, et que sans cette précaution elles se rompent très-facilement, ce que l'on peut attribuer à la présence de l'eau de cristallisation.

En France, près de Limoges, et en Bavière, il y a aussi de ces gemmes, mais elles sont opaques, d'un blanc grisâtre ou jaunâtre.

Les anciens estimaient beaucoup les émeraudes; — on en conserve dans tous les musées, principalement parmi les antiquités égyptiennes. Pline dit que l'empereur Néron regardait les combats des gladiateurs à travers une émeraude.

On peut voir dans le cabinet des médailles à la Bibliothèque de la rue Richelieu, une aigue-marine gravée en relief, représentant la tête de Julia, fille de Titus.

La plus belle émeraude connue servait d'ornement à la tiare du pape Jules II; elle a deux pouces de hauteur sur un pouce d'épaisseur; actuellement on la montre au Vatican. La plus grande émeraude existante a six centimètres de diamètre, c'est un des joyaux de la couronne d'Angleterre. L'émeraude orne aussi les insignes de l'ordre souverain grand-ducal badois du Lion de Zaehringen.

Nous avons dit que les pierres précieuses ne sont pas toutes transparentes, car voici la *turquoise* qui est opaque; elle est bleu de ciel. La *turquoise orientale* ou de *vieille roche*, ou *calcite*, ou *pierre de Turquie*, ou plutôt *pierre de Perse*, — car c'est de cet empire qu'elle arrive aux Européens, — se compose d'alumine (4 parties), d'acide phosphorique (3), d'eau (2) et de cuivre, de fer, de magnésie (1 partie); c'est donc un phosphate d'alumine hydraté.

Dégagée de sa gangue, la turquoise se présente à l'état de rognon. Sa coloration est proportionnelle à sa dureté; plus cette pierre est d'un bleu bien caractérisé, plus elle est dure; la turquoise blanchâtre est poreuse et friable. Avant d'être livrée au commerce, elle doit subir une épreuve de quelques mois à l'air et à la lumière, afin qu'en séchant après la taille sa couleur ne se perde pas.

Le schah de Perse en possède une creusée comme une coupe à boire. En Europe, les turquoises servent de joyaux; on les taille en forme de cabochon, on les polit, on les enchâsse dans l'or ou à côté des diamants, dont elles rehaussent l'éclat.

Quand leur ton n'est pas uniforme, ou quand elles ont d'autres défectuosités, on les utilise pour figurines, camées et mosaïques.

On doit à M. Petiteau la découverte d'un gîte de turquoises orientales. En 1860, il fut mis sur leur trace par quelques échantillons remarquables qu'il trouva entre les mains des pèlerins de la Mecque. Aidé de quelques renseignements sur la provenance de ces minéraux précieux, il entreprit une exploration dans le désert de l'Arabie Pétrée, et c'est à dix journées de marche au sud-est de Suez, près des bords de la mer Rouge, qu'il les découvrit sur un plateau fort élevé, formé de blocs de granit et de roches de grès ferrugineux où elles sont renfermées.

Leur exploitation offre de nombreuses difficultés; il faut d'abord apporter dans la mine tout ce qui est nécessaire à l'existence de l'homme; ensuite, réunir et fixer sur les lieux les tribus d'Arabes nomades et les décider au travail pour lequel ils montrent toujours une grande répugnance. Il faut aussi les payer très-cher, car ils ont de grandes prétentions, et c'est de toute justice : il s'agit de pierres fines.

Ces mineurs improvisés reçoivent tous les matins une sonde ou fleuret en acier, un marteau, de la poudre et des mèches; ils gravissent les pics de grès, s'y installent, et les perforent à une profondeur d'un demi-mètre pour les faire sauter; puis ils en ramassent les éclats, dans lesquels sont enchâssées les turquoises, comme un noyau dans un fruit.

Des stèles entaillées de caractères hiéroglyphiques, toute une paroi de roche couverte de bas-reliefs, les débris d'un temple égyptien, et d'un puits de mine qu'on a découvert sur ces hauteurs, prouvent que cette exploitation remonte à l'antiquité.

Il y a encore une autre espèce de turquoises : les *turquoises occidentales*, ou *osseuses*, ou *odontolithes*; ce sont des dents fossiles de carnassiers, colorées par du phosphate de fer; examinées de près, on y reconnaît le tissu des os. On les estime moins que les turquoises orientales; elles ne sont pas très-dures, et perdent leur couleur dans les acides. On les exploite en France, dans le département du Tarn, en Suisse, en Bohême et en Russie.

Quoique les salles du palais d'Orloff, à Saint-Pétersbourg, soient couvertes en entier de *lapis-lazuli*, et que dans la chapelle du Saint-Sacrement de l'église de Saint-Pierre, à Rome, s'élève un tabernacle soutenu par douze colonnes de six mètres de hauteur également en lapis, on considère néanmoins cette belle pierre, — dont le nom minéralogique est *lazulite*, — encore comme une pierre précieuse. Elle est le symbole de la justice, à cause de sa nuance bleu céleste.

Cette couleur, très-recherchée en peinture, puisqu'elle ne s'altère pas, est appelée *bleu d'outremer;* les premiers lapis-lazuli venaient d'outre-mer, c'est-à-dire du Levant; on les trouve en Perse et sur les bords du lac Baïkal en Sibérie, dans des filons composés de feldspath, de fer sulfuré, de talc et de grenats.

Le fond de la *pierre d'azur* est l'alumine, la soude et la silice; souvent elle est traversée par des veines jaunes et tachetée de points brillants dus à des pyrites; elle est soluble en gelée après avoir été calcinée, et elle s'électrise par le frottement.

On l'emploie dans la bijouterie; elle sert aussi de mosaïque et d'ornement pour les objets d'art.

Le *jade* est ordinairement verdâtre ou olivâtre, quelquefois laiteux avec une nuance bleue; c'est un composé de chaux, de potasse, de silice et d'oxyde de fer. Il tient de l'agate, mais ne peut recevoir un beau poli bien vif, car il est rude et grenu, cependant assez dur, — au point qu'on a beaucoup de peine à le travailler.

Le jade oriental est d'un blanc laiteux; on le trouve dans l'île de Sumatra, en Turquie et en Pologne; on en fabrique des poignées de sabre, des manches de couteau, des vases, et divers petits objets de luxe.

Le jade vert clair était fort estimé des anciens, qui le nommaient la *pierre divine*, lui attribuaient des propriétés merveilleuses et le portaient comme amulette contre les maux de reins; ils l'appelaient *pierre néphritique* (de *néphron*, rein).

Comme on le voit, les noms ne manquent pas à cette pierre, dont les Chinois font le plus grand cas; ils la trouvent sur le mont Himalaya et dans beaucoup de leurs rivières. Les plus grands et les plus beaux échantillons sont réservés pour l'empereur, qui les distribue en présents; jadis il a envoyé au roi d'Angleterre un sceptre en *yu*; c'est ainsi que les fils du Céleste Empire nomment le *jade vert* ou l'*amazonite*; il est aussi disséminé sur les bords du fleuve des Amazones, lequel traverse, comme on sait, l'empire du Brésil; il doit son nom à une tribu de guerrières indiennes qui combat-

tirent les conquérants espagnols vers 1500, à l'instar
des Amazones des rivages du Pont-Euxin (mer Noire),
les fidèles alliées des Troyens contre les Grecs lors du
siége d'Ilion; elles s'étaient brûlé le sein droit pour
mieux pouvoir tirer de l'arc, ce qui n'a pas empêché
Achille d'en tuer beaucoup, y compris leur reine Pen-
thésilée. Mais là n'est point la question. Retournons à la
minéralogie.

§ II.

DIAMANTS.

Platon est le premier auteur qui cite le diamant; il dit
qu'on le trouve en séparant l'or et l'argent; peut-être
voulait-il parler des laveries, où les pierres fines sont
mêlées à des métaux précieux. Il le prenait pour la
fleur de l'or, dont les parcelles les plus nobles s'étaient
condensées en une masse limpide.

Pline aussi pensait que le diamant croissait dans le
métal précieux, et il le plaçait à la tête des minéraux,
en le déclarant la chose la plus précieuse de la terre.
D'après le patriarche des naturalistes, le diamant indien
était le diamant par excellence, les autres diamants n'en
étaient que des variétés secondaires.

Les Romains ne les employaient qu'à la gravure des
gemmes; ils en ignoraient le clivage, et ne sachant pas
les tailler, ils leur préféraient comme parure les pierres
précieuses colorées.

Ce n'est qu'au moyen âge que les diamants, quoique
toujours bruts, devinrent à la mode. Lors d'un repas

donné dans le palais du Louvre par le duc de Bourgogne au
roi et à la cour, chaque invité reçut onze de ces joyaux.

Charles le Téméraire posséda le premier diamant
taillé; il le perdit avec toutes ses richesses à la bataille
de Morat, où il fut battu par les Suisses.

La taille une fois découverte, les diamants furent des

Les Diamants de Nassr Ed-Din, schah de Perse.

objets de haut luxe, car il n'en existe pas beaucoup d'un
gros calibre. Voici le Grand Mogol; le Koï-noor ou la
Montagne de lumière de la couronne d'Angleterre;
l'Étoile du Sud, ramassé au Brésil par une négresse; le
diamant jaune ou le Florentin d'Autriche; la pierre
verte exposée dans le Musée, à Dresde; le diamant bleu

23

du banquier hollandais Hope; le Sancy, — ainsi nommé du ministre de Henri IV qui en fut le possesseur : il appartient aujourd'hui à l'Espagne; enfin le plus estimé de tous : le Régent. Il fut découvert par un mineur du Mogol qui, après l'avoir caché dans son corps, vint en Europe et l'offrit à tous les princes; mais ceux-ci le trouvèrent d'un prix trop élevé, car il valait plus de douze millions de francs. Après bien des péripéties il devint la propriété d'un juif anglais; celui-ci le revendit pour la somme de deux millions au duc d'Orléans, régent du royaume, qui l'incorpora dans la collection de pierres précieuses que la France possède depuis des siècles. En 1792, la Commune de Paris mit les scellés sur l'armoire contenant ces trésors et placée dans le Garde-meuble, place de la Concorde. Des voleurs, après avoir escaladé la colonnade de ce bâtiment, s'emparèrent de toutes ces richesses; mais une lettre anonyme dénonça à la police qu'elles avaient été cachées en partie dans un fossé des Champs-Élysées; on les y trouva en effet, y compris le Régent, dont les malfaiteurs du reste n'auraient pu se défaire.

Lors de la Terreur, il fut mis en gage chez des marchands hollandais; Bonaparte, après le 18 brumaire, le dégagea, et depuis cette époque il n'a pas cessé d'être le plus éclatant joyau de la couronne.

Le diamant est le corps le plus beau, le plus dur, le plus brillant, le plus envié; au point de vue chimique, c'est un élément ou corps simple ou indécomposable : c'est du carbone cristallisé; il brûle sans laisser de trace solide.

Comment! on peut ainsi anéantir cette pierre précieuse entre toutes, et que les anciens assuraient être incombustible et indomptable (*adamos*, d'où le nom de diamant)! Certainement, et il n'y a pas d'expérience de laboratoire plus élémentaire. Vous prenez dans l'écrin de votre voisine un diamant, vous le mettez sous une cloche remplie d'oxygène, vous y concentrez les rayons solaires au moyen d'une lentille, puis il brûle, et sa lumière devient tellement intense qu'on ne peut la supporter; il s'enflamme sur toute sa surface à la fois, et s'entoure comme d'une auréole; à ce moment il paraît plus gros. Pendant cette transformation, le carbone s'est réuni à l'oxygène et a formé de l'acide carbonique, peut-être autant qu'il y en a dans une dive bouteille de vin de Champagne ou dans un vulgaire siphon d'eau de Seltz.

Lavoisier fit le premier l'expérience précitée. Déjà avant lui, en 1746, la combustibilité du diamant à l'air libre avait été reconnue par deux académiciens de Florence, qui brûlèrent cette pierre précieuse dans le foyer d'un miroir ardent.

Le diamant est-il inaltérable? C'est une deuxième question non encore résolue. En 1866, on a présenté à l'Académie des sciences de Paris un diamant qui, soumis au feu, prenait une teinte rosée; il la conservait pendant huit jours, puis revenait à sa couleur primitive, ou plutôt redevenait incolore.

Les diamants ne sont pas tous incolores, il y en a de bleus, de jaunes, de verts, mais leurs teintes sont bien faibles; ils sont excessivement rares. Il existe aussi des diamants noirs; ce sont les moins estimés : on les emploie pour perforer les roches, comme nous le verrons plus loin.

Les *diamants noués*, c'est-à-dire mal venus, mal cristallisés, les grisâtres, les blancs ou les noirs, sont réduits en poudre.

D'où peuvent provenir les diamants? Chacun est libre d'établir des hypothèses à ce sujet. On peut admettre que l'acide carbonique soumis à des forces inconnues a abandonné son oxygène, et que le carbone en vapeur s'est solidifié par cristallisation.

D'abord, à l'origine, les diamants ont dû être mous, et la preuve, c'est que l'on voit sur un de ces joyaux de l'empereur du Brésil une empreinte très-nette que les savants, d'un commun accord, déclarent provenir d'un gros grain de sable. Les diamants naturels, c'est-à-dire non taillés, ont des surfaces rugueuses et ont été arrondis par le frottement, ballottés, charriés de droite et de gauche dans les vallées, dans les torrents, et cela pendant des siècles ; or, le diamant actuel n'est entamé que par lui-même ; on peut donc en conclure qu'il était moins dur lors des transformations terrestres. Ce qui viendrait encore à l'appui de l'opinion sur sa mollesse primitive, c'est qu'on a trouvé dans cette gemme, — comme du reste dans toutes les autres, — des cavités vides ou remplies de liquide. Cette particularité, jointe à l'essence végétale des diamants, a fait penser qu'ils étaient le produit de la sécrétion d'un arbre inconnu, et que cet arbre, d'où coulaient ces inestimables gouttes, avait disparu comme celui d'où provenait l'ambre ou résine fossile. Tout ce qu'on a pu savoir avec certitude jusqu'à présent, c'est que ce singulier corps se trouve de temps immémorial dans les terrains d'alluvion des Indes. Jusqu'en 1780, où l'on a découvert des diamants au Brésil, ils venaient tous de Golconde et de Visapour. En 1820, on en a récolté en Sibérie, et actuellement on en signale en Australie et au cap de Bonne-Espérance.

On sait que ces gemmes sont entourées d'une couche de terre particulière appelée *cascalho*, — espèce de pouddingue désagrégé; pour les en débarrasser il faut les laver, et c'est ce qui rend leur recherche tant soit peu difficile.

Dans les endroits où l'on a trouvé par hasard des diamants, et où l'on soupçonne leur gisement, on établit une *laverie*. A cet effet, on détourne des ruisseaux dont on creuse le fond, ou l'on déblaye simplement le terrain naturel; les terres diamantifères sont répandues ensuite sur un plancher et on y jette de l'eau. Quand celle-ci s'en va limpide, la première opération est terminée. Les chercheurs fouillent alors le cascalho, et dès qu'ils trouvent une pierre précieuse ils frappent dans leurs mains; l'inspecteur, qui les surveille, arrive et prend le diamant. Si ce dernier pèse au delà de dix karats, l'ouvrier, généralement un nègre, reçoit comme récompense sa liberté et l'autorisation de travailler pour son propre compte; il doit vendre ses trouvailles aux propriétaires de la mine, qui règlent arbitrairement le prix à payer pour chaque diamant, dont le pauvre esclave ignore la valeur réelle.

C'est ainsi que cette exploitation a lieu dans l'Amérique du Sud, et elle ne diffère pas sensiblement de la manière d'opérer dans les Indes.

Les alluvions ne paraissent pas être les seuls gisements de ces pierres; aux *Minas geraes* du Brésil on en a découvert dans le micaschiste, qu'on a exploités au moyen de la poudre. On a abandonné ces mines; le roc est devenu trop dur, et les diamants y étaient de mauvaise qualité.

Si l'on prend en considération le faible salaire que les possesseurs des laveries accordent à leur personnel subalterne, on sera tenté de croire que le prix des diamants est exagéré.

Cependant il n'en est pas ainsi. Il faut songer que toute la récolte d'une année tient dans le creux de la main, que le nombre des travailleurs et des surveillants est considérable, qu'il faut payer les soldats et leurs officiers pour accompagner les convois de diamants depuis les mines jusqu'aux factoreries et aux ports d'embarquement; que le chemin des Indes orientales ou occidentales en Europe est long, que la taille des diamants coûte presque autant que leur recherche; enfin que tout le monde, depuis le pauvre esclave jusqu'au riche joaillier, veut avoir son bénéfice. Si alors on additionne toutes ces sommes, on arrive encore assez vite à des millions, surtout quand on réfléchit qu'un diamant de la valeur primitive de cent mille francs augmente par les intérêts de ce capital annuellement de cinq mille francs; et qu'en outre la mode, les événements politiques peuvent le déprécier. Après la révolution de 1848, les diamants ont perdu 48 pour 100 de leur prix, et autant à l'époque où dom Pedro a payé les dettes de son empire à l'Angleterre, non pas en or, mais en diamants. Aujourd'hui le prix de ces joyaux est en voie de progression, par suite du développement de la richesse publique et du luxe, par suite de l'abolition de la traite des esclaves, enfin par la cherté de la main d'œuvre.

Le Brésil envoie par Rio de Janeiro des diamants à Amsterdam, à Londres et à Paris. Dans les Indes, il se tient à l'époque de la fête bouddhiste, à Ratnapour, un marché de pierres précieuses; mais les habitants gardent les plus belles pour eux; aussi sont-elles plus chères en Asie qu'en Europe. Ces merveilles de la nature sont la passion des Indiens. Le diamant du rajah de Moltan pèse 365 karats; il fut trouvé vers 1780 à Landak. Le gouvernement hollandais à Batavia offrit en échange deux bricks de guerre avec leurs canons et toutes les munitions, mais en vain; à ces offres splendides il ajouta encore 150,000 ducats. Le rajah préféra garder son joyau.

Les diamants purs, de belles dimensions, sont encore assez rares. Toutes les laveries du Brésil n'ont fourni que trois pierres de 20 karats en deux ans; ce fut un événement quand on en trouva une de 70, et une autre de 120 karats.

Le karat, avec lequel on pèse les diamants, équivaut à 21 milligrammes.

Ce karat, dit *karat de poids*, ne doit pas être confondu avec le *karat fin*, — mesure imaginaire destinée à indiquer la pureté de l'or et de l'argent.

Le prix des diamants est en raison directe du carré de leur poids. Si un diamant de 1 karat vaut 250 francs, celui de 2 karats vaut quatre fois 250 francs, et un de 200 karats, quarante mille fois 250 francs ou 10 millions.

Les diamants perdent considérablement de leur poids par la taille, dont nous parlerons plus tard, et voici dans quelles proportions :

	Poids avant la taille.	Poids après la taille.
Le Mogol.	780 karats. . . .	279 karats.
Le Régent.	400 —	136 —
L'Étoile du Sud.	254 —	124 —
Le Koï-noor.	186 —	82 —

L'étoile du Sud, qui pesait avant la taille un peu plus d'un sou, pèse après la taille un peu moins de trois centimes, puisqu'un centime pèse un gramme.

Ce n'est pas sans intention que nous avons insisté sur ce fait que les diamants sont des charbons à l'état de cristallisation; c'est afin que la multitude ne les regarde pas trop avec l'œil de l'envie, quand elle les voit scintillant au sceptre et à la couronne des potentats, qui croient augmenter ainsi le prestige de leur puissance; ou quand elle les admire brillant au front et aux mains des femmes, qui espèrent par là multiplier les séductions de leurs charmes.

O vanité, ô néant!

Et si ces trésors, si beaux et si nobles dans leur éclat, si mystérieux dans leur création, se mettaient tout à coup à décristalliser et à se réduire à l'état de morceaux de houille, je rirais bien!

Mais je ne rirais plus si quelque malin esprit cristallisait les charbons de terre et de bois.

Quelle désolation, quelle calamité! Que deviendraient alors, entre autres, ces bataillons d'ingénieurs, ces régiments de chauffeurs et de mécaniciens, ces armées d'employés des industries que le charbon alimente : les chemins de fer, les bateaux à vapeur, les établissements métallurgiques, le gaz d'éclairage, les machines à vapeur des manufactures? Tous ces travailleurs seraient probablement obligés de gratter la terre avec leurs ongles, car, — les hauts fourneaux devant s'éteindre faute de combustible —, les socs de charrue deviendraient des objets de luxe qu'on ne verrait plus que dans la vitrine des marchands de curiosités.

§ III.

PIERRES PRÉCIEUSES SECONDAIRES.

C'est peut-être un singulier titre que celui de pierres précieuses secondaires; mais comment désigner ces minéraux rares, souvent plus rares même que les pierres fines? La mode ne les a pas encore adoptés, car ils ne sont pas d'une beauté remarquable; ils sont à peine connus du public, et on ne les voit que dans les cabinets d'histoire naturelle, où ils portent des noms grecs difficiles à prononcer.

Nous ne pouvons mieux faire que d'énumérer ces pierres d'après leur ordre alphabétique; cela facilitera au lecteur ses recherches, si l'occasion s'en présente; il remarquera en même temps que ces dénominations sont tantôt au masculin, tantôt au féminin; le genre en est souvent indécis, et cela sans raison connue.

L'*amphigène* est gris, blanc, jaune; sa forme cristalline est le cube; il est composé de silice, d'alumine et de potasse. L'amphigène transparent est très-rare; on l'a connu longtemps sous le nom de *grenat blanc*. On trouve l'amphigène dans les roches du Vésuve. Presque toujours, au centre du cristal, il y a un noyau de pyroxène. Cette pierre taillée est d'un assez bel effet.

Le nom d'amphigène, du mot *amphi*, double, et *genos*, naissance, indique que ce cristal peut être divisé dans deux sens différents.

L'*augite*, du grec *augé*, éclat, est translucide, tantôt verte, tantôt brune ou noire; c'est une variété de pyroxène. Les anciens la connaissaient.

L'*axinite* a été découverte en 1700 dans le département de l'Isère; on en rencontre aussi à Chamounix, dans un filon d'asbeste; on a déjà taillé quelques-uns de ces cristaux, mais leur nuance violette est peu agréable; il y en a aussi d'une couleur très-originale qui tire sur le brun. Les cristaux sont très-tranchants sur les bords; de là le nom d'axinite, qui veut dire pierre de hache.

La *bronzite*, le *spath miroitant*, la *smaragdorite*, sont des espèces d'émeraudes qu'on emploie souvent comme pierres précieuses. Les joailliers appliquent à chaque variété une dénomination spéciale.

On les trouve en France et en Allemagne, dans les roches volcaniques. Elles appartiennent au *diallage* (nom qui indique une grande variété de couleurs); elles cristallisent en prisme oblique rhomboïdal; l'acier peut les rayer.

La *chrysolithe* (de *chrysos*, or) est le nom donné par les lapidaires à divers minéraux jaunes ayant une teinte dorée. La chrysolithe est la dixième des pierres précieuses dont était orné le rational.

La *cymophane* (de *cyma*, flot, et de *phanos*, brillant) est composée de silice, d'alumine et de glucine; on l'a employée dans la bijouterie sous le nom de topaze orientale; mais on ne taille que les cymophanes chatoyantes.

On ne les trouvait autrefois que dans les sables du Brésil et de Ceylan; maintenant on en connaît un gisement dans le Connecticut, mais qui ne produit que des pierres d'une valeur inférieure.

La *chrysoprase* (*prasos*, vert) est une variété d'agate d'une couleur vert-pomme due à l'oxyde de nickel. La chrysoprase d'Orient est une espèce de topaze d'un jaune verdâtre.

Le *disthène, cyanite* ou *schorl bleu*, a la même composition que l'émeraude; on le trouve dans le talc et le mica, accompagné de grenats; il est intimement lié avec la pierre de croix, et cristallise de concert avec elle; ses cristaux sont juxtaposés l'un sur l'autre dans le sens de la longueur. Il y en a en Saxe, au Saint-Gothard et aux États-Unis. On le taille en cabochon et on le fait passer pour du saphir, car il possède une très-belle couleur bleue.

Les *épidotes* ou *schorls verts* offrent de nombreuses variétés, d'après leur forme cristalline et leurs couleurs. La Norvége les fournit. Le *saphir d'eau* appartient à cette famille; on l'appelle actuellement *dichroïte*. Il est venu pour la première fois d'Espagne; on le rencontre dans les terres volcaniques avec des grenats. Le saphir d'eau reçoit un assez beau poli et se taille à peu près comme le corindon-saphir; mais il est loin d'avoir la même dureté et le même éclat, et par conséquent la même valeur.

L'*euclase* se rapproche beaucoup de l'émeraude, mais elle est d'une extrême fragilité; aussi n'est-elle pas susceptible d'être employée dans la bijouterie. C'est la substance la plus rare. On la trouve au Pérou et au Brésil, dans les talcs et les quartz. Son nom vient du grec *eu*, bien, et *klaô*, briser.

La *haüyne* mérite d'être citée à cause du célèbre minéralogiste qui lui a donné son nom; elle se compose de silice, d'alumine, de chaux, de potasse et d'acide sulfurique; dissoute dans des acides, elle se transforme en gelée. Cette pierre fut découverte dans les montagnes du Latium, près de Frascati. Depuis longtemps on en connaissait les petits cristaux bleus de l'abbaye d'Andernach sur les bords du Rhin, et on les prenait pour des saphirs.

L'*hypersthène*, dont les premiers échantillons ont été trouvés sur la côte du Labrador, dans l'Amérique du Nord, s'est présenté en prismes engagés dans une roche de feldspath. Il y en a également au Groënland. On les taille en cabochon, mais comme ils ont des reflets sombres, noirâtres ou rouge cuivreux, on ne s'en sert que pour les bijoux de fantaisie.

L'*idocrase* (*eidos*, forme, *krasis*, mélange) a des formes mélangées et la même composition que les grenats; il y en a de verts, de bruns. On les trouve dans les terrains volcaniques. Les bijoutiers napolitains les taillent et leur donnent le nom de *gemmes du Vésuve*. Les idocrases n'ont pas un grand éclat, aussi n'ont-ils jamais été fort en vogue.

Le *macle* est un prisme droit, rectangulaire, d'un rose pâle, provenant des schistes noirs et des granits, en Tyrol, en Bretagne, et à Saint-Jacques de Compostelle, en Andalousie; — de là vient aussi son nom d'*andalousite*. Sa composition chimique n'est pas encore bien connue; cependant on sait qu'il renferme de la silice et de l'alumine. Ses cristaux, dont la grosseur est souvent de quatre centimètres, offrent cette particularité que, coupés parallèlement à leur base, ils font voir au centre une tache noire carrée, à laquelle on attribue des propriétés merveilleuses; aussi les emploie-t-on pour amulettes et chapelets [1].

Le *memphite*, — une variété d'onyx, — se présente sous forme de couches superposées à couleurs tranchées. On en fabrique des camées. Anciennement on attribuait à ce minéral la vertu d'engourdir les membres et de permettre à un patient de supporter des opérations chirurgicales. Dans ce but, on trempait cette pierre dans du vinaigre et on la portait comme amulette. Le memphite, qui d'après Pline se trouvait près de Memphis, se distingue des autres onyx par sa couche inférieure, qui est noire, et sa couche supérieure, qui est blanche.

Le *péridot* est demi-transparent, vert clair; on ne connaît pas encore son gisement; on le trouve sous forme de grains et de cristaux prismatiques très-petits au Brésil et dans les Indes, parmi les sables diamantifères. Taillé, il a un fort bel éclat; malheureusement il ne le conserve pas, vu son peu de dureté; par cette raison il est passé en proverbe : « Celui qui a deux péridots en a un de trop. » Malgré cela, on l'a affublé encore d'autres désignations : olivine, et chrysolithe, déjà mentionnée. Mais qui pourrait jamais retenir tous ces noms inutiles, donnés à des substances qui ne sont déjà pas si utiles?

La *staurolide* ou *staurolithe*, composée de silice, d'alumine et de fer, est rougeâtre, et toujours cristallisée d'une bien singulière façon : deux cristaux sont croisés à angle droit et collés l'un contre l'autre, ce qui lui a mérité le nom de *pierre de croix*; quelques vieux chape-

[1] On appelle aussi *macles* des groupes de cristaux réunis par leurs faces homologues et produisant ainsi de plus gros cristaux.

lets espagnols en sont décorés. On trouve la staurolithe en Espagne et en Bretagne, dans le micaschiste. Il en existe aussi au Saint-Gothard une variété brune, appelée *granatite* ou *schorl cruciforme*.

Le *zircon*, autrefois *hyacinthe* ou *jargon*, terminera cette nomenclature; il renferme deux parties de zircone ou oxyde de zirconium, une partie de silice et des traces de fer. Il est toujours cristallisé; sa couleur, qui est le blanc, le bleu, l'orange, n'a pas beaucoup d'éclat; aussi les zircons sont-ils peu estimés dans la joaillerie; mais comme ils sont excessivement durs, on les emploie pour chapes ou supports de pivots de montres.

Pendant longtemps on n'a connu que les zircons des sables de rivière de l'île de Ceylan, où les Indiens ont coutume de chasser le tigre; on trouve aujourd'hui ces joyaux dans les laves poreuses.

Chasse aux tigres dans l'île de Ceylan. — Terrains d'alluvion et gisement de pierres précieuses.

§ IV.

LES VRAIES GEMMES REPRODUITES PAR LA CHIMIE.

La *recherche de l'absolu*, ou la production du diamant, a été, pendant le dernier siècle, la suite des travaux entrepris pour obtenir la pierre philosophale ou le moyen de transmuter les vils métaux en or. Quoique n'ayant pas fixé l'attention autant que l'avaient fait les alchimistes, les chercheurs de l'absolu n'en étaient pas moins des adeptes; sans faire beaucoup parler d'eux, ils se sont presque tous ruinés dans le silence et l'obscurité. Ils croyaient souvent avoir trouvé des diamants; mais c'étaient les cendres vitrifiées du charbon évaporé à travers les fissures des creusets, et réunies par la fusion en globules transparents.

L'alchimie a cédé aujourd'hui le pas à la chimie, — la folie a été vaincue par la raison. Mais le désir de l'homme de s'emparer des trésors cachés dans les profondeurs de la terre, de pénétrer les mystères de la nature et de les imiter, — ce désir est toujours le même. Seulement il s'exprime non par des recherches obscures, irréfléchies sur la création de la matière, mais par des opérations claires, scientifiques, ayant en vue la combinaison des divers éléments, tels qu'ils existent depuis la création du monde.

La première idée qui s'est présentée à l'esprit des chimistes, c'était de cristalliser — et non pas de fondre simplement en une masse, comme leurs prédécesseurs l'avaient essayé, — les corps dont les gemmes se composent. Ces corps se volatilisent, et leurs vapeurs se condensent ensuite sous forme de cristaux.

Cette base d'opération étant reconnue, il a paru tout simple, — prenons le diamant pour premier exemple, — de dissoudre ou de volatiliser du charbon et de le laisser cristalliser. Malheureusement il ne fond pas, ne se volatilise pas et ne se dissout pas; mais par la chaleur il se combine avec l'oxygène et forme l'acide carbonique. Cet acide n'est pas très-maniable; il est vrai que, soumis à une forte compression, il se liquéfie et même se solidifie sous forme d'épais flocons pareils à ceux de la neige; mais il ne reste pas dans cet état au contact de l'air, il s'évapore de suite, ainsi que nous l'avons vu.

Le saisir précisément dans cet état, — ou dans d'autres combinaisons qui sont fort nombreuses, — éliminer l'oxygène ou des corps semblables, *fixer*, comme on dit, le carbone, tel est le curieux problème dont on attend la solution d'un moment à l'autre.

Au moyen du feu électrique on a déjà obtenu des cristaux de carbone, mais ils ne sont pas visibles à l'œil nu; cette découverte n'a donc pas encore une grande valeur industrielle; c'est un commencement.

La production d'autres gemmes, qui sont de l'alumine cristallisée avec certains alcalis, a déjà été plus fructueuse, depuis qu'on a inventé une espèce de chalumeau avec lequel on projette de l'oxygène sur de l'hydrogène, on peut faire naître une chaleur capable de fondre les substances les plus réfractaires. Exemple : pour produire des rubis, on fait fondre avec ce feu extraordinaire de l'alun, du chromate de potasse, comme matière colorante, et on obtient effectivement de vrais rubis, ayant bien la même composition que les gemmes, mais n'ayant pas d'éclat; ces rubis opaques ne sont pas cristallisés, mais en globules. Or, comme dans les pierres précieuses le public réclame avant tout le brillant, et se soucie fort peu de la composition chimique, cette invention serait restée à l'état de curiosité scientifique, si l'on n'avait remarqué que les rubis fabriqués sont plus durs que les rubis naturels, et qu'on peut s'en servir très-utilement comme de pivots de montres. Pour percer un petit rubis, il faut tourner pendant plus d'un quart d'heure un foret en acier trempé garni de poudre de diamant, et qui fait cent tours à la seconde.

A ce procédé par le feu, ou *voie sèche*, qui ne donne pas de cristaux et qui a été abandonné, sauf à le reprendre plus tard, on a substitué la dissolution, ou *voie humide*. Elle consiste à dissoudre les éléments des pierres fines dans l'acide borique, puis à élever la température au point de volatiliser le dissolvant; il se forme alors des cristaux comme dépôt. On a ainsi reproduit des émeraudes et des topazes. Ces joyaux étaient parfaitement conformés et d'une limpidité merveilleuse; mais étant microscopiques, ils n'auraient pu orner que le diadème de la reine des Lilliputiens.

Pêcherie de moules perlières en Écosse renfermant des perles
dites : *perles d'apothicaire.* (Voir p. 203.)

CHAPITRE NEUVIÈME

LES PIERRES ANIMALES.

ENTRE les pierres minérales et les pierres animales, la différence est nettement tranchée : les premières existent depuis la création du monde ; les secondes sont produites journellement par les hommes et les animaux.

§ Ier.

MADRÉPORES.

Madrépores est le nom général sous lequel on désigne les *polypes* ou *polypiers* (agrégation de polypes), les *zoophytes* ou *lithophytes* (du grec *zôon*, animal ; *phyton*, plante). Ce sont des animaux fixés sur les rochers sous-

marins ; ils semblent y vivre comme des plantes et former
la transition entre le règne animal et le règne végétal.

Polypiers et coraux.

Pour prouver combien sont nombreuses les espèces de
ces êtres mixtes, il suffit de dire que les naturalistes

les ont divisées en classes, en genres, en embranche-
ments et même en sous-embranchements. Des milliards
de madrépores retirent le calcaire de l'eau salée et en
bâtissent des récifs qui abondent dans les mers, dans
l'océan Pacifique surtout; ces concrétions s'accrois-
sent au fur et à mesure que les générations de ces êtres
se succèdent, et s'élèvent souvent au-dessus du niveau de
la mer. La base de beaucoup d'îles des parages du Sud
a été créée par ces maçons subaquatiques, qui maçonnent
dans le silence éternel des gouffres inconnus depuis la
création du monde, et maçonneront ainsi jusqu'à la fin
des siècles.

Et il est même probable qu'ils soulèveront le fond des
mers, — les continents futurs, — et qu'ils verseront les
eaux sur la terre ferme.

§ II.

CORAIL.

Le corail, du grec *corallion*, est un polype rouge ou
rose; à l'état naturel, il ressemble à un arbrisseau de
cinquante à soixante centimètres de hauteur et de trois
à quatre centimètres d'épaisseur, et privé de ses feuilles.

C'est une secrétion d'infusoires marins, qui devient à
la longue une substance solide.

Sa composition chimique offre un mélange de carbonate de chaux avec une espèce de gélatine ou d'albumine. La partie calcaire est recouverte, à l'état frais,
d'une chair vivante, mince, qui s'enlève facilement;
en se desséchant elle se réduit en poussière. C'est le

corps d'animalcules microscopiques, mous, presque diaphanes, et tous liés les uns aux autres par une mem-
brane, de façon que la nourriture de l'un profite à tous
les autres.

Quoique solidaires, ils ont chacun leur existence

Pêcheurs de corail sur les rivages de la Méditerranée.

propre : les uns sont mâles, les autres femelles, et sur
un seul et même arbre l'un des sexes domine l'autre en
nombre; un rameau ne contient qu'un sexe; les courants de la mer portent d'une branche à l'autre les particules fécondantes.

L'axe du corail, d'un rouge vif, est dur comme le marbre. On emploie cette matière à des bijoux, tels que colliers, pendeloques, à des boutons, et à des incrustations sur des tablettes métalliques. C'est un article de commerce assez important en Sicile, en Grèce, et dans les anciens États barbaresques. Des plongeurs cueillent les coraux dans la mer, ou des pêcheurs vont simplement les arracher en promenant au fond de l'eau une espèce de filet appelé *salabre*, qui reste ouvert au moyen de deux morceaux de bois croisés, et traîne après lui un boulet ou une grosse pierre. Sur les côtes de l'Algérie, la pêche du corail est réglementée comme la coupe des forêts; mais elle y est dangereuse, par suite de la présence des requins.

Nous verrons plus tard qu'on fabrique aussi le corail.

§ III.

NACRE.

La nacre (de l'arabe *nakar*, coquille) est extraite des grosses huîtres ou pintandines de l'océan Indien. Leur surface extérieure est rugueuse; en l'enlevant on obtient des plaques plus ou moins épaisses, suivant l'âge du mollusque. À dix ans, le diamètre des plus belles coquilles est de dix centimètres, et leur épaisseur d'un centimètre.

La nacre se vend au poids, et son prix varie suivant la beauté et la grosseur. C'est une des plus belles substances employées dans l'industrie de luxe.

Ses reflets argentés, ce mélange de pourpre et d'azur,

ce brillant éclat qu'on ne se lasse pas d'admirer, l'ont fait rechercher depuis les temps les plus reculés par tous les peuples civilisés.

La nacre se compose de quatre parties de carbonate de chaux et d'une partie de phosphore; on y trouve aussi de la magnésie, du soufre, de la gélatine.

L'admirable jeu de ses couleurs est dû à de petites couches d'air renfermées dans ce calcaire.

La nacre est travaillée à Paris, ainsi que dans plusieurs villes d'Angleterre et de Hollande; c'est au Japon principalement qu'on excelle dans cette fabrication, dont les brillants produits sont destinés à la tabletterie fine, à la marqueterie, aux éventails, aux incrustations de toute sorte, qui se comptent par millions de pièces, puis aux boutons, qui se comptent par milliards.

Le travail de la nacre est assez compliqué; six classes d'ouvriers s'en occupent; ce sont : les scieurs, les émouleurs, les redresseurs, les façonniers, les polisseurs, enfin les graveurs.

§ IV.

PERLES.

Les perles fines ont de tout temps attiré l'attention par leur aspect agréable et leurs couleurs brillantes, qui miroitent au soleil en imitant l'arc-en-ciel.

La perle a toujours été le symbole de la beauté, de la noblesse, de la pureté.

Les anciens avaient cette douce croyance que les

perles étaient des gouttes de rosée tombées dans la mer
et recueillies par les coquillages qui s'ouvrent dans le
silence et le mystère de la nuit.

La science positive n'admet pas cette pittoresque explication; elle dit sèchement : Les perles sont des excrois-
sances maladives, des concrétions calcaires et cornées
se formant sur la paroi intérieure de la coquille ou dans
le corps de l'animal blessé.

On distingue les perles soit d'après leur forme, soit
d'après leur grosseur. Les rondes sont les plus estimées;
il y en a *en poire*; celles qui sont biscornues sont appelées *grotesques*. Les plus grosses sont les *parangonnes*;
les plus petites, les *semences*. Quant à leur couleur
ou leur *eau*, on y remarque le blanc, le rose, le noir,
le bleu et le lilas. Les plus belles perles viennent de
l'Orient.

Il est facile de voir que les perles sont construites
comme la garniture nacrée des coquilles, et composées
d'une infinité de couches minces. Leur centre est très-
souvent une cavité.

Les coquilles renferment quelquefois des excrois-
sances ressemblant à des perles et indiquant que le
mollusque a fait des efforts pour recouvrir des corps
étrangers, ou pour se défendre contre les ennemis qui
s'introduisent dans sa coquille en la perçant de trous;
ces derniers alors se trouvent bouchés au moyen de la
substance dont les perles sont formées.

Par des recherches microscopiques, on a découvert
dans les coquilles des vers intestinaux, des *iktes*, que
l'huitre s'efforce d'envelopper.

Au siècle dernier, plusieurs naturalistes ont cherché à
faire naitre les perles en irritant les mollusques, en les

blessant par des piqûres légères, ou en y introduisant
de petits corps étrangers.

Linnée, dit-on, est parvenu à produire de très-grosses
perles, mais il a caché son procédé. Après l'avoir offert,
— mais en vain, — au gouvernement, il l'a vendu pour
cinq cents ducats à un négociant naturaliste.

Ce secret était renfermé dans une lettre cachetée que
le nouveau propriétaire garda précieusement; heureux
d'être seul à posséder un pareil trésor, il ne chercha pas
à le réaliser. Les héritiers l'offrirent ensuite pour cinq
cents écus, mais aucun acheteur ne se présenta. L'histoire n'en dit pas davantage.

Les Chinois, — bien entendu, — connaissent cette
merveilleuse découverte de temps immémorial; ils sont
même très-avancés dans cet art et produisent des perles
assez grandes; mais elles ne sont que demi-sphériques,
comme une calotte, et n'ont pas une forme bien régulière; la plupart sont creuses, manquent de brillant, et
n'ont pas le feu et la couleur des perles naturelles. Les
connaisseurs les distinguent aisément.

Les pêcheries de perles les plus importantes se trouvent dans le golfe du Bengale, principalement à l'île de
Ceylan; en 1745, elles appartenaient aux Hollandais,
aujourd'hui elles sont la propriété des Anglais.

Cette pêche est affermée par le gouvernement britannique, mais les indigènes la pratiquent néanmoins pour
leur propre compte.

Le travail ne dure que deux mois; il commence au
mois de février, et se termine déjà en avril. Les pêcheurs
partent à la brise du soir, qui les pousse vers les bancs
d'huîtres perlières; le vent opposé les ramène à midi
vers la terre.

C'est un dur métier que celui de ces pêcheurs ou plutôt de ces plongeurs; habitués dès leur jeune âge à ces périlleuses descentes, ils arrivent à une profondeur de dix mètres. Il faut que cette descente ait lieu aussi rapidement que possible; ils se placent donc sur une grosse pierre pour arriver plus vite, car ils ne restent sous l'eau que trente secondes; ils se hâtent de ramasser des huîtres, puis remontent par une corde. Ils font ainsi quinze à vingt descentes dans leur journée. Souvent ces malheureux ouvriers rendent du sang; ils n'arrivent pas à un âge avancé; bientôt leur corps se couvre de plaies, leur vue se perd; quelquefois, au sortir de l'eau, ils sont frappés d'apoplexie.

Quand les huîtres perlières sont à terre, on les fait cuire, on les lave, et au fond de cette lessive se déposent les perles. Ou bien on laisse pourrir sur place les coquillages, puis on les jette dans des baquets d'eau; ce procédé est préférable, car les huîtres cuites donnent des perles mates, sans fraîcheur et sans couleurs distinctes.

En Amérique, où il y a également des pêcheries, on ouvre l'huître à la main et on y cherche la perle; ce moyen est très-lent et coûteux, mais c'est le plus sûr.

En Écosse, où l'on trouve des moules perlières, on emploie la cuisson, comme en Asie; les perles qu'on en retire ne sont pas très-estimées : — on les appelle *perles d'apothicaire*.

Sur les côtes de France on a aussi ramassé de ces perles, mais elles sont petites et n'ont pas une grande valeur commerciale; toutes celles qu'on y recueillerait ne vaudraient certes pas ce chapelet de perles dont chacune a la grosseur d'une noisette, et qui appartient au schah de Perse.

Quoi qu'il en soit du prix de ces joyaux, — « la pêche des perles », — dit Job dans les Livres saints, — « ne vaut pas la pêche de la sagesse. »

§ V.

CALCULS ET BÉZOARDS.

Ce sont des concrétions pierreuses qui se forment dans le corps de l'homme et des animaux. On les rencontre surtout dans les cavités destinées à contenir des liquides restant en stagnation.

Il y a dans les articulations des goutteux des *calculs arthritiques*, composés d'urate de chaux.

Les *calculs biliaires* se déposent dans la vésicule biliaire; ils ont une texture cristalline.

Les *calculs urinaires*, appelés vulgairement la *pierre*, se trouvent dans la vessie; ils sont en général composés de phosphate, d'oxalate et d'urate de chaux.

La formation de ces calculs est encore très-obscure; on l'attribue chez l'homme au défaut d'exercice et à la bonne chère. Mais comment l'expliquer chez les enfants qui naissent avec la pierre?

On enlève les calculs par la *taille*, ou on les broie avec des appareils de *lithotritie*, que nous avons décrits, avec des dessins à l'appui, dans le livre intitulé : *Les Machines* (chapitre des *Appareils de chirurgie*).

Voici maintenant la plus mystérieuse de toutes les pierres animales.

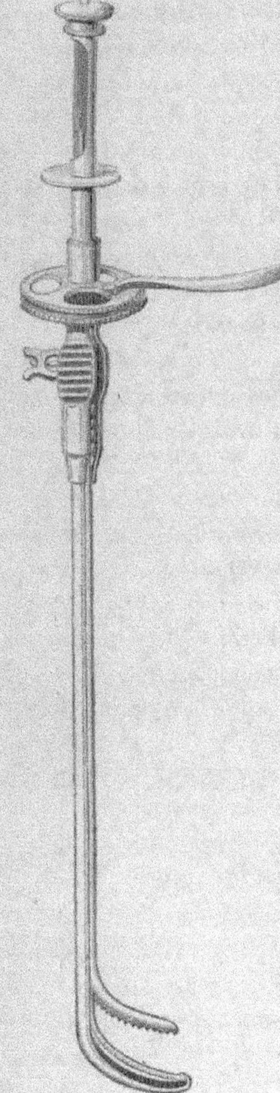

Le lithotriteur Guillon.

Bézoard, ou plutôt *bedzohar*, est un mot persan voulant dire antidote. On nomme ainsi des minéraux qui se forment dans les intestins de quelques espèces de serpents, du porc-épic, de la chèvre, de la gazelle, de la bergeronnette, du bœuf et du crocodile. On attribuait jadis de grandes vertus à ces concrétions, qu'on portait comme amulettes, ou qu'on avalait comme médicament contre les maladies pestilentielles, les poisons, et contre tout maléfice. Ces croyances sont venues d'Orient, où elles se sont conservées jusqu'à nos jours. En Europe, les bézoards ne sont plus maintenant que des objets de curiosité et n'ont pas la moindre vertu.

Le schah de Perse avait envoyé parmi ses cadeaux trois bézoards à l'empereur Napoléon 1er, qui en fit présent aux chimistes. Ceux-ci, naturellement, les décomposèrent, et n'y découvrirent que quelques sels et des morceaux de bois.

Dans les Indes, on se livre à la fabrication des bézoards au moyen d'yeux d'écrevisses, de musc, de pattes de crabes et d'ambre; on les couvre de caractères symboliques.

Il y a encore une autre espèce de bézoard, mais qui n'appartient pas précisément au règne minéral; c'est une concrétion formée de poils que des ruminants, les bœufs surtout, avalent en se léchant; les paysans appellent cela des *gobes* et en attribuent la formation à un sort jeté à leurs animaux; le nom scientifique de ces pelotes indigestes est *bulithes* (*bous*, bœuf, et *lithos*, pierre). On voit par ce mot *lithos* que les savants ne veulent jamais renoncer à leur droit de baptiser, mais qu'ils en abusent parfois.

On désigne aussi sous ce nom de bézoard certaines substances chimiques : le *bézoard martial* est composé d'antimoine et de fer; le *bézoard minéral* est l'oxyde d'antimoine; le *bézoard lunaire*, le *solaire* et le *jovial* renferment de l'argent, de l'or, de l'étain et du beurre d'antimoine; le *bézoard de Vénus* contient du cuivre.

CHAPITRE DIXIÈME

UTREFOIS le mot *gemme* ne s'appliquait qu'aux pierres précieuses ; plus tard on a désigné sous le nom de *sel gemme* le sel de cuisine en roche, pour le distinguer de celui qui est extrait des eaux de la mer.

Rien ne nous empêche, pour la commodité de notre récit, d'étendre le mot gemme à tous les sels produits dans la nature, et de les séparer ainsi des sels factices préparés dans les laboratoires.

Nous appellerons spécialement sels les minéraux qui se dissolvent rapidement dans l'eau ; mais la chimie considère toutes les pierres comme des sels, puisqu'elles résultent de la combinaison d'un acide avec un oxyde, et elle range dans une même catégorie aussi bien l'alun, — un sulfate de potasse, que la pierre à plâtre, — un sulfate de chaux. L'alun est un sel gemme, — nous sommes d'accord avec les savants, — mais la pierre à plâtre restera pour nous une pierre.

Puissions-nous par cette petite innovation faciliter l'étude des divers sels d'alumine, de magnésie, d'ammoniac, de potasse et de soude dont il sera question dans ce chapitre.

§ I.

SELS D'ALUMINE (ALUN).

Combiné avec le soufre dans la proportion d'une partie d'alumine et de quatre parties d'acide sulfurique, l'oxyde d'aluminium forme l'*alun* des droguistes ou le *sulfate d'alumine* des chimistes.

Ce sel est astringent, très-soluble; il renferme presque toujours une petite quantité de fer et de potasse; il se présente en grands cristaux octaédriques blancs quand il est raffiné, et en filaments ou en efflorescences à l'état naturel aux environs des volcans.

Le célèbre botaniste Tournefort l'a découvert dans une grotte de l'île de Milo. A Civita-Vecchia, on le trouve en grande quantité, et on l'appelle dans le commerce : *alun de Rome.*

On extrait aussi l'alun d'un minéral blanc nommé *alunite, pierre d'alun* ou *beurre de montagne*, et formé de potasse et d'alun; pour en séparer ce dernier, on traite l'alunite par le grillage, on l'arrose afin de la faire effleurir, on la lessive, puis on la fait cristalliser.

Pendant des siècles, cette pierre d'alun, découverte dans les tufs trachytiques, a fourni l'alun du commerce; mais la quantité d'alun naturel n'étant plus suffisante pour les besoins de l'industrie, on a créé des fabriques de ce sel, ce qui est une question de chimie pratique.

L'alun nous vient de l'Orient; il fut préparé, dans les temps anciens, surtout à Alep, en Syrie, et introduit en Europe sous le nom d'*alun de roche*.

On l'emploie comme mordant pour teindre les étoffes, car il fixe les couleurs d'une manière durable; la médecine s'en sert comme astringent, et la chirurgie comme moyen d'arrêter l'hémorrhagie; dans ces cas, il doit être calciné sur une plaque de fer chaud. On l'emploie avantageusement dans la mégisserie. Avec l'alun on préserve les substances animales de la putréfaction, on conserve les peaux avec leurs poils, et on garantit du feu les bois et les toiles trempés au préalable dans une dissolution de ce sel. Au moyen de cette substance on durcit le plâtre, on colle le papier, on raffine le sucre, on clarifie le suif et les eaux bourbeuses.

On voit que si les usages de l'alun ne sont pas bien importants, par contre ils sont très-nombreux.

§ II.

SELS DE MAGNÉSIE (SEL DE SEDLITZ).

Les sels de magnésie sont plus ou moins rares; nous ne parlerons pas de ceux qui n'ont pas une certaine valeur industrielle, et nous bornerons notre citation au *sulfate de magnésie* ou *sel amer de Sedlitz;* il s'échappe ordinairement des terrains sous forme d'aiguilles droites.

En Sibérie, il y a des contrées où le sol en est tellement couvert que les pas s'y impriment comme sur la neige. Ce sel se trouve en dissolution dans les eaux d'Epsom en Angleterre et de Sedlitz en Bohème. L'eau de mer lui doit en partie son amertume. On le recueille par lixiviation ou par évaporation, et on l'emploie en médecine. Les bestiaux le mangent avec avidité.

§ III.

SELS D'AMMONIAQUE
(SEL SECRET DE GLAUBER, SALMIAC).

Il existe un sulfate d'ammoniaque portant le nom de *sel secret de Glauber*; le sel de Glauber tout court est le sulfate de soude, dont nous aurons occasion de parler.

Le sel secret pourrait bien rester secret pour nous, car il n'a pas d'usages; il est très-rare; on ne le rencontre que dans quelques houillères et dans les environs de l'Etna, où il se présente en efflorescences blanches, pulvérulentes.

Le sel d'ammoniaque important est le *sel ammoniac* proprement dit, ou *salmiac* [1].

Les Égyptiens tiraient ce sel d'une oasis de l'ancienne

---

[1] Le lecteur vient sans doute de remarquer la différence de l'orthographe des deux mots suivants :

Ammoniaque, ou alcali volatil, gaz incolore, composé d'hydrogène et d'azote, est la base du salmiac;

Ammoniac est un adjectif.

Libye (le Sahara), appelée aussi Ammonium, où Jupiter Ammon avait un temple, et c'est ainsi que l'origine du mot ammoniac se trouve expliquée.

Le sel ammoniac sert à décaper (désoxyder) les surfaces des métaux afin de les souder. Les teinturiers l'emploient également. C'est un des meilleurs réfrigérants; il refroidit l'eau dans laquelle on le dissout.

Sa saveur est piquante, son aspect est d'un blanc grisâtre; il cristallise en aiguilles et en concrétions plumeuses ou petites aiguilles. Il est composé de parties à peu près égales d'ammoniaque et d'acide muriatique.

Il se présente dans les cratères de certains volcans en masses composées d'aiguilles qui sont l'objet d'une récolte lucrative. Les Persans et les Kalmouks le trouvent à la surface du sol en efflorescences. Les houillères embrasées donnent de très-beaux cristaux de sel ammoniac se sublimant dans les fissures; les mineurs s'en emparent comme trouvaille accessoire.

Les habitants des déserts de l'Asie s'occupent aussi de produire artificiellement cette curieuse substance. Ils utilisent à cet effet leur combustible, ou fiente de chameau mélangée avec de la paille. La suie provenant de cette combustion renferme du salmiac, qu'on extrait par sublimation dans des matras en verre; on en forme ensuite des pains ronds pour les livrer au commerce [1].

---

[1] Le matras est un globe de verre dont on fait usage dans les sciences naturelles expérimentales pour chauffer les substances qu'on veut décomposer. Le mot vient du latin *matracinum*, de *mater*, mère, à cause de sa rondeur.

§ IV.

SELS DE POTASSE (SALPÊTRE, SEL DE DUOBUS).

La nature n'offre qu'un sel de potasse ayant une importance industrielle, c'est le *salpêtre* (du latin *sal petræ*, sel de pierre), ou *nitre*, ou *nitrate de potasse*, connu depuis l'antiquité, et qui souvent encore est confondu avec le carbonate de soude ou *natron*. Le nitre est blanc; il fuse sur des charbons ardents, dont il active la combustion; sa saveur, d'abord fraîche, devient ensuite amère; il cristallise en prismes à six faces.

Le salpêtre se forme continuellement dans les endroits où des matières animales et végétales entrent ensemble en putréfaction; on provoque sa formation dans ces endroits appelés des *nitrières*. On le récolte à la surface des murs d'étables, d'écuries, de caves, dans les champs labourés; il garnit entièrement certaines cavernes, telles que la Mofetta, en Calabre; à peine y a-t-on enlevé une couche de nitre qu'elle se reforme. Sur les bords du Rhône on voit des pierres calcaires donnant beaucoup d'efflorescences de nitre [1].

Les Anglais tirent des Indes presque tout leur salpêtre; à ce sujet, on a remarqué qu'il est plus abondant dans les pays chauds que dans les pays froids. Partout on l'obtient, au moyen du lessivage, des terres et des plâtres de démolition.

---

[1] La *potasse*, ou *potasse du commerce*, est le carbonate d'oxyde de potassium; cet oxyde est la *potasse caustique* des chimistes. En brûlant des plantes ou du bois, on obtient la potasse, qui est un sel factice.

Il est employé dans la fabrication de la poudre à canon, — mélange de nitre, de soufre et de charbon. Soumis à la distillation, il sert à la préparation de l'eau forte (acide nitrique ou azotique). La médecine l'utilise quelquefois comme rafraîchissant, mais toujours à petite dose, car il agit très-vite sur l'estomac.

Le second sel de potasse est un sulfate nommé *sel de Duobus;* on le rencontre dans les terrains volcaniques du Vésuve. C'est tout ce qu'on peut dire de cette substance, qui figure ici afin de compléter, autant que possible, l'énumération des sels gemmes.

Il y a encore une espèce de nitre appelé *nitre calcaire;* il accompagne le salpêtre sur les vieux murs. Ce sel se liquéfie à l'air; il a une saveur amère; il est phosphorescent et détone sur les charbons ardents au fur et à mesure qu'il se dessèche. Quand il est calciné, on le nomme *nitrate de chaux.*

Si le lecteur était un puriste, il pourrait trouver que ce sel calcaire n'est pas ici à sa place, puisqu'il ne doit être question que des sels de potasse. Rien ne serait plus facile que de le classer dans un paragraphe spécial, si la chose en valait la peine.

§ V.

SELS DE SOUDE [1].

Le carbone, l'azote, le soufre, le bore et le chlore se combinent avec la soude, et produisent les cinq variétés de sels de soude qui sont : les cristaux de soude des épiciers, le sel de nitre, le sel de Glauber, le borax et le sel de cuisine, auxquels correspondent, dans leur combinaison, les cinq corps simples ci-dessus.

La *soude carbonatée*, ou *natron*, ou *soude du commerce*, ou *sel de soude*, ou *cristal de soude* des épiciers, abonde dans le lac Natron, en Égypte (d'où le mot natron), et s'y forme constamment. Certaines plantes au bord de la mer, la salsola surtout (d'où vient le mot soude), en fournissent par incinération. La soude d'Alicante est très-recherchée dans l'industrie.

Ce sel, composé de parties à peu près égales d'oxyde de sodium et d'acide carbonique, est soluble dans l'eau, qu'il blanchit; il a une saveur amère et caustique.

Ses cristaux translucides sont le produit de l'art; leur limpidité est due à la présence de l'eau de cristallisation;

---

[1] La *soude* ou *soude caustique* est l'oxyde de sodium. — Le *sodium* est un corps simple métallique, blanc, mou comme de la cire, inodore, ductile, s'enflammant dans l'eau chauffée à 40 degrés centigrades; il ne se trouve dans la nature qu'en combinaison avec les sels ci-dessus. Il a été isolé pour la première fois en 1807, par Davy, au moyen de la pile électrique.

ils se couvrent bientôt d'une poussière farineuse qui est une efflorescence.

Dans les terrains, le natron ne se rencontre qu'en aiguilles se réduisant en poudre.

Le natron, qui venait autrefois des pays lointains, ne donne plus lieu qu'à un faible trafic depuis sa production artificielle.

Le carbonate de soude est employé aux mêmes usages que la potasse : dans la teinture pour dissoudre les matières colorantes, dans la fabrication du verre et des savons.

Les personnes délicates mettent une livre de sel de soude dans leur bain. Les eaux de Vichy doivent leur vertu en partie à une espèce de sel de soude qui est le bicarbonate.

Voici maintenant les sels de nitre.

Le *nitrate*, ou *azotate de soude*, ou *nitre cubique*, se présente à la surface du sol sous forme d'un sel blanc grisâtre ; il a une saveur âcre et fraîche ; il se compose de 36 pour 100 de soude et de 64 pour 100 d'acide azotique.

Le lieu de sa provenance est la république du Pérou ; le terrain sablonneux, sur cent lieues carrées, y est couvert d'efflorescences et de croûtes salées ; il constitue de véritables déserts, où croissent à peine quelques mousses.

Ce nitrate de soude, dont cent mille tonnes sont expédiées annuellement à Liverpool et au Havre, entre dans la fabrication de l'acide azotique et du nitrate de potasse, ou nitre proprement dit, avec lequel il ne faut pas le confondre.

La *soude sulfatée* ou *sel de Glauber*, est un composé de moitié eau et de parties presque égales de soude et d'acide sulfurique ; il se trouve en dissolution dans l'eau des fontaines à proximité des salines, ou dans les eaux de certains lacs ; et en efflorescences sur les terrains gypseux de la vallée de l'Ebre, et même en couches cristallines. Lorsqu'on extrait ce sel, il est blanc ou translucide ; mais, exposé à l'air, il s'effleurit rapidement, devient opaque et pulvérulent, et perd la majeure partie de son eau de cristallisation.

On emploie le sel de Glauber [1] en médecine.

Son usage industriel est assez curieux. On sait qu'il est indispensable, avant de mettre en œuvre les pierres de taille, d'examiner si elles sont *gélives*, c'est-à-dire si, après s'être imprégnées de l'eau atmosphérique, elles éclatent ensuite par la congélation. Comme sur les chantiers on n'a pas le temps d'attendre l'hiver pour observer l'effet du froid sur les minéraux, qu'on aura préalablement trempés dans l'eau, on a recours à l'expérience suivante :

On fait bouillir pendant une demi-heure, dans une solution saturée de sel de Glauber, un échantillon de la pierre dont on veut reconnaître la qualité ; on la laisse effleurir ensuite, en ayant soin d'enlever avec quelques gouttes d'eau chaude les efflorescences à mesure qu'elles se forment. Si la pierre reste entière, elle résistera à la gelée ; mais si elle tombe en grains ou en feuilles, ou même si les efflorescences renferment des parties ter-

---

[1] Glauber est le nom d'un alchimiste allemand, mort à Amsterdam en 1666. — Dans le cours de ses travaux, qui n'avaient pour objet que la pierre philosophale, il fit des découvertes très-utiles, dont le sel de Glauber est la principale.

reuses, elle sera gélive. Il faut la rejeter, car le froid produirait le même effet que le sel de Glauber, l'unique matière qui jusqu'à présent ait permis de faire cette remarquable expérience.

Il existe encore dans la nature d'autres sels de soude, mais très-rares; telle est la *gaylussite* (ou sel de Gay-Lussac). Elle renferme, outre la soude, un peu de chaux. Ses cristaux, isolés, sont enfouis dans des bancs d'argile.

Le sulfate de soude privé d'eau, ou anhydre, est la *thénardite*, que l'on trouve près de Madrid, dans des sources salées sortant de roches ignées et traversant une série de canaux souterrains, où elles déposent des sédiments dans lesquels sont enchâssés des cristaux octaédriques de thénardite, ainsi appelée en l'honneur du célèbre chimiste, le baron Thénard.

La *glaubérite* est une combinaison de parties égales de sel de Glauber et de gypse. On la trouve aussi en Espagne, mais on ne s'en sert pas.

La *soude boratée* ou *borax*, que les Arabes nomment *bourack*, est composée de deux parties d'acide borique, d'une partie de soude et de deux parties d'eau.

On trouve le borax au Thibet et dans l'île de Ceylan; celui de la Perse est en cristaux recouverts d'un enduit gras; le borax chinois est le plus pur.

Le borax naturel se présente en masses informes d'une couleur verdâtre ou blanchâtre. Avant de le livrer au commerce il faut l'épurer, le rendre incolore. C'est une opération dont les Hollandais ont gardé longtemps le secret.

On emploie le borax dans la fabrication du verre, et

pour décaper les métaux destinés à être soudés ensemble. Pline, qui connaissait cet usage, avait donné au borax le nom de *chrysocolla* ou soudure de l'or.

Une autre espèce de borax dont nous ne pouvons parler ici que subsidiairement, c'est le *borax de chaux* ou *chaux boratée*, la *datholite* de Werner. Elle se trouve en petits mamelons rougeâtres extérieurement et gris intérieurement; elle accompagne le quartz ou le calcaire dans les mines de fer de Norvége, où on l'a découverte. On vient d'en signaler des gisements considérables au Pérou, dans la plaine de Tamarugal, au pied des Cordillères, sur une étendue de quatre-vingts lieues. On s'en sert comme du borax, mais principalement pour la couverte des poteries et porcelaines. Ce borate du Pérou renferme 70 pour 100 d'acide borique.

Mais l'*acide borique* ou *boracique* est aussi un minéral, que nous n'avons pas encore eu occasion de citer.

On le trouve dissous dans les eaux des lacs ou dans les amas boueux des terrains volcaniques de la Toscane, appelés les Maremmes, principalement à Sasso, près de Sienne, d'où le nom de *sassoline* que les minéralogistes lui ont donné. Il y monte de profondeurs inconnues au milieu de jets de vapeur d'eau, véritables soufflards (*suffioni*), par les fissures du sol ou par des trous de sonde qu'on a exécutés pour multiplier les *lagoni*, lacs maçonnés où ces eaux se rassemblent. On l'obtient par l'évaporation dans des chaudières en plomb, chauffées par les vapeurs de ces *suffioni*, et on le purifie par voie de cristallisation sur les lieux mêmes. L'acide cristallisé est placé dans des corbeilles où on le laisse égoutter, et on le sèche dans des fours également chauffés par le procédé des *suffioni*.

Il se présente alors en paillettes nacrées, sans saveur acide, et soluble dans l'eau chaude. Il sert à fabriquer le borax et certains verres, et à vernir les poteries. L'alchimiste Homberg l'a découvert en 1700, et un siècle plus tard Davy en a extrait le *bore*, corps simple ayant l'aspect d'une poudre brune, qui chauffée à l'air se convertit en acide borique.

De tous les sels en général, le plus important est le *sel commun* ou *sel de cuisine*. Ayant préoccupé les savants, il a dû être baptisé de noms scientifiques et sonores : muriate de soude, hydrochlorate de soude, chlorure de sodium.

Quand il vient de la terre, on le nomme : *sel gemme*, *sel minéral*, *sel fossile* et *sel de roche*; et quand il vient des eaux de la mer : *sel marin*.

On lui a reconnu plusieurs propriétés; il est généralement blanc; quelquefois le fer le colore en rouge, en rose, en bleu; le cuivre lui donne une teinte verdâtre, qu'on remarque dans celui du Vésuve.

Le sel a une densité de 2,25; il raye le gypse, est soluble dans trois fois son poids d'eau, fond au feu quand il vient de la terre, et décrépite quand il vient de la mer.

Sa composition chimique est de deux parties de sodium et de trois parties de chlore.

Le sel gemme est très-répandu; il y en a des amas considérables dans les déserts de l'Afrique; le sol des plaines de l'Asie en est imprégné, au point que l'eau douce y est très-rare. En France, il se trouve dans les marnes des départements de l'Est, à Dieuze, par couches souterraines d'une épaisseur de quarante mètres sur une étendue de quatre lieues.

Les bancs de sel à Wicliczka, dans la Pologne autri-
chienne, ont trois cents pieds de profondeur. Ces salines,

Mines de sel à Bochnia (Autriche).

découvertes par le paysan Wielick, fournissent depuis
six siècles du sel pur comme de la glace.

Dans ces mines, l'air est sec, et circule librement ;
aussi les mineurs y jouissent d'une santé parfaite. Les

Montagnes de sel à Cardona, en Catalogne.

chevaux employés dans ces souterrains vivent très-
vieux, mais perdent complétement la vue. On a fait

l'observation que là, comme du reste dans toutes les mines de sel, les boisages se conservent très-longtemps sans s'altérer.

Non loin de Wieliczka sont situées les salines souterraines de Bochnia.

Près de Barcelone, à Cardona, il y a une montagne de 150 mètres de hauteur sur une lieue d'étendue, presque entièrement composée de sel gemme et disposée en couches verticales qu'on exploite à ciel ouvert; ces masses salines, quoique exposées à l'action des eaux pluviales, ne diminuent presque pas de hauteur, ce qui fait croire aux habitants que leur montagne salée est tout à fait indestructible.

Les gîtes de sel sont généralement intercalés dans les couches de gypse; on les extrait comme les pierres dans les carrières, ou comme la houille et les minerais dans les mines, par le moyen de puits et de galeries. On détache les blocs en les fendant avec des leviers et des coins, ou en faisant agir la poudre, et on les livre ainsi au commerce. Quelquefois on les écrase et on les réduit en poudre dans des moulins.

Mais ce n'est pas là le seul procédé d'extraction; on en emploie un second, dans le cas où le sel est impur et que le triage en devient impraticable. Il faut alors qu'il soit dissous, et cristallisé ensuite. La dissolution a lieu dans la mine même; on perce un trou de sonde et on y fait couler l'eau douce d'une source voisine pour attaquer l'amas de sel. Dans les premiers jours les eaux ne sont pas très-chargées, parce qu'elles restent trop peu de temps en contact avec les parois de l'amas de sel, mais au bout de quelques mois il s'y est formé de vastes excavations dans lesquelles les liquides peuvent séjourner.

Comme le sel est peu soluble à l'état compacte ou cristallin, il faut une action très-prolongée des eaux et une surface de contact très-étendue pour qu'elles puissent se saturer, c'est-à-dire absorber 25 pour 100 de sel; lorsque ce terme est arrivé, on vide ces *chambres*, qu'on appelle aussi des *lacs*, et on les remplit de nouveau après avoir nettoyé le fond, sur lequel se déposent les matières pierreuses.

Le temps de la saturation est très-variable; il dépend de la richesse du terrain, de la dureté des minéraux, ainsi que de la pureté des eaux dissolvantes. Il y a de petits lacs qui sont saturés au bout de deux mois, et on les vide six fois par an; les grands lacs de vingt mille à cinquante mille mètres cubes de capacité exigent deux ou trois années pour arriver au degré de saturation voulu.

Les eaux sont épuisées avec des pompes mécaniques, ou simplement conduites par une galerie d'écoulement aux usines évaporatoires.

Ce mode, usité dans les salines de Salzbourg, en Autriche, remonte aux Romains.

Les gîtes souterrains de sel gemme sont presque toujours indiqués par des sources salées, mais qui sont loin d'être saturées, puisque avant d'arriver à la surface elles traversent les diverses couches de terrain, où elles se mêlent à l'eau pure; ces sources sont très-abondantes en Bavière et en Tyrol.

On fait subir aux eaux salées n'ayant pas le degré de concentration voulue, une évaporation préliminaire dans les *bâtiments de graduation*.

Ce sont des échafauds de 12 mètres de hauteur sur 400 mètres de longueur, entre lesquels se trouvent des fagots, comme le dessin l'indique suffisamment.

Leur surface principale est exposée au vent. Les eaux salées tombent d'un canal sur les fagots, qui offrent une grande surface d'évaporation. Après avoir reçu dans le premier bâtiment de graduation une première concentration, elles sont enlevées de leur bassin au moyen de pompes et rejetées sur un deuxième bâtiment, puis sur

Bâtiment de graduation destiné à la concentration des eaux salées.

un troisième. L'évaporation dépend de la température et de la sécheresse de l'air, ainsi que de l'intensité du vent.

Les eaux salines sont ensuite amenées dans une chaudière à fond plat, pour être concentrées par ébullition. On pousse l'évaporation jusqu'à ce qu'il se forme à la surface du liquide une pellicule cristalline. Les sels étrangers, ne cristallisant pas, s'attachent comme une croûte contre les parois de la chaudière.

Le sel est extrait des chaudières toutes les deux heures, puis livré au commerce sous la forme spéciale adoptée dans chaque pays. C'est ainsi qu'en Autriche on le fa-

Sauniers des marais salants de Batz, en Bretagne.

çonne comme des pains de sucre, qu'on fait sécher dans des étuves où ils prennent de la consistance. Ailleurs, on vend le sel dans des sacs, dans des barils, dans des caisses.

La plus riche de toutes les salines, c'est la mer. En admettant que sur les 500 millions de kilomètres carrés

qui forment la surface de notre globe, les trois quarts
en soient occupés par les mers, dont la profondeur
moyenne est de 10 kilomètres; en ajoutant ensuite au
sel contenu dans ces eaux les gisements de sel gemme
connus, les savants s'accordent à dire qu'avec ces quantités réunies on pourrait entourer la terre d'une ceinture cristalline de trois mètres d'épaisseur.

Quant au sel marin, son exploitation est très-simple.
L'eau de la mer, à marée haute, est introduite par des
vannes dans les *marais salants*, qui sont une série de
cases, de trous carrés ou de bassins creusés sur le rivage
de la mer. Dans le premier bassin, l'eau laisse déposer
les matières étrangères qu'elle tient en suspension. De
là, on la fait couler dans d'autres cases où elle s'évapore
de plus en plus, et finalement dans de petites rigoles où
le sel se dépose. Il se forme aussi, à la surface et au
fond de ces bassins, des croûtes de sel qu'on enlève
plusieurs fois par semaine, suivant la température.

Il y a des *marais salants naturels*; ce sont les lacs
salés, dont le niveau s'élève à la saison des pluies et
s'abaisse pendant la sécheresse; le sel se cristallise sur
les bords, où l'on peut le ramasser à la pelle.

Les marais salants sont les mêmes partout; cependant, ceux du Portugal offrent une certaine particularité : leur fond se couvre d'un tapis de conferves, espèce
de feutre végétal, qui protége le sel du contact avec la
vase de ces marais.

Le sel ainsi obtenu renferme toujours des parties
terreuses qui lui donnent un aspect grisâtre; on lui fait,
pour cette raison, subir, dans les raffineries, ou un simple
lavage, ou une épuration complète.

Le lavage consiste à nettoyer le sel dans de l'eau en

tièrement saturée, car l'eau pure le dissoudrait de nouveau; on l'égoutte ensuite, puis on le chauffe dans des étuves eu maçonnerie.

Le raffinage proprement dit consiste à précipiter la magnésie mélangée avec le sel, en ajoutant du lait de chaux à l'eau de mer. On filtre ensuite la liqueur et on l'évapore.

Il existe encore un autre procédé d'extraction, mais qui ne peut être pratiqué que dans les régions glaciales. On laisse geler l'eau, puis on enlève la glace, et l'on obtient de l'eau saturée de sel qu'il suffit de soumettre à l'évaporation.

L'eau chargée de sel possède, on le sait, la propriété de ne se solidifier qu'à une température inférieure à celle qui suffit pour congeler l'eau pure, ou, en d'autres termes, elle se congèle au-dessous de zéro.

Pour se rendre compte des diverses matières dont l'addition fait différer le sel marin du sel gemme, qui est presque pur, il suffit de jeter un coup d'œil sur la composition moyenne d'un mètre cube d'eau de mer, à savoir :

Chlorure de sodium.	27 kilos.
Chlorure de magnésium.	3 —
Chlorure de potassium.	1 —
Sulfate de chaux.	1 —
Sulfate de magnésie.	3 —
Carbonate de chaux.	3 —
Bromures.	2 —
Iodures.	1 —
Oxyde de fer, perte, etc.	1 —
Eau pure.	986 —
Total.	1,028 kilos.

En retranchant les 986 kilogrammes d'eau du poids total, il reste 42 kilogrammes de sel.

Ces chiffres sont loin d'être absolus; la salure des différentes mers n'est pas la même; elle diminue vers les pôles et augmente dans la profondeur; en outre, plus les eaux sont chaudes, plus les espèces de sels y sont nombreuses. Cette règle n'est pas générale non plus, car il y a en Russie des lacs qui contiennent près de 200 kilogrammes de sel par mille litres. Dans la mer de Judée, on en compte 65 kilogrammes; autre part, il n'y en a que 27 kilogrammes.

Il se présente une dernière question, difficile, épineuse entre toutes. D'où vient le sel? La mer l'a-t-elle pris sur les terres salines par un lavage prolongé, ou bien les océans ont-ils été salés dès l'origine du monde, et les mines de sel ne seraient-elles alors que des dépôts de la mer, à la suite d'évaporations successives?

On incline en général vers cette dernière opinion. Les alentours de la mer Morte sont garnis de rocs de sel qui témoignent très-visiblement de l'évaporation de ce lac. Un de ces rocs, de douze mètres de hauteur, est désigné comme étant la femme de Loth, pétrifiée lors de la destruction de Sodome et de Gomorrhe.

Pline l'Ancien dit que l'homme ne peut pas vivre sans sel, — le condiment par excellence, d'après Plutarque. Nous consommons par trimestre un kilogramme de cette substance nutritive, qui, cependant, résulte de l'union d'un gaz délétère avec un oxyde caustique, et si cette dose était supprimée, le dépérissement du corps s'ensuivrait fatalement; elle est indispensable pour conserver dans le sang l'albumine à l'état de dis-

Rocher de sel sur les rives de la mer de Judée en Palestine.

Le sel de roche sert en Asie de pierre à bâtir, à cause
de la sécheresse du climat. Des gâteaux de sel larges

demander la salle du Progrès. Vous pourriez même, sans inconvénient, y
passer exprès : la chose vaut la peine qu'on se dérange. La salle du Progrès a été ouverte, il y a quelques semaines, par M. l'abbé Moigno, à qui
M. Dumas le chimiste rendait dernièrement ce témoignage, en pleine Académie, qu'il marche, depuis près d'un demi-siècle, à la tête du mouvement scientifique en France.

« C'est une grosse entreprise que celle-là, et qui a bien besoin des en-
couragements du public. M. l'abbé Moigno, avec l'aide des collaborateurs
dont il s'est entouré, entreprend d'y faire quotidiennement des cours de
science illustrée qui embrasseront toutes les branches des connaissances
humaines : chimie, physique, histoire naturelle, histoire universelle, géo-
graphie, que sais-je encore? accompagnés de toutes les démonstrations et
de toutes les expériences qui peuvent ajouter à la clarté et à l'intérêt des
leçons, *saupoudrés* même, à certains jours, de musique, destinée à dorer
la pilule pour ceux qui ne consentent à s'instruire qu'à la condition de
s'amuser.

« Telle est la lourde affaire que M. l'abbé Moigno, à l'âge de près de
soixante-neuf ans, vient de prendre sur ses épaules, avec la vaillance et la
foi qui le caractérisent.

« En Amérique et en Angleterre, le succès serait assuré à une tentative
de ce genre; en France, ce n'est qu'à l'aide d'une persévérance indomptable qu'on peut espérer vaincre l'apathie routinière du public. Pour moi,
j'admire en toute sincérité ceux qui, à l'âge du repos, s'embarquent tran-
quillement dans une pareille entreprise, et je voudrais être poëte pour
renouveler en leur honneur l'ode d'Horace au vaisseau de Virgile partant
pour la Grèce.

« Ce qu'il y a de plus curieux à la salle du Progrès, ce ne sont pas les
cours, mais leur fondateur. Vous apercevrez tous les soirs sur l'estrade,
même lorsqu'il ne professe pas, un vieillard en lunettes, un peu voûté, à
figure douce, couronnée d'abondants cheveux blancs, à parole aussi douce
que sa figure. Ce prêtre, d'allures si simples et si modestes, est M. l'abbé
Moigno, l'ami d'Arago, de Cauchy, d'Ampère, de Thénard, l'ancien
collaborateur scientifique de l'*Époque*, du *Pays*, de la *Presse*, le fondateur du *Cosmos* et des *Mondes*, l'homme qui a écrit à peu près autant
de volumes dans son genre, et pour la plupart sans collaborateur, qu'A-
lexandre Dumas dans le sien; bref, le plus infatigable vulgarisateur de la
science que notre époque ait produit.

« On montrait un jour à une dame M. de Montalembert dans un groupe
de personnes qui causaient ensemble :

comme la main servent de monnaie dans l'intérieur de
l'Afrique, et les Russes les échangent en guise de pré-

— « Regardez bien, madame, vous allez le reconnaître tout de suite :
« c'est celui qui n'est pas décoré. »

« M. l'abbé Moigno a également un signe distinctif, mais moins visible
à l'œil nu : il n'est pas membre de l'Académie des sciences.

« Suivez-le, au sortir du cours où il vient de faire ses grandes expériences d'électricité, avec la machine de Holtz, modèle Ruhmkorf, et de
démontrer le nouveau parafoudre de Zeuner : vous le verrez, les pieds
dans la boue, la tête abritée d'un parapluie qui pourrait bien être en
coton, attendre patiemment l'omnibus, y monter entre un teneur de
livres et une marchande de beurre, et dire tout bas son rosaire : car
cette haute intelligence a la foi du charbonnier, et ce savant illustre est le
plus humble des prêtres.

« Descendons d'omnibus avec lui, et *filons-le* jusqu'à sa porte. Il ne
sera même pas bien difficile de le suivre plus loin encore. L'abbé Moigno
ressemble beaucoup à cet abbé de Molière dont Chamfort nous a conté
l'histoire. Tout est ouvert chez lui ; les voleurs peuvent venir et fouiller
les tiroirs à leur aise ; au besoin, le propriétaire les aidera, en leur passant
la clef, si par hasard il y en a une. Pourvu qu'ils ne dérangent pas les
papiers, c'est tout ce qu'on leur demande.

« L'abbé Moigno habite une maisonnette qui s'accroche aux flancs
de l'église Saint-Germain des Prés. Il est attaché à la paroisse, où il
remplit les fonctions de sous-diacre d'office, qui lui rapportent, je crois,
125 francs par mois. C'est un progrès, et il est bien loin de se plaindre.
Avez-vous lu le *Maudit*, — un ouvrage qui avait le tort d'être impie ?
Non, n'est-ce pas ? Moi, je l'ai lu, car il faut que je lise tout, ce qui
ne m'inspire pas toujours une estime profonde pour l'art de Gutenberg.
J'y ai vu un chapitre intitulé le *Diacre d'office*, où il est question
d'un savant de premier ordre qui touche 33 francs 33 centimes par
mois pour remplir les fonctions diaconales à la grand'messe, dans une
des principales églises de Paris. Telle était, en effet, jadis la position de
l'abbé Moigno, et c'est de lui qu'il est question dans ce passage du *Maudit*. Je ne sais où l'auteur avait pris ces renseignements, qu'il eût pu compléter en ajoutant que jamais il n'est sorti une plainte ni de la bouche ni
du cœur de M. l'abbé Moigno. Il se trouve bien, et remplit ses fonctions,
comme tous ses devoirs sacerdotaux, avec l'exactitude d'un jeune vicaire.
Il trouve le temps de dire régulièrement son bréviaire en rédigeant *les
Mondes*, en écrivant les *Leçons de mécanique analytique*, en prépa-
rant ses cours, et il n'a jamais songé que ses travaux transcendants pussent
l'autoriser à demander une dispense quelconque.

« Sur la porte, on lit : *Sonnette des Sacrements*. C'est M. l'abbé Moi-

sents. Les cultivateurs n'en ont jamais assez pour amender leurs terres; les chasseurs le mêlent avec de

gno, en effet, qui est chargé aussi de répondre, la nuit, à l'appel des mourants. Parfois, ce vieillard, cet homme qui a approfondi les mystères de la science, est réveillé à plusieurs reprises pour aller porter, par la neige et la bise, le viatique à quelque pauvre femme qu'il console, comme il éclairait, deux ou trois heures auparavant, les intelligences les plus hautes. Et la pauvre femme ne se doute guère que ce prêtre à la parole si douce, qu'elle fait venir à son chevet et qu'elle a vu cent fois portant la dalmatique à la messe de dix heures, est l'ami d'Ampère et d'Arago.

« Heureusement, l'abbé Moigno a le sommeil facile et calme d'un enfant. Il se couche entre dix et onze heures, pour se lever invariablement à six heures, même quand il a commencé par être réveillé à minuit. De six heures à midi, ses fonctions et sa messe le contraignent au jeûne. C'est un carême perpétuel. Mais il lui coûte peu. Cet anachorète de la science a la sobriété des Pères du désert, et je ne souhaite pas à un gourmand d'être invité à dîner chez lui. Il vivrait de croûtes de pain et d'eau claire sans s'en apercevoir; je crois même qu'il parviendrait à se nourrir exclusivement de racines carrées ou cubiques.

« Pendant le siége, l'abbé Moigno publia un jour un article sublime, mais qui fit dresser les cheveux sur la tête de plusieurs personnes, à propos de la découverte d'un magasin de vieilles graisses, s'il m'en souvient bien. Il avait vu là un moyen providentiel de prolonger le siége, et, à l'instar de Dugazon, qui avait imaginé quarante manières différentes de remuer le nez, ce gastronome obsidional énumérait, avec une conviction qui fit frémir tous ses lecteurs, vingt-cinq façons de manger du suif. L'abbé Moigno ne fut pas compris en cette circonstance, mais les Cosaques lui eussent dressé une statue.

« Revenons à la maisonnette.

« On entre dans un couloir obscur. Au fond, un petit jardin, encombré de poules, de pigeons, de lapins et de canards. Après avoir erré quelque temps au hasard et jeté des appels sans écho vous finissez par pousser à droite une porte qui ouvre sur un escalier étroit, roide et noir. Au premier, vous débouchez vis-à-vis d'une cuisine, où la vieille bonne infirme, qui tient depuis quarante-cinq ans la maison de M. l'abbé Moigno comme elle tiendrait la sienne, vous attend au passage. Montez un étage encore, et ne vous trompez pas de porte : à droite, c'est un galetas mansardé; à gauche, le bureau du maître. Sur le seuil, une pancarte imprimée indique les jours et les heures en dehors desquels il est expressément interdit de chercher à voir M. l'abbé Moigno, mais nul n'y fait la moindre attention, pas même M. l'abbé Moigno.

« Vous frappez, vous entrez : personne! Après quelques minutes d'atl'argile et en font une pâte que viennent lécher les chevreuils tous les matins quand elle est encore humide de la rosée.

Dans l'industrie, il est employé pour la fabrication de la soude et du chlore, pour le blanchiment des fils, de la cire, du papier.

Dans un ordre d'idées plus élevé, le sel, — qu'Homère nomme la substance divine, — Platon, la substance chère aux dieux, — et Pline, l'élément de la civilisation, —

tente et quelques coups d'œil sur la bibliothèque, qu'un amateur pourrait dévaliser à loisir sans que personne s'y opposât, vous descendez avertir la vieille bonne, qui vous répond simplement : « C'est qu'il est peut-être à « l'Académie. » Cependant elle se met en quête, et, après dix minutes de recherches, on parvient généralement à découvrir M. l'abbé Moigno, qui ne sort jamais que pour ses conférences, qui ne met pas les pieds dans le monde, mais qui, parfois, descend au jardin, ou monte, par un escalier situé au bas de son bureau, dans sa chambre à coucher, — cette fameuse chambre fracassée par un obus prussien, le 20 janvier, tandis que M. l'abbé Moigno se tenait debout sur le seuil, une bougie à la main, et dont la ville de Paris a scrupuleusement recollé le mobilier, acheté jadis trente-cinq francs dans une vente du quartier.

« On est sûr d'être accueilli avec une bienveillance qui ne se dément jamais, dans ce cabinet de travail où le monde entier vient se déverser chaque jour. M. l'abbé Moigno reçoit tout ce qui paraît de publications scientifiques, depuis la France jusqu'à l'Australie ; il est en correspondance avec tous les savants de l'univers. Sa riche bibliothèque est bien rangée, mais son bureau est un abîme qu'un flot de papiers nouveaux vient inonder sans cesse. En vous asseyant, prenez garde d'écraser un appareil. Heureusement, pour se reconnaître dans ce chaos, M. l'abbé Moigno a le secours d'une mémoire prodigieuse, aidée d'un système mnémotechnique des plus ingénieux. Il sait douze langues et n'a rien oublié de ce qu'il a appris. Or, il a tout appris. Vous pouvez sans crainte le mettre à l'épreuve en lui demandant le nom du cent vingt-troisième pape, et il vous répondra : Landon. L'obus prussien lui a broyé cinq cents volumes, mais il les avait tous dans la tête. Qu'on lui vole les autres, et il s'en consolera, comme il s'est consolé de tant de choses, en les relisant dans sa mémoire. A la façon de Bias, l'abbé Moigno porte tout sur lui, — non pas seulement toute sa garde-robe et toute sa fortune, mais sa bibliothèque. »

le sel sert de terme de comparaison pour exprimer et la grâce et l'esprit. Une Espagnole est flattée par le compliment de : *salero*, salière, qu'on lui adresse ; et le *sel attique* était un genre d'esprit particulier des Athéniens, le peuple le plus spirituel de la terre. Quand l'esprit manque de délicatesse, il est de *gros sel*.

Dans un ordre d'idées plus élevé encore, le sel a toujours joué un rôle important dans l'exercice du culte chez tous les peuples. Il fait partie de l'eau bénite, dont l'aspersion est nommée par *salispersion* par plusieurs conciles du moyen âge.

Et maintenant, dans l'ordre d'idées le plus élevé, le sel est le symbole de la piété ; — Jésus-Christ a dit à ses Apôtres :

« Vous êtes le sel de la terre. »

CHAPITRE ONZIÈME

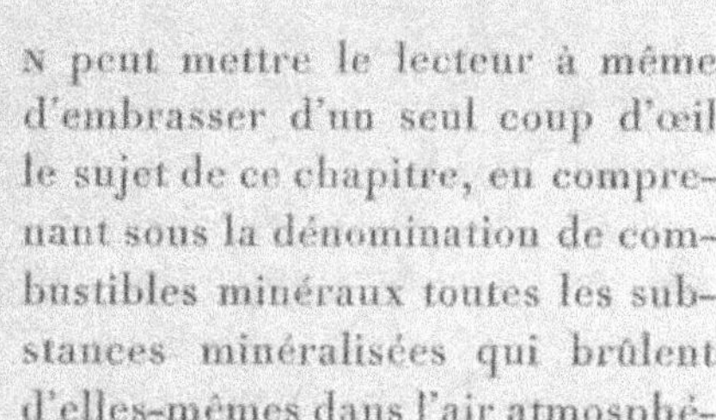

N peut mettre le lecteur à même d'embrasser d'un seul coup d'œil le sujet de ce chapitre, en comprenant sous la dénomination de combustibles minéraux toutes les substances minéralisées qui brûlent d'elles-mêmes dans l'air atmosphérique, quand une fois elles sont allumées. Ce sont : le soufre, les résines fossiles, la tourbe, le lignite, l'anthracite, les bitumes, le pétrole, enfin la houille. Comme cette dernière est le combustible minéral par excellence, nous lui consacrerons un chapitre spécial.

Le *phosphore* est également un combustible minéral, mais il ne se trouve pas dans la nature à l'état simple : il en sera question dans les combustibles artificiels.

Il en est de même du *carbone*, qui ne se présente que sous la forme de diamant; ce dernier, du reste, une fois allumé, ne brûle que dans l'oxygène, comme le graphite. Le charbon proprement dit, provenant du bois, n'est pas du ressort de ce livre.

§ I.

SOUFRE.

Le soufre est un corps simple, inodore, friable, et deux fois plus lourd que l'eau; il n'a pas toujours une couleur jaune soufré, citrine ou jaune citron; quelquefois il est blanc comme du lait, d'autre fois vert foncé, rouge, brun, et même tout à fait noir.

Ses cristaux appartiennent à deux systèmes différents; chauffé, puis refroidi lentement, il cristallise en aiguilles ayant la forme de prismes obliques à base rhomboïdale; dissous dans du sulfure de carbone, il se dépose en octaèdres allongés, et c'est sous cette forme qu'on le trouve aussi dans la nature [1]. A 110 degrés, il fond; chauffé de 100 degrés en plus, il s'épaissit de manière à perdre sa fluidité; si alors on le refroidit brusquement en le plongeant dans l'eau, il reste mou, transparent, et devient ductile au point qu'on peut l'étirer comme un cheveu. Chauffé en vase clos, il entre facilement en ébullition; vers 400 degrés il se volatilise, se condense dans cet état par le contact d'un corps froid, et se transforme en *fleur de soufre*, ou dépôt pulvérulent.

---

[1] *Sulfure de carbone*, liquide incolore, inflammable, d'une odeur aromatique; on l'obtient en faisant passer du soufre en poudre sur des charbons ardents.

Le soufre est connu depuis la plus haute antiquité; les alchimistes lui ont attribué une action efficace dans toutes les transformations moléculaires. Si le mot molécule signifie les parties infiniment petites d'un corps, ou des parties tellement petites qu'on ne peut plus les diviser, alors on ne s'explique pas qu'on les brise; et cependant on dit que le soufre fait entendre un bruit particulier, une espèce de pétillement, quand on en tient un morceau dans la main et qu'on l'approche immédiatement de l'oreille; la rupture des molécules qui produit ce bruit, est le résultat de l'inégale dilatation due à la chaleur de la main.

C'est peut-être aussi un phénomène électrique, car le *soufre en canons* s'électrise s'il est frotté. Le soufre en canons est du soufre distillé et refondu dans des moules en forme de bâtons, comme on les voit chez les droguistes.

Pour distiller le soufre, on place la *terre soufrée,* ou roche qui renferme le soufre natif dans des pots, et ceux-ci dans des fourneaux. Les pots sont ensuite mis en communication avec des récipients où les vapeurs de soufre se condensent, se liquéfient et s'écoulent dans des baquets remplis d'eau, pour qu'elles se figent en prenant la forme voulue.

Le soufre est très-répandu dans la nature; on le trouve à l'état pur dans les environs des volcans, où les terres sont imprégnées de ce minéral jusqu'à dix mètres de profondeur, et forment les *solfatares;* celles de l'Etna en Sicile fournissent le soufre nécessaire aux besoins de l'industrie européenne. En Islande, il existe également des soufrières considérables; un mois après qu'on en a enlevé le soufre, elles sont remplies de nouveau. En

France, on n'exploite le soufre natif que près d'Apt, dans le département de Vaucluse.

Le soufre volcanique est formé de fines aiguilles, de petits cristaux, de stalactites attachées aux parois des crevasses par où s'échappent les fumées sulfureuses.

L'exploitation du soufre natif a perdu son importance depuis que les pyrites fournissent du soufre par voie de décomposition.

Les pyrites sont des minerais de fer, de plomb, de zinc, c'est-à-dire des oxydes métalliques associés au soufre, et des *sulfures* ou combinaisons d'un métal avec le soufre. Il est également mélangé aux roches gypseuses et au sel gemme. Le règne minéral n'est pas seul à le fournir; il entre dans beaucoup de corps organiques, tels que les radis, le cresson, les navets, les œufs, les poissons, les cheveux.

Le soufre se combine avec presque tous les corps. Avec l'oxygène, il forme l'*huile de vitriol* ou acide sulfurique; avec l'hydrogène, le *gaz puant*. Chauffé directement avec les métaux, il donne naissance aux sulfures artificiels. Cette réaction, qui est rapide, produit une incandescence très-vive. Certains sulfures se forment également à la température ordinaire, sans être accompagnés d'aucun phénomène; tels sont les *sulfures d'argent* et *de cuivre*.

Aussi ne faut-il pas s'étonner si l'on voit noircir les fourchettes et les cuillers en argent, ou argentées, avec lesquelles on aura mangé des œufs ou du poisson. Il ne faut pas s'étonner non plus si les pièces d'argent qu'on emporte dans un bain de Baréges perdent leur brillante couleur, quand même on aurait enveloppé son porte-monnaie dans un mouchoir, car l'hydrogène sulfuré, —

que les eaux contenues dans ce gaz exhalent plus fortement encore que les œufs et le poisson, — pénètre partout malgré les précautions les plus minutieuses. L'or
façonné devient, en pareille circonstance, plus foncé,
car le soufre s'empare du cuivre renfermé comme alliage
dans le précieux métal, et forme un sulfure de cuivre.

Le soufre n'est pas précisément un combustible industriel, car il ne sert pas au chauffage, mais seulement
pour allumer des matières susceptibles de prendre feu;
et s'il est classé parmi les combustibles minéraux, c'est
parce que, — une fois allumé, il continue à brûler de lui-
même.

Il y a fort peu de manufactures qui n'emploient pas le
soufre, naturel ou combiné. Il entre dans la composition
de la poudre à canon, et préserve les vignes de l'attaque
des insectes; c'est aussi un curatif excellent dans les
maladies de la peau et dans la sciatique. Avec du soufre
on assujettit les barres de fer dans la pierre; ce scelle-
ment remplace celui qu'on exécute d'habitude avec du
plomb; enfin les mèches soufrées servent dans la manu-
tention du vin; on les fait brûler dans les tonneaux.

§ II.

AMBRE OU RÉSINES FOSSILES.

L'ambre jaune ou succin est le suc d'un arbre antédiluvien; il contient souvent des insectes; pour les avoir
emprisonnés, il a dû se former d'abord à l'état visqueux, exactement comme la gomme des arbres à fruit.

Il faut s'en tenir à cette opinion, à moins qu'on ne

veuille admettre avec les anciens que les larmes des sœurs de Phaéton se sont changées en ambre par leur chute dans l'Éridan.

La couleur de l'ambre varie du jaune foncé au jaune clair et au blanc opaque, qui est la plus estimée, mais en général il est transparent. Il fournit plusieurs combinaisons chimiques : une espèce d'huile, de *l'acide succinique*, et des *succinates* ou *sels de succin*.

On trouve l'ambre sur les côtes de la Sicile, et principalement sur les bords de la Baltique, dans les dunes de l'est de la Prusse. Il est presque toujours accompagné de bois fossiles auxquels il adhère. Le gouvernement prussien s'est réservé le monopole de cette exploitation, et les habitants riverains n'ont droit qu'à l'ambre qui surnage entouré de lignite et d'algues, sur les flots de la mer, où il apparaît vers les mois de novembre et de décembre ; ils s'en emparent à l'aide de petits filets appropriés à ce travail. Un village de pêcheurs, nommé Schwarzort, entre Memel et Dantzick, a acquis depuis trois ans une grande importance par suite de la découverte d'un gisement considérable, de dix pieds de profondeur, où l'ambre se trouve en nodules séparés et disséminés dans le lignite. Quatre bateaux dragueurs y sont en pleine activité.

Les Grecs anciens avaient donné à toutes les résines fossiles le nom d'*électron*, dont nous avons fait le mot électricité, l'ambre étant une substance électrique.

Les dames romaines, qui aimaient l'odeur suave que cette matière exhale par la chaleur, en garnissaient le bout supérieur de leurs fuseaux.

L'ambre sert aux tourneurs à confectionner des objets de toilette, des colliers, des grains de chapelets, et des ustensiles bien vulgaires appréciés par les fumeurs. Il entre aussi dans la préparation des vernis.

Quant à l'ambre gris, il a une odeur pénétrante; on l'utilise dans la parfumerie. On le trouve dans les mers de Madagascar et du Japon, flottant par petits morceaux sur les vagues.

C'est peut-être une sécrétion du cachalot : si ce fait était avéré, on n'en parlerait pas à cette place, qui ne doit être occupée que par des minéraux.

L'ambre, du mot arabe *ambar*, est une substance très-chère, et comme telle on aurait pu la classer dans les pierres précieuses; libre au lecteur de le faire, s'il y trouve quelque avantage; si nous avons suffisamment décrit l'ambre, notre but est atteint.

§ III.

TOURBE.

Les minéralogistes ont toujours montré une certaine aversion pour la tourbe; ils ne la considèrent pas comme un minéral; les botanistes ne parviennent pas non plus à la classer parmi les plantes. Il en est résulté que les savants ne se sont jamais beaucoup occupés de la tourbe. Les praticiens seuls ont su apprécier ce produit; nous ferons peut-être bien de l'envisager alors au point de vue de son emploi industriel.

La transformation des plantes en tourbe a lieu journellement sous nos yeux. On peut l'observer dans les marais ou dans les tourbières abandonnées.

On voit que l'eau s'y couvre de conferves ; pendant l'année suivante, viennent des lentilles d'eau ; des herbes marécageuses poussent sur les bords. Au bout de dix ans, il s'est formé une couche de végétaux assez forte pour porter un enfant, elle s'épaissit de plus en plus et finit par descendre au fond de l'eau ; le même phénomène se reproduit indéfiniment, et les couches s'accumulent.

Avec la cessation de la vie dans les plantes commence leur décomposition, mais qui reste incomplète. L'oxygène de l'air ne peut pas agir sur cette décomposition ; l'eau du marais s'y oppose, car elle contient des substances antiputrides, telles que du tannin, des sels de vitriol et des corps résineux ; ces substances conservent la fibre ligneuse.

Leur présence dans l'eau est facile à expliquer. D'après la proposition de Pline : *Talis mons, talis aqua*, les eaux dissolvent dans les montagnes qu'elles traversent les minéraux solubles, et certaines réactions chimiques sont ainsi produites ; il se forme des alcalis, des oxydes métalliques ou minerais des marais, des précipités phosphoriques, qui influent sur la nature de la tourbe, tant par les gaz que par les nombreuses matières incombustibles qu'ils y introduisent ; celles-ci restent dans les cendres.

Les gisements de tourbe occupent des espaces immenses dans les parties basses de nos continents qui étaient submergées ou qui le sont encore. Des couches de sable ou de limon se sont déposées sur ces tourbes, et ont donné naissance à de belles prairies, comme en Normandie.

Près d'Amiens, dans la vallée de la Somme, se trouvent les plus importantes tourbières de France.

La Hollande n'a presque pas d'autre combustible que la tourbe.

On reconnaît partout les terrains tourbeux à la nature élastique du sol ; beaucoup plus répandus dans les pays froids que dans les pays chauds , ils sont toujours situés à une faible profondeur immédiatement au-dessous de la terre végétale. Dans le même banc, la tourbe est d'autant plus dure et d'une couleur plus foncée, qu'elle est plus profondément enfouie dans le terrain.

Elle est facile à exploiter, pourvu qu'on observe certaines règles indispensables. Il faut d'abord procéder à l'asséchement du sol ; à cet effet, on ouvre des fossés placés comme un grillage sur la tourbière ; on les relie par des canaux de décharge, destinés à préserver les environs du contact des eaux stagnantes et à transporter la tourbe par bateaux.

On attend toujours une année avant d'entreprendre le travail d'extraction ; on le commence alors au printemps, et on l'interrompt en été, parce que la chaleur séchera trop vite la tourbe et la rendra cassante ; on continue en automne et on cesse en hiver ; on laisse alors rentrer les eaux dans la tourbière au moyen d'écluses, afin d'empêcher la tourbe de geler à l'air ; sans cette précaution, elle se décomposerait et ne donnerait plus qu'un mauvais combustible.

La tourbe est enlevée de son gîte au moyen de pelles coupantes, — ou *louchets*, — qui ont deux tranchants disposés à angle droit ; ce sont des espèces d'emporte-pièce, qui divisent la tourbe dans les deux sens à la fois ; elle est souvent aussi pêchée à la drague, si l'écoulement des canaux n'a pu s'effectuer ; puis elle est séchée à l'air.

La forme des morceaux de tourbe ou *pointes*, varie suivant le mode de vente ; dans les pays où on a l'habitude de mesurer les marchandises, on coupe ce combustible en tranches longues et étroites, qui laissent, lors du mesurage, beaucoup de vides ; là où la coutume de peser est générale, on le taille en tranches épaisses, car l'humidité qui est retenue à cause de l'épaisseur en augmente le poids ; ailleurs, on compte les morceaux de tourbe, et on les fait, bien entendu, aussi petits que possible.

Dans la pratique, on distingue trois espèces de tourbe : — la *tourbe mousseuse*, légère, spongieuse, entremêlée de tiges de roseaux, de joncs, de toutes sortes de filaments végétaux ; — la *tourbe moyenne*, compacte ; d'une couleur brun clair, et renfermant des vestiges de fibres végétales ; — la *tourbe noire*, où la formation organique a disparu complétement, et qui occupe les dernières assises des tourbières.

Pour classer les diverses espèces de tourbe d'après leur puissance calorifique, on les taille en petits cubes égaux qu'on rend incandescents tous à la fois, puis on les place sur une planchette. La meilleure tourbe est celle qui brûle le plus longtemps et le plus profondément dans le bois.

La chaleur que peut produire la tourbe (*torf* en allemand, *turf* en anglais) augmente, comme dans tous les combustibles minéraux, avec la quantité de carbone, ou, en d'autres termes, elle dépend de la pureté de la tourbe.

Pour fixer les idées à ce sujet, on peut admettre comme terme de comparaison les chiffres suivants : la tourbe, qui renferme 30 pour 100 de carbone, a un pouvoir calorifique de 3,5; la houille, contenant 70 pour 100 de carbone, a un pouvoir de 7,3; c'est-à-dire, avec un kilogramme de ces combustibles, on peut chauffer 3,5 ou 7,3 litres d'eau de 0 degré à 100 degrés, ou convertir ce liquide en vapeur.

Le volume considérable de la tourbe, son faible poids et sa fragilité, ont inspiré aux fabricants l'idée de rendre ce combustible compacte et facile à transporter, et de le préparer indépendamment de la saison.

Une grande quantité de brevets d'invention ont été pris à ce sujet, mais aucun des moyens imaginés n'a été reconnu pratique, à cause des dépenses de manipulation qu'exige la tourbe comprimée. Néanmoins, dans une certaine usine d'Angleterre, on exprime l'eau au moyen d'un pressoir à manivelle, c'est la première opération; la seconde consiste à introduire la tourbe dans un cylindre où elle est comprimée de nouveau, et d'où elle sort en lanières qu'une machine à découper transforme en briquettes; on les laisse sécher au moins pendant une quinzaine de jours.

D'un autre côté, on sait qu'en exprimant l'eau de la tourbe on enlève les matières bitumineuses en dissolution et on diminue ainsi la valeur de ce combustible; on sait aussi qu'un changement mécanique de la fibre ligneuse donne des résultats défavorables dans la plupart des cas.

On a donc renoncé à la comprimer, et on a cherché à la carboniser par une distillation dans des fours, afin de l'utiliser pour les fonderies, où, à l'état naturel, à cause de son acidité, elle n'avait jamais donné de bons produits; les fers des hauts fourneaux à la tourbe étaient cassants. Les premières expériences n'ont pas réussi. Il y a plusieurs années, une fabrique de *coke de tourbe* s'était établie près d'un chemin de fer de la Souabe; elle a disparu. En Suisse, cependant, quelques hauts fourneaux marchent avec ce coke végétal.

§ IV.

LIGNITE ET JAIS.

Lignum en latin veut dire bois. Le *lignite* est du bois fossile renfermant cinquante pour cent de carbone; il ne faut donc pas le confondre avec le bois pétrifié, qui est du bois changé en pierre, et où toute matière végétale a disparu.

Le lignite est charbonneux, luisant, à cassure de résine; il provient de la destruction d'arbres et d'autres végétaux qu'on trouve en masses noires ou brunes dans les terrains plus nouveaux que ceux où existe la houille; ces masses y sont placées par couches, séparées les unes des autres par des lits de matières sablonneuses ou argileuses mélangées de bitume. On y reconnaît souvent le tissu organique du bois; on y rencontre aussi des coquilles d'eau douce, des squelettes d'animaux antédiluviens, le tout agglutiné en amas plus ou moins solides.

Le lignite est exploité en France dans plusieurs localités, entre autres à Soissons. On en trouve aussi en Suisse, en Bohême, en Prusse. Au Chili, il y a près de six cents mines de lignite.

C'est un très-bon combustible pour le chauffage des chaudières et la fusion des minerais : il brûle comme le bois; sa flamme est vive et longue; il ne se boursoufle pas, et ses morceaux ne se collent pas entre eux comme ceux de la houille grasse.

Il y a plusieurs variétés de lignite. Le *lignite terne* est très-foncé, mais d'un aspect mat.

Une variété rouge brun-clair est extraite près de Cologne; elle brûle comme l'amadou et répand une fumée désagréable; on l'emploie, sous la dénomination de *terre de Cologne*, comme couleur à la détrempe; les fabricants hollandais la mêlent à leur tabac à priser.

Le *jais*, *jayet* ou *ambre noir*, est du *lignite piciforme*, ayant l'aspect de poix ou de résine, très-compacte, noir, luisant. Il brûle avec une flamme éclatante, en répandant une odeur désagréable; il ne se boursoufle pas et ne coule pas. On le rencontre par nodules de 20 kilogrammes dans quelques houillères, en France, en Allemagne et en Espagne.

On façonne sur une meule de lapidaire les morceaux de jais en grains ou en tablettes de diverses grandeurs.

C'est à Sainte-Colombe (département de l'Aude) que sont établies les fabriques de bijoux en jais, ordinairement des bijoux de deuil, dont les Espagnoles semblent abuser.

On imite aussi le jais par une espèce d'émail en verre noirci, qui est plus dur, mais moins brillant que le jais naturel.

§ V.

ANTHRACITE ET GRAPHITE.

L'*anthracite*, du grec *anthrax*, charbon, est de la houille compacte, à éclat métallique; il produit une chaleur intense et ne répand ni odeur ni fumée, mais brûle avec difficulté; les morceaux isolés s'éteignent presque immédiatement et ne s'agglutinent pas; il décrépite, et ses petits fragments encombrent les foyers et s'opposent à la circulation de l'air; aussi n'est-il pas encore employé comme combustible. On avait cherché à le convertir en coke, mais on n'est pas parvenu à l'allumer d'une façon convenable.

En attendant que la manière de brûler l'anthracite dans des foyers industriels soit découverte, on le pulvérise, on le mélange avec de la houille et de l'argile, et on en confectionne les bûches économiques destinées à être placées au fond des cheminées pour l'entretien du feu.

L'anthracite se montre par couches dans la formation houillère des terrains de transition. Les gîtes les plus considérables en France sont situés sur les bords de la Loire, à Angers et à Nantes.

L'anthracite est composé de carbone (96 pour 100), d'hydrogène, d'oxygène, de particules terreuses, de fer et de silice, en proportions à peu près égales.

Il y en a plusieurs espèces : l'*anthracite vitreux* est le plus homogène; sa cassure est conchoïde, souvent irisée et présentant de belles couleurs; — l'*anthracite commun* est friable, grisâtre; — la troisième espèce est le *graphite*, c'est du carbone presque pur; il renferme des traces de fer comme mélange; ce n'est donc pas un carbure de fer, comme on l'a cru autrefois. Il se distingue de l'anthracite ordinaire, en ce sens qu'il ne brûle pas à l'air libre, mais seulement dans le gaz oxygène, ainsi que nous l'avons déjà dit.

L'origine du *graphite* ou *plombagine* (du mot *plomb*) n'est pas aussi facile à expliquer que celle des autres combustibles minéraux. On l'attribue à des gaz carburés qui se sont décomposés dans les terrains chauffés par le feu central. Ce qui donne de la valeur à cette opinion, c'est que dans les hauts fourneaux on observe la formation continuelle du graphite, qui vient se déposer en lames brillantes contre les parois des cavités de la maçonnerie.

Le graphite se présente dans la nature en petits amas; il est la matière colorante de diverses roches. On le rencontre en Bavière, en Piémont, en Bohême, mais son gisement principal se trouve dans les terrains granitiques près d'Irkoutsk, en Sibérie, au mont Batagoul, à six mille kilomètres à l'est de Saint-Pétersbourg.

La plombagine a plusieurs usages. Délayée dans de l'huile ou de l'eau, elle s'applique sur les poêles en fer ou en fonte; elle les colore en gris et les garantit de la rouille.

Pétrie avec de la graisse, elle forme une pâte dont on enduit les fusées des essieux pour diminuer leur frottement; on la met aussi sur les dents d'engrenages et autour des pistons de pompe.

Mélangée avec de l'argile, elle sert pour les creusets réfractaires des fondeurs.

Enfin son emploi principal consiste dans la fabrication

des crayons noirs; le mot graphite, du grec *grapho*, écrire, l'indique suffisamment. A cet effet, on scie la plombagine en petites baguettes qu'on introduit dans les rainures du bois.

Comme on imite tout produit de la nature, on n'a pas manqué d'inventer la *mine de plomb artificielle*. On connaît les *crayons Conté*, qui datent de 1795; ils se composent de plombagine et d'argile broyées ensemble, réduites en pâte, moulées en filets et cuites dans des creusets en fer. Cette industrie des crayons n'a pas réussi en France, où il n'y a pas de graphite.

§ VI.

BITUMES.

Les bitumes (en latin, *bitumen*) sont des substances fossiles. Nous les diviserons en trois classes :

La première comprendra les bitumes proprement dits, à l'état libre, visqueux, ou solidifiés au contact de l'air.

La seconde classe embrassera les bitumes combinés ou mélangés avec d'autres corps; ce sont les asphaltes.

Le pétrole enfin, ou bitume liquide, formera la troisième classe.

Tous les bitumes solides ou liquides renferment 90 pour 100 de carbone et 10 pour 100 d'hydrogène, tandis que les houilles, à égalité de carbone, contiennent 5 pour 100 d'hydrogène et 5 pour 100 d'oxygène, — en chiffres ronds.

Le *bitume solide*, ou *bitume de Judée*, ou *malth*, ou *poix minérale*, ou *baume de momie*, ou *karabé*[1] *de Sodome*, etc., est, on le croit généralement, un résidu provenant de la décomposition de matières organiques antédiluviennes, qui avaient été emprisonnées dans le terrain et soumises à une forte pression ainsi qu'à une haute température, pendant laquelle l'oxygène et l'azote ont disparu, on ne sait de quelle manière.

Le bitume n'est pas très-répandu dans la nature.

En France, on ne connaît que les dépôts bitumineux de l'Auvergne, qui ne donnent que de faibles produits.

Dans la mer Morte ou mer de Judée, en Palestine, le bitume s'élève au milieu des eaux en masses fluides qui se solidifient promptement, et que le vent pousse vers les rivages, où les habitants le recueillent de temps immémorial.

Aux bords de l'Euphrate, les bitumes étaient autrefois très-communs; ils servaient aux constructions de Babylone.

A la Trinité, aux Antilles, le bitume sortant de la terre en masses abondantes s'est déversé dans la mer, où il est arrivé presque à l'état solide, et forme aujourd'hui une véritable jetée dans un des ports de cette île. On n'exploite que les parties solidifiées par leur contact avec l'air. Les couches pâteuses sont d'un accès trop difficile; toute la masse se déplace sous un faible poids, et on s'y enfonce insensiblement.

Dans l'île de Cuba, on trouve des quantités considérables de cette substance.

Le bitume, en général, est noir, brillant, insoluble

---

[1] *Karabé* est un mot persan qui veut dire ambre.

dans l'eau, soluble dans la benzine et surtout dans le sulfure de carbone. Il se liquéfie à une faible chaleur, brûle avec une flamme longue et une fumée épaisse; il répand une odeur forte et désagréable qui se développe aussi par le frottement; il laisse un faible dépôt après la distillation. Ajoutons encore qu'il est plus léger que l'eau, et nous aurons énuméré ses propriétés principales.

La plupart des variétés du bitume passent de l'une à l'autre par des nuances insensibles. Comme il n'est pas possible de recueillir industriellement le bitume libre dans les roches, on l'extrait alors, — comme les métaux, — de ses minerais, qui sont les grès bitumineux, les terres bitumineuses ou schistes bitumineux, et les sables agglomérés par le bitume. On les jette dans des chaudières pleines d'eau bouillante, on les brasse; le bitume alors se sépare, surnage, et on ne trouve au fond que des sables purs, ainsi qu'une huile noirâtre appelée *huile lourde*; distillée de nouveau, elle donne une huile blanche et une espèce de goudron minéral.

Les applications du bitume ont bien varié dans le cours des siècles. Les Égyptiens employaient cette substance fossile pour embaumer leurs momies; les Romains couvraient d'une légère couche de bitume leurs statues, pour les préserver des injures du temps.

Aujourd'hui, elle sert d'enduit pour les bois, les toiles, les cordages qui doivent séjourner dans l'eau.

L'*asphalte* (du grec *asphalizô*, je fortifie) a donné le nom au lac Asphaltite, ou mer de Judée.

La désignation d'asphalte a été appliquée au composé du bitume qui entre dans les matériaux de construction.

C'est une roche calcaire imprégnée de bitume, ayant la structure de la pierre à plâtre; sa couleur est celle du chocolat.

Les anciens ont également connu l'asphalte et l'ont prodigué dans leurs édifices, ainsi que l'attestent les ruines de Babylone et de Memphis. Ils l'employaient aussi pour les bassins et les silos. En Égypte, on retrouve les débris de ces immenses greniers souterrains, où s'accumulaient les blés des années d'abondance. Des grains de blé du temps des Pharaons y ont été recueillis. Plusieurs personnes, — entre autres l'auteur de ce livre, — les ont semés et en ont obtenu des récoltes magnifiques — dans les plates-bandes de leur petit jardin.

Délaissé ou perdu pendant des milliers d'années, l'asphalte vient d'être retrouvé, — il y a à peine trente ans, — et appliqué aux trottoirs, dont les premiers furent établis à Strasbourg; ils y existent encore aujourd'hui.

L'asphalte est une substance très-rare. On ne le rencontre en France qu'à Seyssel, dans le département de l'Ain, à Charavache (Savoie), à Lussat (Puy-de-Dôme), dans l'Auvergne, à Lobsanne et à Bechelbronn, en Alsace; à Vittoria, en Espagne, et au Val-Travers, dans le canton de Neufchâtel, ainsi que près de Naples.

On l'exploite à ciel ouvert ou dans des galeries; à cet effet, on détache les rochers au moyen de la poudre de mine, ensuite on les casse et on les pulvérise.

Cette opération, qui ne s'applique qu'à des morceaux très-riches, a lieu surtout en hiver, car, en été, la roche se ramollit, et, en cherchant à la casser, on frappe sur une pâte qui ne se fend pas. Quand l'asphalte est ainsi préparé, ou le pulvérise mécaniquement, ou encore on le fait décrépiter dans des caisses ouvertes en tôle, légèrement chauffées. La cuisson s'opère ensuite dans les chaudières; puis on le coule dans des moules, de façon à former des pains de vingt-cinq kilogrammes.

Dans les asphaltes, il y a plusieurs nuances : le *pissasphalte* (de *pissa*, poix) est glutineux; le *rétinasphalte* a un aspect résineux; mais leur composition est à peu près la même : neuf parties de carbonate de chaux et une partie de bitume.

Autrefois, on n'employait l'asphalte que pour en retirer l'huile par la distillation. Aujourd'hui, ses usages sont nombreux; le dallage des trottoirs est le plus connu.

Comme l'asphalte ne peut pas être remplacé par le bitume pur, et comme son débouché est considérable et sa production très-restreinte, on a cherché à le contrefaire.

A cet effet, on a essayé de composer la roche asphaltite en réunissant ses éléments constitutifs, qui sont : la chaux et le bitume. Mais cette opération est trop délicate. Sa réussite dépend du degré exact de la température; quand on le dépasse, le bitume se volatilise, et il ne reste que le calcaire. L'union complète, la profonde imprégnation a été produite, dans la nature, par des moyens mystérieux.

Le mélange de craie et de goudron n'a pas réussi davantage.

On a donc conçu l'idée de faire agir du bitume dissous dans de la benzine, sur du sable calcaire. On a produit le mélange de ces trois corps dans une chaudière avec un agitateur. En chauffant au degré voulu, la benzine se distille; on la recueille pour répéter cette opération, qui, effectivement, produit de l'asphalte, mais à un prix plus élevé que la roche naturelle.

En résumé, nous avons vu que les bitumes, employés dans l'antiquité, s'étaient perdus pendant le moyen âge, et qu'on les a retrouvés de nos jours.

Et cela prouve une fois de plus qu'en industrie il est bon de ramasser les vieilles choses dont personne ne se soucie, car, au bout d'un certain temps, elles redeviennent neuves, et tout le monde veut les avoir.

§ VII.

PÉTROLE.

L'*huile minérale*, ou *huile de pierre*, ou *pétrole* (*petra*, pierre; *oleum*, huile) appartient, comme la houille et les bitumes fixes, aux formations neptuniennes.

Ses sources les plus riches se trouvent dans les couches renversées ou ployées; il s'y est formé des cavités, des crevasses où le pétrole s'est rassemblé, de même que l'eau salée et le gaz hydrogène carboné, qui souvent l'accompagnent. Il est recouvert d'un massif de roches, comme d'un toit, de manière qu'il ne peut s'échapper que par des trous de sonde. Des émanations de gaz de carbone dénotent souvent sa présence. Il est aussi contenu dans des schistes bitumineux, ou naphto-schistes; ceux-ci sont imprégnés d'une matière charbonneuse qui, par la distillation, donne l'huile de pierre, — peut-être comme le bois donne le goudron, sans que ce dernier y préexiste sous cette forme définie.

Le pétrole n'a pas une origine démontrée avec certitude. Si en général on le fait dériver de substances végétales ou animales, par une transformation analogue à celle de la houille, on admet aussi que son essence est purement minérale, puisque, dans les laboratoires de chimie, on le reproduit sans le secours de corps organisés. En outre, on a fait la remarque que les gîtes de pétrole sont en relation avec des phénomènes éruptifs ou inorganiques.

Le pétrole, au sortir de la mine, est jaune, vert, quelquefois noir, à cause du bitume qu'il tient en suspension. Exposé à l'air, il acquiert, au bout d'un certain temps, une consistance visqueuse; il finit par devenir complétement solide et se transforme en bitume. Par la distillation, il devient limpide et prend le nom de naphte; dans le commerce, on confond ces deux dénominations [1]. Le naphte, étant très-inflammable, brûle avec une belle flamme blanche et ne laisse aucun résidu; sa combustion est très-régulière. Il est insoluble dans l'eau, mais soluble dans l'alcool, dans l'éther et les huiles; il dissout le soufre, le caoutchouc et le camphre; il est plus léger que l'eau. Sa grande dilatabilité surtout est remarquable, elle est quatre fois plus forte que celle des autres liquides. On ne doit donc jamais remplir entièrement les vases qui le renferment, ils éclateraient au moindre échauffement de l'huile.

[1] La distillation du pétrole dans un alambic donne les produits suivants : des bulles de gaz hydrogène carboné, des essences empyreumatiques, de l'huile légère ou huile de naphte, de la benzine qui dissout les corps gras, de l'huile d'éclairage, de l'huile lourde pour le chauffage des chaudières et le graissage des machines, de la naphtaline et de la paraffine, substances solides avec lesquelles on fabrique des bougies; enfin du goudron et du charbon, qui restent dans la cornue.

Sources de naphte. (Temple des Feux éternels, à Bakou, ville fortifiée sur la mer Caspienne.)

Il existe encore une autre cause d'explosion ; à savoir le pétrole contient des matières volatiles qui peuvent rendre l'air explosible du moment qu'on néglige de ventiler les locaux où elles s'accumulent. Donc, avant de généraliser l'usage de cette dangereuse substance, il faut chercher un moyen de la rendre inexplosible avant sa distillation, laquelle lui enlève cette propriété fatale, et tant que ce moyen ne sera pas trouvé, l'emploi du pétrole ne pourra être considéré comme un progrès.

Le pétrole se rencontre dans la nature, non-seulement à l'état liquide, mais aussi à l'état volatil.

Pline connaissait les puits de feu du mont Chimère, sur les côtes de l'Asie Mineure. — Il en existe aussi en Chine ; les fils du Céleste Empire leur vouent un certain culte, et dirigent en même temps dans leurs usines, au moyen de tuyaux en bambou, les jets de gaz qui sortent des puits salés.

En France, il y a la fontaine ardente du Dauphiné ; on en peut voir une pareille en Italie, près de la route de Bologne à Florence.

Sur les bords de la mer Caspienne, dans la presqu'île d'Apschéron, on remarque les feux éternels de Bakou, ou jets de pétrole enflammé.

Ces feux sont sacrés ; ils ont leurs prêtres et leurs adorateurs, les Guèbres ; ceux-ci croient que ce sont des esprits de la terre qui brûlent depuis l'antiquité la plus reculée jusqu'aujourd'hui [1].

[1] Les Guèbres (du mot turc *giaour*, infidèle,) sont les sectateurs de Zoroastre, chef de l'ancienne religion des Perses, dont ils conservent le Zend-Avesta, la parole vivante, ou les livres saints. Les Guèbres sont un peuple doux, bienfaisant ; leurs mœurs ont cela de particulier que le frère

Tout en adorant les feux sacrés, ils les utilisent pour les travaux domestiques. Le sol de leurs maisons est couvert d'une couche d'argile, afin d'empêcher les vapeurs du pétrole de le traverser; mais en même temps il est percé de trous, que l'on débouche lorsqu'on a besoin de feu; on allume alors le pétrole gazeux, dont la flamme est d'autant plus haute que l'ouverture du trou est plus petite.

Ce feu sacré sert aussi bien dans l'industrie, — pour chauffer les fours à chaux, — que dans les cérémonies religieuses, — pour brûler les morts.

Les prêtres renferment ce gaz dans des bouteilles, et l'expédient au loin à toutes leurs ouailles.

C'est depuis la découverte d'abondantes sources de pétrole dans l'Amérique du Nord, que l'attention publique s'est portée de nouveau sur cette matière, et maintenant on en trouve partout. Nous allons alors entreprendre un voyage d'exploration, et désigner les points où il est l'objet d'établissements industriels.

Les régions qui entourent le Caucase possèdent de nombreux gîtes de pétrole liquide et de pétrole volatilisé. De vastes dépôts de ce minéral sont disséminés dans la vallée de l'Euphrate, aux environs de Babylone, dans le Kurdistan et la partie occidentale de l'empire persan; on le recherche dans les couches de gypse et de soufre à proximité des sources thermales; l'État de Birmanie, aux grandes Indes, en fournit à l'Europe des quantités considérables.

épouse la sœur. Méprisés par les croyants à l'égal des juifs ou des chrétiens, ils sont dispersés en Asie. Bombay est leur véritable patrie, où ils vivent sous la protection de Sa Majesté la reine Victoria.

Il est répandu en Angleterre, en Allemagne, en Italie, en Suède; la Croatie, la Dalmatie et la Valachie en expédient à Marseille.

La mine la plus abondante en France est celle de Gabian, près de Pézénas, à l'ouest de Montpellier; on y exploite l'*huile de Gabian* depuis près de trois siècles.

En nous dirigeant vers l'Amérique, nous voyons le pétrole dans les îles de la Trinité et de Cuba.

Mais c'est dans le nord du nouveau continent que son exploitation vient de prendre ce développement fiévreux qui caractérise toutes les tentatives de la race anglo-saxonne.

Dans les États de New-York et de Pensylvanie surtout, les puits sont innombrables; le pétrole sort de terre en sources jaillissantes. On remarque aussi les puits de Mecca, dans l'Ohio; ceux de Titus, ville de l'Oil-Creek (vallée de l'huile), sur le fleuve Alleghany, où les Indiens libres s'assemblent encore à certaines époques pour célébrer leurs solennités religieuses.

Au Canada, il y a des lacs de pétrole souterrains qui semblent inépuisables, et c'est précisément la découverte de ces amas qui a donné l'impulsion à l'industrie des puits d'huile; cette substance, négligée pendant des centaines d'années, est ainsi revenue à la mode.

Pour recueillir le pétrole, on a jadis simplement creusé des trous dans la terre, comme le font encore aujourd'hui les paysans des monts Karpathes; mais son exploitation industrielle a toujours lieu au moyen de puits, d'où on l'extrait, s'ils sont assez larges et peu profonds, avec des seaux.

Le forage des puits étroits, tel qu'il est pratiqué en Amérique, n'offre rien de particulier. On l'exécute, soit par la méthode artésienne : à la tige en fer ou en bois, soit par le procédé chinois : à la corde en bambou, ou simplement en chanvre. Dans un trimestre, on peut forer un tel trou de sonde à deux cents mètres de profondeur, avec un orifice de dix centimètres.

Il y a deux sortes de puits : les *pumping-wells*, ou puits à pompe, et les *flowing-wells*, ou puits jaillissants. Il va sans dire que l'on préfère ces derniers, dans lesquels le liquide monte par suite de la différence des niveaux, comme dans les puits artésiens, ou par la pression des gaz qui s'accumulent dans les cavités supérieures. L'expérience a appris que plus les puits sont profonds, plus l'huile y est abondante; quand une fois elle jaillit, il importe de l'enlever tous les jours, sans quoi sa surface, restant fixe, se trouve exposée à l'action de l'atmosphère et s'altère très-vite.

Comme la loi américaine ne trace aucune servitude de voisinage aux *oilmen* (hommes à huile), les puits sont souvent très-rapprochés et se nuisent mutuellement. Ces exemples ne sont pas rares. On a vu un de ces puits donnant des flots de pétrole pendant un mois et tarir tout à coup à la suite de l'exploitation d'un deuxième puits établi à proximité. Le premier reprenait sa production dès que son concurrent, par suite de réparations, faisait relâche.

Dans le principe, le gaz et l'huile s'échappaient ensemble du même orifice et donnaient lieu à des conflagrations désastreuses ; on fut donc amené à faire sortir par un tuyau spécial le pétrole et par un autre les gaz ; ces derniers pouvaient ensuite être utilisés pour le chauffage des machines à vapeur.

Quand l'eau accompagnant le pétrole devient trop abondante, l'huile par contre-coup devient rare, et le puits doit être abandonné, à moins qu'on ne fasse intervenir la torpille Robert.

C'est un cylindre en fer très-épais chargé de poudre ou de fulminate. On le descend avec une corde au fond du puits, ensuite on laisse tomber le long de cette corde un poids, pour faire éclater la capsule de ce *torpedo*. L'explosion qui a lieu dans les entrailles de la terre produit des fissures sur les parois des rochers, et provoque la réapparition du précieux liquide.

Les mines d'huile sont, — comme toutes les mines possibles, des entreprises très-hasardeuses. Aux États-Unis, on compte en ce moment plus de quatre cents compagnies de pétrole avec un capital de soixante millions de francs, employé à l'acquisition des terrains, au forage des puits et à l'installation des usines. Beaucoup de ces entreprises ne sont pas lucratives; elles se relèveront peut-être quand on chauffera les chaudières avec le pétrole. Cet article sera alors demandé, et de nouveaux débouchés s'ouvriront. Question de prix, — comme toute chose dans le commerce.

Le pétrole est expédié dans des tonneaux en bois ou dans des caisses en fer. Ce transport, en Amérique, est des plus dispendieux; il s'y effectue sur des sentiers au milieu des forêts et des montagnes.

Aussi dans les principales mines des tubes sont supportés par des chevalets, quelquefois sur une longueur de 12 kilomètres. Une machine à vapeur de vingt-quatre chevaux refoule l'huile jusqu'au lieu d'embarquement où les bateaux l'attendent avec leurs barils tout prêts.

A partir de là, le transport cesse d'être difficile, mais il devient coûteux; — sur mer, les armateurs demandent un fret double et même triple de celui des marchandises ordinaires; car un navire qui a transporté du pétrole ne peut plus guère recevoir d'autres cargaisons. L'huile minérale répand une odeur désagréable, et laisse des traces sur tout son passage; elle traverse les douves les mieux ajustées, et ce coulage augmente encore avec la chaleur.

L'embarquement et le débarquement des navires chargés de pétrole offrent de grands dangers, et ont souvent donné lieu à de graves sinistres.

Pour éviter le retour de ces accidents, il faut prendre les mesures préventives suivantes :

Isoler les navires porteurs de pétrole; les faire stationner sur des points désignés d'avance, bien loin des autres bâtiments, et les décharger dans des endroits déterminés. — Recourir en cas d'incendie à une ceinture flottante, pour que le pétrole enflammé ne s'épanche pas à la surface de l'eau. — Exercer une surveillance non interrompue pendant le passage et le stationnement des navires. — Employer des chaînes d'amarre en fer, à l'exclusion des câbles en chanvre. — Interdire d'allumer du feu et de la lumière à bord, ainsi que d'y fumer. — Se servir pour le pétrole exclusivement de caisses en tôle ou en fer-blanc entourées de caisses en bois. — Aménager les quais par des dallages imperméables avec pentes, pour empêcher le pétrole qui viendrait à couler, de se répandre dans les bassins de mouillage. — Avoir tout prêt un approvisionnement de sable pour arrêter l'incendie. — Enfin établir des excavations imperméables dans les magasins et dépôts pour recevoir tous les coulages de pétrole.

Si la question du transport du pétrole est à peu près résolue, il n'en est pas de même de son mode d'emmagasinage ; on cherche encore celui qui tout en étant commode donnerait une garantie suffisante contre les incendies, car le pétrole une fois enflammé doit brûler jusqu'au bout. Généralement on enterre les fûts dans un champ et on les en retire un à un au fur et à mesure de la consommation. A Marseille on vient d'inventer un nouveau procédé de conservation, qui consiste à renfermer cette huile dans une cloche en tôle logée dans un bassin en maçonnerie et entourée d'eau. Cette cloche est surmontée d'un dôme par lequel l'huile est introduite et d'où on la puise ensuite. L'expérience nous dira si ce système n'est pas trop compliqué.

Les usages du pétrole sont connus dès la plus haute antiquité. Hérodote nous apprend que les Romains brûlaient dans des lampes le pétrole d'Agrigente, appelé huile de Sicile. A l'époque de Socrate, les Hellènes possédaient à l'île de Zante un célèbre puits qui leur fournissait l'huile de pierre.

De temps immémorial on se sert, en Perse, pour l'éclairage domestique, de mèches imbibées de bitume liquide, et les Tartares le recueillent sur les bords de la mer Caspienne pour s'éclairer, se chauffer, et pour graisser les essieux de leurs chariots. Aux fêtes publiques, ils en versent quelques tonneaux dans une crique ; quand la nuit est venue, ils allument ce brasier gigantesque, qui s'étend sur la mer plus loin que l'œil ne peut le suivre.

Il est curieux de voir que les anciens connaissaient si

bien les usages du pétrole, comme de tous les bitumes en général, et que les modernes ont négligé de s'en préoccuper, car ce n'est qu'au commencement de ce siècle qu'un chimiste italien proposa à la ville de Gênes l'éclairage à l'huile minérale.

Les débuts du pétrole dans l'ère actuelle n'ont pas été très-heureux. En 1830, un Yankee de Pittsburg, dans l'État de Kentucky, creusait un puits; au lieu de la nappe d'eau salée qu'il cherchait, il trouva un jet de pétrole qui se déversa dans un des affluents du Mississipi. Des curieux ayant mis le feu à ce ruisseau de nouvelle espèce, il s'enflamma, et consuma dans un vaste incendie les propriétés riveraines : mais la science s'enrichit d'une découverte nouvelle, c'est que l'eau n'éteint pas le feu de l'huile de pierre.

Aujourd'hui l'usage du pétrole se répand à cause de son bas prix; on brûle ce liquide dans les lampes dites *lampes américaines*, pour lesquelles il faut prendre certaines précautions, consistant à ne pas verser cette huile dans une lampe allumée ou chaude, à souffler la flamme pour l'éteindre, et à ne pas descendre la mèche avec la clef, comme cela se pratique avec les lampes ordinaires. — On voit que ce mode d'éclairage n'est pas à recommander aux personnes distraites, qui pourraient fort bien ne pas se rappeler ces détails au moment voulu.

Du reste, l'éclairage n'est pas la seule application du pétrole.

C'est dans le naphte que les chimistes conservent le sodium et le potassium, ou toute autre substance devant être soustraite à l'action de l'oxygène et par conséquent de l'air atmosphérique, et c'était là, il y a quelques années encore, l'unique service que rendait le pétrole.

On a déjà fait des essais pour utiliser au chauffage des machines à vapeur l'huile lourde de pétrole, qui, à poids égal, donne deux fois plus de chaleur que la houille.

Cette *huile lourde* est contenue dans un réservoir, d'où elle tombe par petits filets sur les barreaux d'une grille verticale disposée au centre d'une voûte en briques. Au commencement de la combustion, un ventilateur injecte de l'air dans le foyer.

La Compagnie des chemins de fer de l'Est français a fait chauffer une locomotive avec du pétrole; l'expérience réussit, mais elle n'a pas été répétée. Il en est de même sur les bateaux à vapeur. En 1868, le yacht impérial, chauffé au pétrole, a remonté la Seine pendant quatre heures, et les résultats obtenus n'ont rien laissé à désirer quant à l'absence de la fumée et à la régularité de la combustion.

Aux États-Unis, on a essayé l'emploi assez singulier du pétrole dans la fabrication de la fonte; on dit qu'il a été assez favorable sous le rapport de l'économie du combustible et de la qualité du fer.

En ce qui concerne les vertus médicamenteuses du pétrole, elles sont plus idéales que réelles; la médecine moderne n'en fait pas grand cas, mais elle s'en sert cependant comme vermifuge.

Les Indiens Peaux-Rouges, campés autour du lac de Sénéca, emploient le pétrole ou *huile de Sénéca* à des usages semblables.

Si son efficacité sur le corps humain n'est pas encore suffisamment démontrée, sa propriété insecticide est aujourd'hui hors de doute.

Voici les faits. Avec de l'eau ayant servi à rincer des barils de pétrole, on a arrosé un jardin, et toutes les limaces en ont disparu. L'arrosage des fraisiers avec cet élixir de nouvelle invention éloigne les larves de hanneton qui détruisent ces plants précieux.

Disons encore, pour terminer, qu'il suffit de laver avec l'eau pétrolisée les murs pour en chasser les insectes, et que des frictions avec ce liquide opérées sur les animaux domestiques les débarrassent des désagréables parasites qui les incommodent.

Un décret du Président de la République française, en date du 19 mai 1873, règle les conditions dans lesquelles doivent avoir lieu la fabrication, l'emmagasinement et la vente des huiles et essences inflammables, parmi lesquelles le pétrole se trouve en tête.

CHAPITRE DOUZIÈME

LA HOUILLE.

RÉPARTITION DE LA HOUILLE SUR LE GLOBE.

OTRE globe est un immense réservoir de houille ; pour reconnaître les bassins de ce combustible minéral, nous allons parcourir les diverses contrées où ils ont été exploités jusqu'à présent.

Commençons par l'Europe ; de là, passons en Asie ; arrêtons-nous un instant en Océanie ; jetons un coup d'œil dans la mystérieuse Afrique, et terminons notre excursion par les vastes contrées du nouveau monde.

La Grande-Bretagne est le district houiller par excellence, car sa production est supérieure à celle de tous les autres pays réunis.

Un million d'Anglais, — dont deux cent cinquante mille mineurs, leurs femmes et leurs enfants, — abattent

et transportent au jour annuellement cent millions de
tonnes, et vivent de cette industrie, qui leur rapporte
trois cents millions de francs; c'est donc un franc par
jour que gagne en moyenne un houilleur.

En France, il gagne un peu plus, aussi notre houille
coûte près du double de celle de l'Angleterre. On la
trouve dans quarante bassins, dont les principaux sont
ceux de Saint-Étienne, de Blanzy, du Creuzot et d'Épi-
nal. Les houillères éloignées des chemins de fer ne
donnent encore qu'un faible produit.

Peut-être l'Espagne pourra-t-elle un jour lutter avec
la France, car les couches de la Catalogne, des Asturies
et de la Vieille-Castille sont très-importantes; mais, —
vous prévoyez déjà l'éternelle objection : les voies de
transport manquent dans ces provinces bénies du ciel
et tant soit peu négligées des hommes.

Il en est de même du Portugal, qu'on ne citerait pas
si près de la ville de Porto il ne se trouvait une houillère
en pleine activité.

On a calculé dans tous les pays le nombre de kilogrammes de charbon de terre produits par tête d'habitant, et on peut prouver, chiffres en main, que la Belgique se classe entre la France et l'Angleterre. Ce paisible royaume est traversé par de nombreux rubans de
houille, étroits, mais de huit kilomètres de longueur
en moyenne; ils s'étendent depuis Mons et Charleroy
jusqu'à Liége, et occupent une surface de deux mille
cinq cents kilomètres carrés.

Près des Flandres se trouvent les riches bassins de
la Ruhr, en Westphalie; puis ceux de la Sarre, dans
l'ancien département de ce nom. Mais ce ne sont pas les
seules ressources en combustible minéral de la monar-

chie prussienne; il y a les filons de la haute Silésie, aussi vastes que les précédents, et qui vont jusqu'en Pologne.

A proximité de la Prusse est situé le royaume de Saxe; il possède des mines de charbon de terre d'un faible intérêt, exactement comme celles de quelques États secondaires de l'ancienne Confédération germanique.

L'Autriche se fournit de houille en Bohême et en Hongrie, mais ces deux royaumes ne peuvent suffire à la consommation générale; aussi l'industrie du fer n'est-elle pas développée dans cet empire à un degré correspondant à la richesse de ses gîtes de minerai.

En Italie, l'existence de nombreuses couches de houille est démontrée, mais on n'y voit pas encore d'exploitations très-productives. Ce pays des arts et de la poésie avait dédaigné jusqu'à ce jour les occupations de l'industrie; il est urgent qu'il y abaisse ses regards, s'il veut compter parmi les grandes puissances.

Examinons si nous serons plus heureux dans les régions du Nord.

Le sol de la Suède est une formation de roches cristallines ou ignées; il n'y a pas lieu d'y chercher la houille, qui n'existe que dans les terrains de sédiment.

En Norvége et en Laponie, on commence à signaler des gîtes noirs, qui paraissent à fleur de terre.

Des navigateurs nous ont appris qu'au Spitzberg, on trouve de la houille; mais ils n'ont pas dit si les habitants ont le bon esprit de se réchauffer avec ce combustible minéral pur, ou mélangé de troncs d'arbres que les ouragans charrient sur les glaces flottantes ou banquises vers ces rivages désolés.

Au Kamtschatka, il y a quelques gîtes de combustible

fossile où s'approvisionnent les navires qui fréquentent les parages septentrionaux. En 1852, des houillères furent découvertes dans la Sibérie.

On a le frisson en songeant à ces contrées de l'océan Arctique, où le thermomètre descend à quarante degrés au-dessous de zéro, où gèlent le vin et l'eau-de-vie; et on peut s'estimer très-heureux quand on arrive en Russie, où l'on sait si bien se chauffer; il est vrai que le bois y est abondant.

L'industrie houillère y date de trente ans, mais ne donne encore que de faibles résultats; on n'emploie le charbon de terre que dans les hauts fourneaux, dans les fonderies et les bateaux à vapeur.

Aux environs de Moscou, plusieurs dépôts reconnus par les ingénieurs pourraient donner lieu à une exploitation de quelque importance.

C'est surtout au sud de cet immense empire, et dans le Caucase, que se trouve la houille, dont on découvre journellement de nouveaux gîtes.

Au pays des Cosaques du Don, les populations nomades exploitent la houille et l'anthracite.

Quant à l'Orient, nous le connaissons fort peu; nous savons néanmoins que depuis longtemps déjà l'administration turque exploite des charbons de terre dans l'Asie Mineure.

On dit que le Céleste Empire est très-riche en combustible minéral; pourquoi ne le serait-il pas aussi bien que d'autres régions? On peut donc ajouter foi aux récits des explorateurs, d'après lesquels il y existerait de nombreuses couches de très-bonne qualité sur deux mètres d'épaisseur.

C'est principalement aux environs de Pékin que l'extraction houillère a lieu. Il serait facile aux Chinois d'étendre cette industrie, s'ils voulaient employer les procédés des Occidentaux pour foncer leurs puits et pour percer leurs galeries à la profondeur voulue.

Au Japon, la houille est très-abondante, mais elle n'est pas encore exploitée. Les bateaux à vapeur de l'océan Pacifique sont approvisionnés par des entrepôts de charbons anglais et américains.

Il y a dans les Indes, entre Calcutta et Bombay, d'immenses couches de houille à ciel découvert, ou tout au plus à trois cents pieds de profondeur, mais on ne les exploite pas; elles renferment trop de matières terreuses, et n'ont que la moitié du pouvoir calorifique des charbons anglais.

Les îles de l'Océanie sont aussi pourvues du précieux combustible. Aux Philippines, le gouvernement espagnol le fait extraire pour ses navires de guerre; à Madagascar, on en connaît cinq affleurements. A Bornéo et à Sumatra, c'est l'administration néerlandaise qui s'est chargée de l'exploiter.

Dans la Nouvelle-Galles du Sud, en Australie, les houillères deviennent de plus en plus productives; elles embrassent déjà dix couches de dix mètres d'épaisseur, et les charbons anglais transportés à grands frais dans ces possessions lointaines y seront bientôt remplacés.

Les îles qui entourent le continent australien, jusqu'à la Terre de Van Diemen, sont l'objet d'actives recherches géologiques pour y découvrir la houille.

Quant à l'Afrique, les Européens n'y pénètrent qu'à de rares intervalles; il n'y a donc rien de surprenant qu'ils n'aient pas encore fouillé son sol.

A l'est du cap de Bonne-Espérance, la colonie anglaise

du Natal a découvert un bon gisement, qu'elle se propose de relier à un port au moyen d'un chemin de fer. Sur les côtes du Mozambique, où l'on faisait le commerce des nègres, on commence à se livrer à celui du charbon de terre.

Nous terminerons notre voyage par l'hémisphère occidental, où la quantité connue de houille est huit fois plus considérable qu'en Europe.

A l'exception de la pointe près du détroit de Behring, appartenant au Czar, et connue sous le nom d'Amérique Russe, tous les vastes territoires compris entre le pôle nord et les États-Unis sont les joyaux, — les plus grands, mais les moins brillants, — de la couronne d'Angleterre.

On y voit : le Canada, autrefois en notre possession ; le Labrador, grand comme la France ; la terre de Baffin, la Nouvelle-Calédonie, le Groënland, la terre des Esquimaux, vastes steppes coupées par des lacs.

Il s'y trouve déjà des Anglais ; donc, il faut qu'il y ait de la houille. L'Anglais sans la houille serait un être incomplet. Le navigateur Parry y a découvert des gisements qui s'étendent jusqu'au cap Louis-Napoléon, — dernière limite vers le pôle nord où les hommes sont parvenus. — Jusqu'à présent, la découverte des houillères dans ces pays inhospitaliers n'est encore qu'une conquête pour la science.

A l'instar des baleiniers, qui vont de plus en plus loin vers les cercles polaires, les mineurs suivront peut-être un jour la même route, quand les puits, dans les contrées connues, seront devenus trop profonds.

Aux États-Unis, les données sont déjà plus certaines ; on estime la surface des houillères égale à un carré dont le côté aurait la longueur du chemin de fer de Paris à Bordeaux; on les exploite avec une ardeur tout américaine.

En Californie, on commence à abandonner le lavage de l'or pour se livrer à l'exploitation du combustible minéral, que l'on cherche à opposer à celui de l'Angleterre, de New-York et du Chili.

En dehors de cette dernière république, on ne connait pas beaucoup de districts dans l'Amérique méridionale qui renferment de la houille.

Cependant, au Brésil, non loin du littoral, la province de Sainte-Catherine, près du Rio Grande, offre des houillères qu'une Compagnie exploite pour alimenter ses bateaux à vapeur.

Notre voyage est terminé. Nous en rapportons la conviction que l'épuisement des provisions de combustible fossile n'est pas à craindre de si tôt, et que, pour de longues années encore, l'industrie a le pain quotidien sur la planche.

§ II.

ORIGINE DE LA HOUILLE.

D'où peuvent provenir ces amas de houille que nous avons vus répartis sur le globe avec une si consolante abondance?

La houille est-elle tombée du ciel comme les aérolithes ou les masses de fer qui flottent maintenant sur la surface des terrains?

La houille est-elle venue de l'intérieur, comme la lave des volcans?

La houille s'est-elle formée sur le sol, comme toutes les substances organiques dont elle porte les irrécusables traces?

Dans cette question on va d'un extrême à l'autre, du ciel à l'enfer; le juste milieu est donc la surface de la terre.

Ces trois hypothèses de l'origine céleste, infernale et terrestre, présentent dans leur ensemble l'avantage de ne plus en admettre une quatrième, et de restreindre la discussion dans des limites très-précises.

Comme il est bon d'avoir des intelligences même dans trois camps, nous ne voulons prendre fait et cause pour personne, et nous envisagerons ces divers systèmes, diamétralement opposés, avec l'œil impartial de l'observateur.

Ainsi, d'après la première théorie, c'est dans le ciel que s'est produite la houille, suivant certains érudits, par... on ne le devinerait jamais, — par la *houillification*.

La houillification est simplement la transformation ou décomposition de certains carbures dispersés jadis dans l'éther. De ces carbures l'hydrogène a été éliminé, — on ne sait pourquoi; — il est resté le carbone, qui s'est cristallisé ou simplement condensé, et est descendu sur la terre sous forme de diamants et de charbons.

Ne contrarions pas les savants houillificateurs, en leur demandant d'où viennent les empreintes de plantes, de poissons, d'où viennent même les palmiers qu'on retrouve dans les houillères. Ils pourraient nous répondre que ce sont des jeux de la nature.

D'après la deuxième hypothèse, la houille a une origine ignée et lacustre en même temps. Il y avait au fond des lacs des trous d'où sortaient des torrents de gaz, et où par conséquent l'eau ne pouvait pénétrer. Ces gaz, élaborés dans l'intérieur du globe, renfermaient du carbone ; sans nul doute c'était de l'acide carbonique. L'oxygène de cet acide étant parti pour aller purifier l'atmosphère, le carbone flottait sur l'eau, exactement comme le bitume de Judée dans la mer Morte. Ses couches étant devenues lourdes, se sont précipitées au fond. Les exhalaisons carboniques ont recommencé, et de nouvelles couches se sont ainsi produites.

Je le veux bien. Seulement on ne s'explique pas comment ces tapis de houille, posés sur les trous de la terre à l'instar d'un emplâtre sur une blessure, ont laissé passer les gaz à travers leur épaisseur de quelques centaines de mètres.

En attendant que les partisans lacustres nous éclairent à cet égard, nous examinerons l'origine terrestre, ou troisième système, qui compte de nombreux adhérents.

Nous sommes sur notre sol, et la houille va être créée sans hésitation, en quatre temps.

Premier temps : Formation dans toutes les zones d'une végétation tropicale représentée par des fougères, des bambous, des roseaux gigantesques, le tout dans la proportion des êtres antédiluviens.

Deuxième temps : Des déluges universels et souvent répétés engloutissent ces forêts au fond des mers.

Troisième temps : Distillation de ces amas par le feu central de la terre et leur conversion en houille.

Quatrième temps : D'épouvantables cataclysmes surviennent, la lumière disparaît dans l'obscurité de l'infini, les mers débordent et envahissent les continents, les montagnes s'écroulent, les houilles sont arrachées de leur lit, charriées au loin, ensevelies sous les sables et les rochers.

Puis, — le silence se fait.

L'ordre se rétablit.

Les ténèbres se dissipent.

L'homme paraît dans la création.

Maintenant, il ne nous reste plus qu'à régler un petit détail. Il s'agit de s'entendre sur la durée de chacune de ces périodes, ou sur l'unité de temps; pour n'avoir pas à en discuter la valeur, nous dirons : Elle est égale à autant de siècles qu'il vous plaira. Néanmoins, pour fixer les idées à ce sujet, nous avançons la donnée suivante : La science estime que la plus belle forêt ne donnerait pas une couche de houille au delà d'un centimètre d'épaisseur. Or, comme cent ans sont nécessaires pour produire la haute futaie, et comme il y a des couches de houille épaisses de cent mètres, il faut, rien que pour produire le bois destiné à la houillification, déjà un million d'années.

Calculez vous-même si cela ne fait pas le compte [1].

[1] Une récente expérience chimique conclut à l'origine végétale de la houille : de la sciure de bois de sapin et de l'eau, soumises à une très-haute température et à une forte pression dans un vase fermé, se métamorphosent en globules brillants qui sont de l'anthracite.

§ III.

DÉCOUVERTE DES HOUILLÈRES.

La formation dans laquelle il faut chercher la houille se compose de deux roches : le grès houiller et l'argile schisteuse.

Le grès houiller, — nous le savons déjà, — est une agrégation de parcelles de quartz, de feldspath et de mica, — espèce de sable granitique agglutiné par un ciment de silice ou de fer. Les variétés de ce grès houiller dépendent de la grosseur des grains ; dans chaque localité, on lui donne des noms différents. Sur ces grès sont posés des agglomérats ou des pouddingues en gros blocs et provenant des terrains anciens.

L'argile schisteuse est une argile grise ou noirâtre, indélayable, mais délitable par une longue exposition à l'atmosphère.

Ces grès houillers et ces schistes, alternant avec des couches de houille, reposent sur le calcaire carbonifère qui précède les roches granitiques. Ce calcaire se reconnaît à sa coloration sombre, provenant du charbon, et quelquefois de petites couches d'anthracite. Quand le carbone fait défaut, l'oxyde de fer donne la couleur propre à ces calcaires.

Les schistes houillers renferment aussi un autre minéral très-précieux, c'est le carbonate de fer.

La formation houillère se distingue par une grande quantité d'empreintes végétales, démontrant jusqu'à l'évidence que la houille est le résultat de la décomposition de matières organiques.

Mais quand on aura bien reconnu cette formation houillère sur un point déterminé, il n'est pas dit qu'on y trouvera de la houille à coup sûr; pour établir une hypothèse à ce sujet, il faudra d'abord étudier les conditions spéciales du terrain sur lequel on opère, ainsi que les couches exploitées à proximité; car il existe des différences très-prononcées entre les divers bassins houillers.

Les couches dont ils sont formés ont dû être, dans l'origine de leur création, des plaques parallèles et horizontales; mais les convulsions terrestres les ont sorties de leur emplacement primitif, les ont disloquées, soulevées, tordues, brisées, et c'est pour cela que nous les voyons dans des positions irrégulières, bizarres; et, quoique la stratification ne soit pas absolue, les gîtes isolés, les massifs ou amas, sont rares.

Les dimensions de ces divers gisements sont très-variables. Il y a dans tel bassin des couches d'un mètre d'épaisseur, et des amas de dix mètres. Dans telle autre houillère, il y a des couches de dix mètres et des amas de cent mètres.

Ainsi, les houilles présentent dans leurs allures de nombreuses irrégularités ou accidents; elles sont en zigzags, repliées sur elles-mêmes, de façon qu'un seul et même puits peut les couper à plusieurs reprises. Souvent aussi le toit et le mur se rapprochent au point de se toucher, et la couche de houille serait entièrement supprimée, si un filet charbonneux ne subsistait et ne guidait le mineur pour se maintenir dans le plan de stratification.

Ces étranglements, qu'on appelle *crains*, se multiplient quelquefois au point d'entraver l'exploitation ; les couches deviennent des espèces de sacs ou poches, qui se suivent, comme les grains d'un chapelet, de cinq mètres d'épaisseur sur vingt mètres de longueur. Ces crains sont très-embarrassants, car, après les avoir poursuivis sans succès, on ne sait pas si la couche cesse définitivement.

Il en est de même des *failles* ; ce sont des cassures qui rejettent les filons de houille au-dessus ou au-dessous, à droite ou à gauche de la direction primitive.

Viennent aussi les *brouillages*, qui interrompent totalement la houille ; ce sont des intervalles où toutes les couches de houille sont brisées en blocs anguleux et mêlées aux terres environnantes.

Malgré ces divers accidents, il faut savoir reconnaître la présence de la houille.

L'*affleurement* en est souvent le meilleur indice ; c'est la partie d'un filon à fleur de terre. Mais la nature, jalouse de se laisser admirer dans toute sa richesse, a couvert ce filon indiscret d'un bandeau de terre végétale et de plantations. On déterre un arbre ; à ses racines pendent de petits morceaux de charbon.

Souvent aussi on cherche des métaux, et on trouve des combustibles ; en Californie, des orpailleurs ont mis la main sur un dépôt de charbon minéral ; on leur demandait : « Où sont donc vos précieuses pépites ? » Ils ont répondu : « Nous avons mieux que cela. »

Un laboureur trace des sillons ; sa charrue n'avance plus, elle a touché le roc ; il se hâte d'aller plus loin ; mais le minéralogiste, qui l'a suivi, s'arrête, regarde, voit des parcelles noires et dit : La houille doit être près de là.

Mais ne vous imaginez pas alors, trop confiant lecteur, que pour découvrir des houillères il suffise de se promener dans les champs et d'arracher des plantes, ou d'accompagner des paysans dans leurs rustiques travaux.

En réalité, les choses ne se passent pas d'une manière aussi paisible et aussi expéditive.

L'affleurement même n'est pas toujours l'indice d'un gisement de houille, car souvent il n'est que superficiel, et au lieu d'aller en profondeur il se perd ; quelquefois aussi, les charbons sont entremêlés de matières terreuses au point qu'on ne peut s'en servir.

Il faut donc pratiquer des trous de sonde ; pour les bien placer, il est indispensable de posséder certaines connaissances en géologie, afin de ne pas continuer les recherches si la nature des couches souterraines donne des indications négatives. Cela semble élémentaire. Eh bien, nous pourrions citer à ce propos un sondage mal surveillé, où l'on s'était obstiné à fatiguer le granit ; et ce n'est qu'au bout de quelques jours que les ingénieurs, avertis de ce risible travail, sont arrivés en poste pour le faire cesser.

Ces sondages durent souvent plusieurs années ; il faut donc avoir la persévérance et l'argent nécessaires pour les mener à bonne fin et même pour les recommencer, si au début de l'opération ils ne réussissent pas, soit par suite d'accidents, soit à cause de la nature des terrains à explorer. En résumé, il faut, comme en toute chose, avoir le bonheur de chercher dans les bons endroits.

Vers 1700, un ingénieur belge, qui exploitait des mines de houille à Charleroy, vint dans le Hainaut français entreprendre des sondages pour y découvrir des gisements de houille, et s'en occupa sans relâche pendant quatorze ans. Après avoir été abandonné par ses associés et avoir dépensé sa fortune dans des tentatives infructueuses, il découvrit enfin, — au moment de renoncer à jamais à ses projets, — une belle couche de houille de la meilleure qualité, la plus vaste de toutes celles qui existent en France; elle forme maintenant l'importante exploitation des mines d'Anzin, entre Douai et Valenciennes.

Les Anglais sont très-favorisés dans leurs sondages; — ils ne se préoccupent pas de savoir ce qui les attend; car, si ce n'est pas de la houille, c'est du fer; ces deux substances alternent dans leurs riches bassins. Cela explique, — soit dit en passant, — la supériorité de la situation des maîtres de forges de la Grande-Bretagne sur celle de leurs collègues de l'ancien comme du nouveau monde, qui sont tous forcés de se tourner à droite pour le minerai et à gauche pour le combustible, tandis que nos voisins d'outre-Manche alimentent leurs hauts fourneaux par en dessous, car ils les établissent sur les matières premières mêmes.

§ IV.

EXPLOITATION DES HOUILLÈRES.

L'exploitation des houillères n'est qu'un cas particulier de l'exploitation générale des mines; elle en diffère cependant par quelques détails assez importants.

Ainsi il faut dans les houillères installer des chantiers séparés, pour empêcher qu'une explosion ne se propage dans toutes les galeries. Il faut ouvrir les tailles sur de vastes sections, afin de pouvoir détacher la houille en gros blocs. On ne doit laisser subsister que peu d'anciens travaux, qui sont des réceptacles de grisou; les piliers de houille qui les soutiennent seraient perdus ou du moins se détérioreraient par la pression du toit et par l'exposition à l'air. En outre, il est indispensable d'établir une ventilation très-active, exceptionnelle, si l'on veut éviter l'accumulation des gaz explosibles.

Enfin, dans l'avancement des galeries, on se fait toujours précéder par des sondages horizontaux de cinq à dix mètres, et si l'on rencontre un vide, il faut en constater sans délai la cause, car il peut indiquer un travail anciennement abandonné, oublié, où l'eau et l'air méphitique se sont accumulés. Sans la précaution d'une exploration préalable, il peut arriver que dans les tailles un coup de mine, un coup de pic produisent une inondation ou une explosion à laquelle il est trop tard d'échapper; l'existence des mineurs est compromise, et le fruit d'un grand labeur est perdu.

On remplit ces diverses conditions en employant les

Section verticale d'une houillère.

méthodes d'exploitation suivantes : par *gradins renversés*, par *dépilage*, par *grandes tailles*, par *massifs*. Cette nomenclature technique n'indique pas d'une manière suffisante la nature de ces opérations; nous y suppléerons par quelques indications sommaires.

Dans les gradins renversés, les mineurs ne sont pas installés sur la houille même; ils ne la piétinent pas, ne l'écrasent pas, et n'en rendent pas le triage impossible, comme cela arriverait si les gradins étaient droits; la houille tombe en gros morceaux à leurs pieds et peut être enlevée sans déchet. Cette méthode exige deux galeries : l'une inférieure, destinée au transport; l'autre supérieure, à l'aérage.

Le dépilage consiste à enlever les piliers qui soutiennent les galeries; on l'emploie quand les couches de houille dépassent l'épaisseur d'un mètre, et quand il devient difficile de se procurer les remblais nécessaires au soutènement.

Les grandes tailles s'appliquent dans le cas où la couche de houille possède une puissance assez considérable pour pouvoir être abattue sans isoler le toit; on coupe cette couche par des galeries à grandes sections attaquées de front; les mineurs sont alors protégés par des charpentes.

Les massifs résultent d'une série de tailles menées parallèlement, et laissant entre elles des blocs de houille qu'on enlève en battant en retraite; on retire en même temps les boisages, pour ne pas les perdre. Cette méthode des massifs longs offre l'avantage d'isoler les chantiers et de les protéger par là contre une explosion générale.

Il y a aussi des massifs courts ou réunion de piliers qu'on laisse subsister si la houille a peu de valeur.

De quelque façon qu'on s'y prenne pour abattre la
houille, il faut la remplacer par un cube équivalent de
terre ou de pierres, afin de soutenir le toit, si on ne préfère le laisser s'affaisser; sa chute arrive au bout de deux
ou trois jours; mais plus elle tarde, plus il faut redou-
bler de précautions, parce qu'il peut céder tout à coup.
Les ouvriers entendent les rocs se fissurer, et souvent
ils n'ont que le temps strictement nécessaire pour se
mettre à l'abri.

Lorsque le terrain au-dessus de la mine a une épaisseur de vingt à trente mètres, il s'affaisse régulièrement,
et la culture n'en éprouve aucun dommage. Mais à une
épaisseur insuffisante, il s'effondre, et l'exploitation
devient onéreuse, à cause des indemnités qu'il faut payer
aux propriétaires du sol.

Quant à la manière de détacher la houille de la couche, elle comprend le *havage* et l'*abatage*.

Le havage a pour but de pratiquer dans le terrain
une coupure parallèle à la couche; à mesure que cette
entaille avance il faut l'étayer, pour éviter la chute ino-
pinée du bloc.

Quand le havage est terminé, on ouvre des chambres
latérales, puis on abat la houille en chassant par en
haut quelques coins.

Les haveurs sont suivis d'autres mineurs, espèce d'ar-
rière-garde qui construit les murs en pierres sèches et
entasse les remblais afin de soutenir la mine.

Cet abatage de la houille est un travail très-pénible;
aussi a-t-on cherché le moyen de l'exécuter mécaniquement. Beaucoup de tentatives ont été faites à ce sujet
dans les grandes exploitations; jusqu'ici un seul spéci-

men de machine de havage semble devoir entrer dans la pratique. Se généralisera-t-il, s'appliquera-t-il même dans les houillères de moindre importance, — questions auxquelles on ne peut encore répondre. En attendant voici une description sommaire de cette machine, appelée *mineur mécanique*, ou *homme de fer*, ou « *iron man* », en anglais; elle est destinée à pousser des couteaux diviseurs dans les massifs de houille pour en isoler des blocs, qui sont ensuite abattus au marteau.

Sa force est de trois chevaux; elle entaille ou have dix mètres courants de houille par heure sur un mètre de profondeur, avec une entaille haute de sept centimètres; elle pèse une tonne et s'adapte à toute section de galerie et à toute largeur de voie; facile à transporter, elle peut être mise en mouvement par l'air comprimé aussi bien que par l'eau, qui transmet la force motrice.

Tel est le principe; quant aux détails d'exécution, nous devons renvoyer au livre des *Machines*.

Ces mineurs automates, — espèce de perforateurs, — sont employés fréquemment dans les houillères anglaises.

On peut se demander maintenant si ces méthodes d'exploitation, éprouvées depuis de longues années ou journellement perfectionnées, sont une garantie suffisante contre l'épuisement des houillères, dont la profondeur est souvent inconnue.

Il y a lieu d'en douter.

Depuis un demi-siècle, l'extraction du charbon de terre double tous les quinze ans en Belgique, en Angleterre et en France; tous les dix ans en Prusse; tous les cinq ans dans les États-Unis d'Amérique.

Bientôt ces chiffres diminueront encore, la production de la houille augmentant à mesure que l'industrie se développe. Mais d'un autre côté les difficultés d'exploitation s'accroîtront également plus on descendra dans la terre; à mille mètres de profondeur, les câbles des machines d'extraction casseront par leur propre poids, et quand on voudra employer des puits successifs, pour diviser la hauteur, on se heurtera contre un nouvel obstacle : l'élévation de la température, qui rend impossible le séjour dans les tailles; il y a déjà 45 degrés de chaleur à 1,500 mètres de profondeur.

Il serait donc facile de calculer avec une certaine exactitude, pour chaque localité, l'époque de l'épuisement des houillères, ou plutôt la cessation forcée de leur exploitation.

§ V.

MODES D'ÉCLAIRAGE DES HOUILLÈRES.

Dans le principe, les houilleurs s'éclairaient, comme c'est encore l'usage en Chine, par des étincelles qu'ils faisaient jaillir avec un morceau de fer sur une meule, à l'instar des rémouleurs qui repassent des couteaux. On obtenait ainsi une faible lumière au moyen d'une série d'étincelles, espèce de queue de comète souterraine. Mais ce n'était pas le seul mode d'éclairage; on faisait tourner des charbons ardents en cercle comme une fronde; on se servait de matières phosphorescentes, telles qu'une pâte de farine et de chaux pure, provenant d'écailles d'huîtres, et qu'on nommait phosphore de Canton.

Mais ni étincelles, ni charbons ardents, ni lumière phosphorescente, ne donnaient la solution définitive de cet important problème, car les explosions continuèrent; quoique en général le feu rouge soit insuffisant pour produire l'inflammation, provoquée d'habitude par la chaleur blanche de la flamme.

Les mineurs ne voulant pas s'exposer à la mort, beaucoup de houillères infestées furent abandonnées; d'autres, maintenues en activité, ne l'étaient qu'au prix de la vie humaine.

Cet état de choses ne pouvait durer davantage; savants et praticiens se mirent donc à la recherche d'un moyen facile d'empêcher l'inflammation du grisou, tout en donnant un éclairage qui pût suffire pendant le travail, et aussi pendant la retraite en cas de danger imminent.

La lampe de sûreté surgit; c'était vers le commencement de ce siècle. Elle porte le nom de Davy; mais il résulte d'une enquête officielle, instituée par le gouvernement anglais, que la gloire de cette précieuse découverte revient à Georges Stephenson.

Tout le monde connaît Stephenson; c'était un ouvrier, et c'est un des grands hommes de l'Angleterre.

Sir Humphry Davy fut un savant et un savant utile. Il était né en 1778, dans le comté de Cornouailles; il est mort à Genève encore jeune, à peine âgé de cinquante-deux ans; mais sa santé était fortement altérée; car souvent il essaya sur lui-même l'effet des gaz délétères dont il cherchait à reconnaître les propriétés.

Quoi qu'il en soit de la priorité de cette invention, — une des plus importantes des temps modernes, — nous pouvons admettre, sans diminuer la gloire de l'un ou le mérite de l'autre, que Stephenson a construit la lampe de sûreté et que Davy en a donné la théorie.

Cet appareil est une lampe à huile, surmontée d'un cylindre en toile métallique; une cage, composée de petits barreaux, la garantit contre les chocs.

L'air traverse les mailles de cette toile, mais la flamme n'y peut passer, car elle se refroidit au contact du métal et se décompose; le charbon ou la suie se précipite sur les mailles et les obstrue; donc, si le grisou entre dans la lampe, il y produit une faible explosion qui ne se communique pas au dehors; et il éteint la lampe.

Comment peut-on alors se guider dans l'obscurité?

Au moyen d'une lampe spéciale que porte le maître mineur. Au-dessus de la mèche sont fixés plusieurs fils de platine roulés en spirale, lesquels restent incandescents après l'extinction de la lumière.

L'action du grisou sur la flamme des lampes est un indice certain; la flamme se dilate, s'allonge, prend une teinte bleuâtre, et avertit ainsi les mineurs du moment où ils doivent fuir au plus vite. Les souffleries, les ventilateurs entrent alors en action.

L'appareil primitif était entièrement fermé par cette toile, qui empêchait la clarté de se répandre; on a donc remplacé ce treillis par un verre dont l'ouverture est couverte par cette gaze métallique.

Malgré ce perfectionnement, le but que ces lampes de sûreté devait remplir était manqué, car les mineurs pouvaient les ouvrir, et les ouvraient en effet, pour les motifs les plus futiles et malgré les peines les plus sévères, malgré le danger auquel ils s'exposaient; car, — répétons-le, — c'est à l'ouverture intempestive des lampes qu'il faut attribuer les terribles explosions dont les mines de charbon sont si souvent le théâtre.

On ferma alors ces lampes avec une clef très-compliquée, fort coûteuse, que les mineurs ne pouvaient se procurer à cause de son prix élevé; mais ils trouvaient encore moyen de les crocheter.

On a aussi imaginé un mécanisme particulier qui fait rentrer la mèche dans l'huile dès que l'on cherche à ouvrir la lampe.

Vous voyez que ce n'est déjà pas si facile d'empêcher l'homme d'être son propre ennemi; souvent il repousse le bien qu'on veut lui faire.

Ces lampes de sûreté rencontrèrent, dans le principe, une vive opposition de la part des mineurs, qui menaçaient de se mettre en grève; il est vrai qu'elles ne sont pas sans reproche : un courant d'air très-vif peut faire sortir la flamme; le treillis peut rougir et propager l'incendie.

Mine de houille éclairée par la lampe de sûreté.

§ VI.

GRISOU.

La corde sensible des houillères est le *grisou*.

Les mineurs allemands l'appellent l'air qui frappe (*schlagende Wetter*); les Anglais, vapeur de feu (*fire-damp*).

Le grisou, connu sous le nom de gaz des marais, est assez fréquent dans la nature; il se dégage des eaux stagnantes qui renferment des matières végétales en décomposition. Les volcans boueux ou *salses* le projettent également. On le trouve accumulé et comprimé dans les vides, poches ou cavernes de l'intérieur de la terre; de telle sorte que les sondages qui par hasard y aboutissent créent de véritables puits de grisou appelés *soufflards*, mais ils s'épuisent au bout de quelque temps. En Chine, cependant, il y a des sources de gaz permanentes utilisées comme moyen d'éclairage; ce sont les puits de feu, pareils à ceux du pétrole volatil.

C'est dans les houillères que le grisou est le plus abondant, surtout aux endroits où se trouvent les charbons gras et friables; il se dégage des fissures, et des fentes dans les tailles ou fronts d'attaque, qui sont les places où les mineurs abattent la houille. La chute du toit d'une galerie peut donner lieu à la sortie de ce gaz dans des endroits où il ne s'en était jamais montré auparavant.

Depuis quelque temps on a pris l'habitude de représenter sur une feuille de papier, par des lignes, toute variation et toute fluctuation susceptibles d'être définies par des chiffres : changements de température, recettes de chemins de fer, hauteurs barométriques et thermométriques, vitesse et travail des machines, cours de la Bourse, naissances et mortalité, inondations ; enfin tout élément statistique peut donner lieu à un diagramme.

Sur une ligne horizontale, marquons des points également espacés ; sur ces points élevons des lignes verticales ; supposons trente points pour les trente jours du mois ; portons sur ces verticales, avec un compas, les longueurs correspondant aux degrés de la chaleur et du froid ; réunissons ces points par une ligne brisée, et nous aurons le diagramme de la température dans tel mois.

En Angleterre, on a établi les diagrammes pour les explosions dans les mines et pour les phénomènes météoriques. On a rapproché ces deux dessins, et on y a remarqué une coïncidence surprenante entre l'augmentation du nombre des explosions et la diminution de la hauteur barométrique. Cela s'explique. Comme la sortie du grisou dépend de la pression atmosphérique, n'importe sur quel point de la mine, on voit que toute fluctuation dans l'air est susceptible de déranger cet équilibre délicat de deux forces opposées. Si l'atmosphère est lourde, le gaz méphitique ne peut s'échapper des fissures du terrain. Donc, si la pression extérieure diminue, les fuites de gaz augmentent.

Le grisou apparaît accompagné de petits nuages ou de filaments blanchâtres qui gagnent le faîte des galeries. Ces nuages sont dus à la différence de température entre l'air et le gaz, d'où résulte la précipitation des vapeurs d'eau répandues dans toutes les mines.

L'irruption subite du grisou rend l'air atmosphérique explosible en quelques secondes.

Le grisou est de l'hydrogène protocarboné; il se mélange avec l'air, mais ne forme pas une combinaison
chimique.

Les quatre éléments de ce mélange : oxygène, hydrogène, azote et carbone, quoique réunis, n'exercent

Explosion produite par l'inflammation du grisou dans une houillère.

aucune action; mais dès qu'ils se trouvent en contact
avec une flamme, la réaction se fait sentir instantané-
ment, et des effets physiques très-curieux sont produits
suivant les proportions de ce mélange.

Ainsi, quand il y a une partie de grisou et deux parties d'air, il y a inflammation sans détonation. A une
partie de grisou et huit parties d'air, il y a détonation

violente. S'il y a un volume de grison et seize volumes d'air, il n'y a plus d'explosion.

Les affinités moléculaires rapprochent par l'entremise de la flamme une partie de l'oxygène et de l'hydrogène pour former de l'eau. L'oxygène restant s'unit au

Houillère envahie par le grisou et visitée par un mineur portant sa caisse à air comprimé.

carbone et donne naissance à de l'acide carbonique, et l'azote s'isole.

Immédiatement après l'inflammation, il se produit de la vapeur d'eau à dix-sept cent fois son volume qui se dilate avec violence et chasse l'air devant elle, comme dans toute explosion; puis cette vapeur se condense, et forme un vide dans lequel l'air ambiant se précipite avec une vitesse extrême. L'air s'en allant et revenant donne deux chocs qui ne sont pas subits, mais assez rapprochés pour que notre oreille ne perçoive qu'un son. Les mineurs se trouvant dans la zone enflammée sont brûlés vifs, ou jetés contre les murs, ou asphyxiés par l'air méphitique, ou ensevelis sous les décombres des boisages, ou écrasés par les éboulements, car les étais des galeries se renversent et les voûtes s'effondrent.

Il est presque toujours impossible de leur porter secours lors de ces épouvantables catastrophes, et encore ce serait probablement inutile dans la plupart des cas. Hélas! peu de victimes survivent, la mort atteint sans merci ces malheureux, mort affreuse, par le feu, par l'asphyxie, par l'écrasement! Les désordres, suite inévitable des explosions, ne sont pas faciles à faire disparaître, car avant tout il faudrait pouvoir laisser entrer l'air respirable dans la mine; mais les portes d'aérage qui servent à régler les courants sont défoncées, les ventilateurs sont détraqués et ne peuvent plus fonctionner, les feux des cheminées d'appel sont éteints, les digues de remblai renversées, les charpentes brisées; la houille souvent est carbonisée jusqu'à deux pieds de profondeur.

La cause déterminante des explosions est presque toujours la même : c'est l'approche d'une flamme dans l'air chargé de grisou. L'imprudence des mineurs qui ouvrent leurs lampes, semble être indépendante de la pression atmosphérique dont nous venons de signaler l'effet sur la fréquence de ces désastres; et c'est encore une question : par un temps qui prédispose à la tristesse, on commet des actes d'insouciance auxquels on ne se livrerait pas par un beau soleil de printemps, et les orages exercent leur influence physiologique aussi bien au jour, que dans les profondeurs et les ténèbres.

Les accidents ont souvent lieu le lundi matin, car la mine ayant été abandonnée le dimanche, la ventilation y avait cessé, et le grisou s'était amassé dans la partie supérieure des travaux. Il prend alors facilement feu sans détoner, et communique sa flamme au loin dans les tailles, à des mélanges explosibles. C'est là où se trouve le principal danger.

Maintenant il y a encore d'autres causes d'inflammation, mais heureusement très-rares; c'est d'abord le choc du pic contre une pyrite, pierre dure et compacte, lequel donne une étincelle bien plus ardente que par la meule. Ensuite il faut compter le mode d'extraction du charbon au moyen de mines chargées de poudre. Ce procédé paraît tellement dangereux que le Parlement d'Angleterre a l'intention de présenter un bill pour réglementer l'usage de ces coups de feu et les borner sans doute à quelques cas exceptionnels. On s'est aperçu que si le travail d'abatage marche vite, les accidents arrivent de même.

§ VII.

MOYENS PROPOSÉS POUR EMPÊCHER L'EXPLOSION DU GRISOU.

La première idée de se débarrasser du grisou, était de l'incendier pendant l'absence des mineurs.

À cet effet, l'homme chargé de ce dangereux office se glissait par terre, à la manière des serpents, et avec

une torche attachée à une longue perche, il sondait les
endroits infestés. Un vêtement de cuir mouillé et un
masque le garantissaient contre les brûlures.

Malgré ces précautions, le *pénitent* ou *fire-man*, —
c'est ainsi qu'on appelait, en France et en Angleterre,
ce mineur dévoué, — était trop souvent victime de cet
ingrat labeur.

En outre, chaque fois que le gaz détonait, il ébran-
lait les travaux souterrains, et son effet, quoique dimi-
nué dans son intensité, finissait, en se répétant, par compromettre leur solidité. On a donc dû renoncer à ce procédé dangereux et inefficace, et on a eu recours aux
lampes éternelles.

Constamment allumées et placées de distance en distance dans les galeries, elles brûlaient le gaz au fur et à
mesure qu'il se présentait. Mais comme cette inflammation produisait de l'acide carbonique et séparait l'azote,
elle transformait le gaz inflammable en gaz irrespirable;
le danger ne disparaissait pas, il avait seulement changé
de nature.

Il est vrai que par une ventilation énergique, à raison d'une vitesse de trois mètres par seconde du courant d'air, on peut empêcher le grisou de s'accumuler
quand il s'infiltre petit à petit, et le chasser même des
cavités où il s'est rassemblé, mais non pas quand il se
dégage inopinément dans les tailles.

Si l'on a à craindre de pareilles invasions aussi subites
dans une mine, il faut localiser l'explosion au lieu de la
laisser s'étendre au loin.

A cet effet, on divise les travaux en plusieurs compartiments; cela est d'autant plus essentiel que les poussières très-ténues produites par la houille sont déposées

sur le sol ou sur les parois des galeries et soulevées par le courant de l'explosion ; elles prennent feu au contact de la flamme, qu'elles propagent avec une effrayante rapidité, de proche en proche, et jusque dans les tailles les plus éloignées.

On a cherché à opérer cette localisation au moyen de portes s'ouvrant en sens inverse l'une de l'autre, et tenues ouvertes au moyen de ressorts. Un choc violent devait les fermer, puis les ressorts les rouvraient.

Pendant plusieurs essais, ces portes ont résisté au feu de l'explosion, qui a été ainsi circonscrite. Mais au moment où la flamme, arrêtée par les portes, s'éteignait, les gaz se refroidissaient, se contractaient ; il se produisait une réaction tellement violente que les portes furent arrachées.

Que propose-t-on, en définitive, pour que les mineurs ne se tuent plus eux-mêmes ainsi que leurs camarades qui les entourent ? Et quand ne lira-t-on plus dans les journaux ces articles lamentables, stériles, uniformes : « Le sous-préfet, accompagné de l'ingénieur et du juge de paix, est arrivé un des premiers sur le lieu du désastre ; on ouvre des souscriptions pour les familles des malheureuses victimes » ?

Puis, tout est dit ; le lendemain ces catastrophes peuvent recommencer ; cela est horriblement triste.

Deux solutions se présentent.

La première, prise dans l'ordre matériel, consiste à poursuivre une expérience tentée en Belgique.

On y a utilisé le grisou en le dirigeant par une cheminée dans un gazomètre, d'où il est distribué à fort peu de frais, comme gaz d'éclairage, dans les rues de cette petite ville souterraine qu'on appelle une houillère.

La seconde solution, conçue dans l'ordre moral, consiste à instruire les mineurs et à les initier aux notions élémentaires des sciences naturelles. Quand ils connaîtront les propriétés physiques et chimiques des corps avec lesquels ils se trouvent constamment en contact, ils sauront les manier avec plus de précaution, ils ne joueront plus avec le feu et la flamme, et ne s'exposeront plus à des dangers dont ils ignorent aujourd'hui les causes premières et dont ils ne bravent jamais impunément les funestes conséquences.

S'il était nécessaire de prouver l'urgence de l'instruction des ouvriers, le fait suivant servirait de démonstration.

En Angleterre, dans le charbonnage de Batteston, une catastrophe, — remarquable par le grand nombre des morts, — eut lieu en 1866.

Dans l'enquête ordonnée par le coroner, l'inspecteur chargé spécialement de la sûreté de la mine déclara y être descendu le matin et y avoir rencontré une forte accumulation de grisou. Il avait aussitôt donné l'ordre de procéder aux travaux nécessaires. Mais on ne vérifia pas si cet ordre avait été exécuté, et on poussa l'imprudence jusqu'à permettre aux ouvriers de se servir de lampes ouvertes. Le chef mineur aurait dû opérer cette vérification, d'après le règlement, qu'il doit porter constamment sur lui et consulter dans les cas graves. En effet, il ne quittait jamais son livret, seulement... il ne savait pas lire.

Donc, — *Carthago delenda*, — instruisez les ouvriers.

Parmi eux surtout se trouvent les inventeurs, et c'est là que surgira, — on peut s'y attendre, — une conception simple, pratique, cherchée en vain jusqu'à ce jour par les esprits cultivés.

§ VIII.

INCENDIE DANS LES HOUILLÈRES.

Il y a une autre espèce d'incendie des houillères, sans danger pour les hommes.

Le feu peut se déclarer d'une manière spontanée, uniquement par la présence des pyrites de fer (sulfures); en se combinant avec l'oxygène, ils passent à l'état de vitriol (sulfates), et développent pendant cette réaction assez de chaleur pour allumer la houille qui les renferme.

Cette combinaison devient d'autant plus facile que les morceaux de houille sont plus petits et offrent une plus grande surface de contact à l'air.

Cette décomposition est singulièrement favorisée par l'humidité chaude qu'on rencontre toujours dans les mines négligées, où il se produit des éboulements, où les galeries sont encombrées et où l'aérage est mal établi.

Il existe aussi des causes d'incendie des houillères, heureusement très-rares, telles que l'inflammation par le grisou, qui peut mettre le feu aux boisages et le communiquer à la houille; par des lampes ordinaires placées près des charpentes, par suite de négligence ou de malveillance; ou encore par les toc-feux, grilles en panier, qu'on descend dans les mines pour en faciliter l'aérage.

Les mines deviennent alors la proie du feu ; il couve longtemps, mais fait des progrès dès que les courants d'air viennent l'alimenter.

Les houillères embrasées sont très-communes ; elles remontent souvent à une époque reculée ; dans leurs alentours, on voit encore des églises datant du treizième siècle, et bâties avec des pierres calcinées extraites près de ces houillères. L'origine de la montagne brûlante de Saarbruck se perd dans la nuit des temps.

Si ces incendies s'étendent trop loin et menacent d'envahir tout un district en pleine exploitation, on étouffe le feu en fermant les issues par un muraillement en argile ; quelquefois cet étouffement est impraticable, par suite de la disposition des mines ; on éteint alors l'incendie en faisant couler dans les tailles embrasées l'eau d'un ruisseau ; mais l'inondation a des inconvénients, comme tout moyen par trop radical ; car, si l'on ne peut épuiser les eaux intérieures, il faut les rassembler et leur opposer des digues ou *serrements* qui peuvent donner lieu, — s'ils viennent à se rompre, — à une immersion générale.

Il ne reste alors qu'à abattre les massifs menacés et à les remplacer par des remblais ; sinon, il faut les sacrifier, et faire ainsi la part du feu.

§ IX.

DIVERSES ESPÈCES DE HOUILLE.

Vous qui vivez dans les hautes sphères du monde élégant, et qui n'entrez jamais dans les détails vulgaires de l'existence matérielle, vous ne pouvez savoir comment on fait cuire les pommes de terre.

Vous prenez une marmite, vous y versez de l'eau, vous y jetez le précieux légume de Parmentier, vous allumez votre feu, et il cuira de lui-même; à la fin de cette opération élémentaire, vos tubercules ne seront pas assez cuits, ils seront durs, ceux d'en haut; ou ils seront cuits à point, farineux, ceux du milieu; ou ils seront trop cuits, réduits en bouillie, — peut-être brûlés, ceux du fond; là, on ne reconnaît plus leur forme primitive.

Eh bien, au lieu de vous servir d'une marmite, creusez un vaste bassin, laissez-y couler un fleuve, et des forêts s'y engloutir; ensuite, le feu central de la terre va chauffer pendant des siècles cette chaudière antédiluvienne, et vous obtenez, — vous nous suivez, intelligent lecteur? — du bois peu cuit : *le lignite;* du bois cuit à point : *la houille;* du bois trop cuit : l'*anthracite*, que nous connaissons déjà.

Le lignite se trouvera en haut, dans les terrains tertiaires ou les terrains d'alluvion : les sables, les marnes, les graviers.

La houille vient ensuite, dans les couches secondaires : les grès, les calcaires.

L'anthracite est déposé près du feu sur le terrain primitif ou le granit, qui entoure le noyau de notre globe.

Les géologues n'ont pas besoin de rappeler que ces limites ne sont pas bien déterminées, que l'anthracite n'est pas placé immédiatement sur le granit, que le terrain tertiaire n'est pas précisément le terrain d'alluvion, lequel n'a aucune consistance : nous ne demandons qu'à retourner à nos pommes de terre.

Dans un ménage riche, quand elles sont trop cuites, ou pas assez, on les jette, car, réchauffées, elles ne valent plus rien.

Mais on ne peut jeter des couches de lignite ou d'anthracite de plusieurs lieues d'étendue. L'industrie fait comme les pauvres, elle cherche à tout utiliser. On a donc construit des fours spéciaux pour convertir en coke ces combustibles imparfaits, ou pour les brûler quand même, ainsi que nous l'avons déjà vu ; pour le moment, nous ne devons nous occuper que de la houille.

Elle est formée de carbone, de matières terreuses et d'un mélange de bitume avec des débris végétaux. Soumise à la distillation, elle donne du gaz d'éclairage et laisse du coke pour résidu. Sa pesanteur est un peu plus élevée que celle de l'eau, savoir : 1,2 à 1,50.

On remarque plusieurs variétés dans les diverses espèces de charbon de terre ; chaque district de mines en offre avec des qualités particulières.

Généralement, on les classe en trois catégories principales : les houilles grasses, les maigres, puis celles qui ne sont ni grasses ni maigres : les houilles sèches.

Examinons maintenant en quoi elles diffèrent les unes des autres.

Les *houilles grasses*, ou *houilles à gaz*, ou *maréchales*,

— ainsi nommées parce que les maréchaux-ferrants s'en servent, — se gonflent au feu, brûlent avec une longue flamme et s'agglutinent en masses pâteuses; elles sont d'un beau noir, et contiennent beaucoup de bitume.

Les *houilles maigres*, moins noires que les précédentes, sont gazeuses, brûlent facilement, et donnent une flamme longue et claire; elles sont aussi plus légères et ne se collent pas.

Les *houilles sèches*, ou charbons de grille, ont une couleur gris de fer, et brûlent avec difficulté, sans se gonfler; elles ont, — pour nous servir d'un terme de haute science, — une cassure conchoïdale, c'est-à-dire elles se cassent en morceaux dont la surface a la forme d'une coquille; au feu, elles exhalent une odeur sulfureuse. Elles sont encore moins collantes que les précédentes, et c'est par cette raison qu'on les nomme sèches. Elles forment la transition vers l'anthracite.

Il y a encore une espèce de houille connue seulement en Angleterre, c'est le *cannel-coal*, ou charbon-chandelle; il brûle avec une flamme blanche, brillante, et donne peu de cendre; on le recherche pour le chauffage des maisons.

Ce qui constitue la bonne qualité de la houille, c'est la pureté, ou absence de matières étrangères.

Aux approches d'une faille, les houilles deviennent de mauvaise qualité. Cette détérioration est même un indice, une sorte d'avant-coureur des failles. La houille perd son brillant, et passe à l'état de substance terne et argileuse.

§ X.

USAGES DE LA HOUILLE.

La houille sert d'agent de réduction des minerais, et de matière première du gaz d'éclairage.

La houille grasse réduite en poudre impalpable est mélangée aux sables pour saupoudrer les moules dans les fonderies avant la coulée.

L'emploi du charbon de terre comme combustible dans les travaux métallurgiques remonte à la plus haute antiquité. Théophraste nous apprend que, de son temps, les fondeurs et les forgerons faisaient une grande consommation de charbon fossile, qui venait de la Ligurie et de l'Élide.

Les Romains exploitaient les mines de charbon du nord de l'Angleterre.

Puis l'usage s'en perdit, et aucun procédé de se servir de la houille dans la vie domestique ne fut imaginé; — en France, lors du règne de Henri II, défense était faite, sous peine de prison, aux maréchaux-ferrants d'employer ce combustible, qui fut repoussé fort longtemps. Au milieu du siècle dernier on fit des essais à Paris avec la houille tirée des mines d'Angleterre; mais on l'abandonna bientôt.

La manière de brûler convenablement le charbon de terre sur des grilles est de date moderne. On l'attribue à un forgeron nommé Houillos.

Le spirituel directeur du Musée de l'industrie à Bruxelles possédait un vieux manuscrit dans lequel on

lisait que « le secret de brûler la houille fut trouvé par
un ang.... » Le manuscrit ayant été raturé à cette place,
on ne peut savoir, — disait feu Jobard, — si l'auteur a
voulu écrire : un ange ou un Anglais. Quoi qu'il en soit,
la houille n'en est pas moins un des plus beaux dons du
ciel.

Terrassements dans le roc. (Passage du mont Cenis.)

CHAPITRE TREIZIÈME

LES USAGES INDUSTRIELS DES MINÉRAUX.

§ I.

TERRASSEMENTS.

HACUN de nous est un ancien terrassier, car tous les enfants, avec leur pelle en bois, font des trous dans le sable, élèvent des monticules, creusent de petits ruisseaux, les barrent ensuite, et ils sont heureux s'ils arrivent à faire couler l'eau dans la cave du voisin, avec l'espoir que leur travail y causera quelque dégât.

Enlever la terre ou le sable pour le transporter ailleurs, mettre des pierres ou des cailloux les uns sur les autres ou les uns à côté des autres, tel est le premier amusement de la jeunesse, tel est aussi l'art de l'ingénieur. Question de plus ou de moins.

Les terrassements comprennent deux grandes sections : les *déblais*, — terres qu'on enlève ; les *remblais*, — terres qu'on rapporte.

La manière d'enlever les terres du sol dépend de leur dureté.

Pour les sables et la terre végétale, la pelle suffit ; quand la terre devient trop dure, on emploie la pioche.

Terrassiers mineurs forant un trou de mine pour détacher le roc au moyen de la poudre.

Dès qu'il s'agit de grandes masses, on les fait *tomber*. A cet effet, on taille des rigoles verticales à droite et à gauche, à une distance de 3 à 5 mètres ; on isole ainsi le bloc qu'on veut détacher. Ensuite, on creuse une troisième rigole au pied, et, quand on la croit assez profonde, on enfonce des coins en bois dans la tête du bloc.

Dès qu'il s'y produit une fissure, on fait retirer les
ouvriers. C'est le moment dangereux ; par un dernier

Établissement de tunnel. (Chemin de fer du mont Cenis.)

coup de massue sur les coins et même auparavant, le
bloc tombe et se réduit par la chute en fragments.

Mais si les terres deviennent plus dures encore, si elles se rapprochent du roc, le travail manuel ne suffit plus, il faut alors appeler les mineurs, dont le travail est décrit dans notre livre : *Les Métaux, les mines et les mineurs*.

Dès que les terres sont déblayées, il faut les emporter, les jeter dans des endroits perdus, ou les faire servir à des remblais ; c'est le cas ordinaire dans la construction des routes, des canaux et des chemins de fer, où il s'agit d'établir des lignes aussi horizontales que possible et d'utiliser tous les déblais. C'est ce qu'on appelle le travail par *voie de compensation* ; il consiste à obtenir le même cube de remblais que de déblais, afin de ne pas chercher ailleurs des terres pour compléter les remblais ou *faire des emprunts*, ou se débarrasser de terres superflues qu'il faut *porter en dépôt*.

C'est un calcul à établir et qui est quelquefois très-compliqué, car il s'agit de trouver les distances du transport à effectuer dans la compensation, pour voir s'il ne serait pas plus avantageux d'emprunter des terres à côté d'un remblai ou de les déposer à proximité d'un déblai.

Les dépôts n'offrent pas d'inconvénients ; en outre, toute personne qui a besoin de terres peut y aller en chercher.

Il n'en est pas de même des emprunts, car ils donnent lieu à des excavations se remplissant d'eau de pluie ou de source, qui faute d'écoulement croupit et forme des mares insalubres. Aussi les Compagnies de chemins de fer invitent le public à se débarrasser des décombres et à les jeter dans ces mares ; mais quand elles s'aperçoivent qu'on doit absolument s'en défaire, coûte que coûte,

elles profitent de l'occasion et exigent d'abord un droit
de quelques centimes par tombereau, — puis de quelques francs.

Les remblais sont quelquefois des travaux passagers.
Ainsi, les pyramides des Égyptiens étaient élevées au
moyen de plans inclinés en terre, qu'on prolongeait souvent de plusieurs lieues pour atteindre, sur des pentes
douces, le sommet. Les esclaves y traînaient les pierres
de taille destinées aux assises en maçonnerie.

L'idée de remplacer le travail des terrassiers par des
machines est toute moderne; elle a pris naissance en
Amérique, où la réunion d'un grand nombre d'ouvriers
est difficile. C'est là qu'on a inventé l'*excavateur*, espèce
de bateau dragueur appliqué à la terre ferme; il se
compose d'une grue tournant d'un demi-tour sur elle-
même; du bec de cette grue descend une chaîne pour
relever et abaisser le *scoop*, ou baquet avec des dents
en acier qui entaillent ou piochent le terrain; à l'arrière de cette grue se trouvent la chaudière à vapeur
et le mécanisme moteur; en une minute un wagon est
rempli, et le travail de cent ouvriers est fait.

On a vu fonctionner cet excavateur sur les chemins
de fer de Saint-Pétersbourg à Moscou, du Nord et de
l'Ouest français, et sur le canal de l'isthme de Suez. Il
se généralisera dès que les salaires des terrassiers
deviendront plus élevés.

Nous voici arrivés à la seconde partie de l'exécution
des terrassements; elle comprend le transport des déblais.

Le procédé primitif consiste à charger les terres dans des *paniers* ou des *sacs*, et à les porter à destination sur la tête ou sur le dos.

C'est de cette façon que les remblais ont été exécutés sur le chemin de fer égyptien; — sur celui de Naples, des femmes ont effectué ce pénible travail.

Comme deuxième moyen de transport, on se sert de

Déblais du canal de l'isthme de Suez établis au moyen d'excavateurs.

brouettes, dont il existe des millions. On attribue au philosophe Pascal l'invention de ce modeste et indispensable véhicule.

Dès que les distances deviennent tant soit peu grandes, on se sert de *tombereaux*, traînés par des hommes, des chevaux, des mulets, ou des locomotives. Dans ce dernier cas, les tombereaux prennent le nom de *wagons* et roulent sur des rails.

Maintenant, il se présente encore une question subsi-
diaire d'une certaine importance : c'est de reconnaître
la limite à laquelle on doit cesser les terrassements
pour y substituer des tunnels et des viaducs ; cette
limite est difficile à fixer *à priori ;* elle dépend des circonstances locales, telles que le tracé d'un chemin de
fer au bord de la mer, dans des terrains abruptes où le
tunnel offre la seule solution possible.

Généralement, quand la hauteur des déblais excède
16 mètres dans les terrains compactes, on perce un
tunnel ; quand l'élévation des remblais dépasse
10 mètres sur une grande étendue, on construit des
arcades.

Dans la pratique, ce choix est arrêté sur des projets comparatifs, ou d'après les exigences de l'exploitation. Ainsi, sur le mont Cenis, on a substitué au chemin de fer international provisoire, avec ses déblais et
ses remblais, un tunnel définitif qui, à juste titre, peut
compter parmi les merveilles du monde moderne.

Jusqu'ici, nous n'avons parlé que des terrassements
exécutés dans de bonnes conditions ; ils peuvent aussi
l'être dans de mauvaises conditions : ce sont les *terrassements dangereux.*

Voici d'abord les remblais qui tassent irrégulièrement.
On sait que les terres remuées *foisonnent,* c'est-à-dire
tiennent plus de place que les déblais ayant servi à leur
construction. Ce *foisonnement* est en général le septième du volume primitif ; il doit être calculé avec une
grande exactitude, afin de reconnaître le tassement qui
s'opère de lui-même, et celui qu'il faut obtenir artifi-

ciellement afin de rendre aux terres leur consistance primitive.

Le moyen le plus simple de *damer* les remblais, c'est d'y faire passer les hommes, les chevaux, les voitures, pour les comprimer suffisamment ; on bat aussi les terres avec des *dames,* ou masses en bois.

Si cette précaution est négligée, les remblais restent légers ; les eaux de pluie les enlèvent facilement : il est déjà arrivé qu'une voie de fer ainsi mise à nu se trouvait suspendue en l'air ; les convois y ont déraillé ; — accident d'autant plus grave que les remblais sont plus hauts.

Quant aux déblais, on ne distingue pas trop, à la première vue, quels dangers ils pourraient offrir ; mais l'explication en est facile.

Des talus trop inclinés cherchent à prendre leur pente naturelle, dont l'angle dépend de la consistance des terres ; celles-ci alors se détachent brusquement du sol, glissent sur la chaussée et le chemin de fer, quand les voitures et les trains, par leur trépidation, en ont provoqué le mouvement ; il s'y forme des encombrements contre lesquels se heurtent les attelages dans l'obscurité ou les trains lancés à grande vitesse.

Il faut éviter à tout prix de pareils déplacements. A cet effet, on fixe les talus, qui s'étendraient trop au loin si l'on voulait leur donner une faible inclinaison. Cette fixation a lieu au moyen de plantations d'arbres, de gazonnements, de pavés, de pierres ou de dalles.

Les tranchées, dans quelques terrains, coupent, — tranchent les couches, les séparent en deux parties distinctes. Les routes, les champs, les forêts, les monticules qui s'y trouvent, peuvent ainsi changer de place ; cela

arrive chaque fois que l'équilibre d'un terrain placé sur
une couche d'argile inclinée est rompu à la suite de
l'établissement d'un déblai ou d'un remblai ; il descendra sur cette surface inclinée, que l'infiltration des eaux

Tranchée taillée à pic dans le roc et garnie de murs de revêtement.
(Passage du chemin de fer de Liverpool à travers le Olive-Mount,
exécuté par George Stephenson en 1830.)

de source ou de pluie aura rendue lisse ou savonneuse.

On empêche ce mouvement en desséchant la couche
par le drainage ou en l'enlevant par des tranchées auxiliaires.

Les *tranchées taillées à pic* dans le roc rentrent aussi dans la catégorie des terrassements dangereux. Elles ont toujours de nombreuses fissures, où se développent des végétaux qui, à la longue, désagrégent la pierre et la font tomber. Ces tranchées demandent donc une surveillance incessante et un entretien souvent très-dispendieux, auxquels on ne se soustrait que par la construction de *murs de revêtement*, au moins dans les sections où la roche est friable et ne présente pas la consistance voulue.

Les terrassiers n'ont jamais formé une corporation, comme les autres corps de métiers, car ils n'ont besoin d'aucun apprentissage. Le premier venu, quelque maladroit, quelque paresseux qu'il soit, peut faire un bon terrassier ; et pour cela, il suffit de lui mettre une pioche à la main et de le placer entre deux camarades ; ils le pousseront au travail, — surtout si ce sont des *tâcherons*, — ouvriers qui, au nombre de cinq ou six, entreprennent le mètre cube à la tâche, à raison d'un prix débattu avec l'ingénieur ou avec un entrepreneur principal chargé de fournir les outils et les engins nécessaires.

§ II.

PISÉ.

C'est une espèce de maçonnerie en terre, usitée dans les pays secs et chauds ; lorsqu'il est revêtu d'un bon enduit à l'extérieur, le pisé peut durer fort longtemps.

Les terres ni trop grasses ni trop maigres sont propres pour le pisé ; la meilleure est une terre franche, un peu graveleuse. Quand on est obligé de briser, pour les désunir, les mottes de terre avec la pioche ou la charrue, cela indique qu'elles peuvent être employées au pisé ; les terres qui se tiennent presque d'aplomb sont également très-bonnes pour ce travail.

Pour construire des murs en pisé, on commence par écraser la terre et par la passer à travers une claie, afin d'en extraire les pierres dont la grosseur excéderait celle d'une noix ; il faut toujours l'humecter un peu. Ainsi préparée, on la jette dans un moule, où elle est battue avec un pilon. Ce moule mobile est formé de deux tables en bois de sapin et munies de poignées. Un châssis soutient ces tables, qui ont 3 mètres de longueur sur 1 mètre de hauteur.

Quand cette caisse est ajustée en place, on y met une couche de terre de 10 centimètres d'épaisseur, que l'on pilonne pour la réduire de moitié ; on continue ainsi jusqu'à ce que la caisse soit remplie en entier. Les couches doivent se placer non pas horizontalement, comme des assises de maçonnerie, mais obliquement.

La caisse ainsi remplie, on la démonte et on la remet

à la suite, pour former un nouveau massif de mêmes
dimensions que le précédent. Quand le mur est achevé,
on le laisse reposer pendant un certain temps afin qu'il
sèche, puis on le couvre d'un enduit.

Le pisé doit toujours avoir pour fondation un mur en

Maçonnerie en pisé à Touggourth (Afrique).

briques ou en pierres, pour le préserver de l'humidité
du sol.

On voit beaucoup de pisés dans la Vieille-Castille ;
les murs de fortification à Astorga, qui datent des temps
anciens, sont en pisé ; nous avons eu quelque peine à
en détacher des morceaux — avec un couteau.

§ III.

EXPLOITATION DES CARRIÈRES.

Il y a deux espèces de carrières : les carrières à ciel ouvert et les carrières souterraines.

Dans l'exploitation à ciel ouvert, on commence par dégager la roche en la déblayant de la terre végétale et des alluvions qui la recouvrent. On creuse le sol, et on transporte les déblais à une assez grande distance pour qu'ils ne puissent pas encombrer les chantiers.

Quand les bancs de pierre s'enfoncent trop rapidement sous terre, quand ils ne s'étendent pas assez en longueur, quand les déblais sont trop forts, quand le terrain à sacrifier a une trop grande valeur, alors on pratique des galeries souterraines, dans lesquelles on pénètre par des puits verticaux ou inclinés, comme dans les mines métalliques ou les houillères, mais pas aussi profondément.

Ces galeries sont soutenues par des piliers réservés dans la masse même de la pierre qu'on exploite, ou encore on élève des piliers en maçonnerie pour consolider le toit ou plafond.

Les *cloches*, ou *fontes*, sont des accidents qui arrivent assez souvent dans les carrières dont le plafond est horizontal ; elles commencent par la chute d'une simple écaille, suivie de la chute de beaucoup d'autres ; celles-ci se détachent autour de la première, jusqu'au moment où le sommet de cette cloche vient à toucher la terre végétale et à occasionner un éboulement.

Quand ces carrières sont abandonnées et qu'il y a lieu de craindre un éboulement, on mine les piliers, pour les fait sauter ; toute la carrière s'effondre d'un seul coup, et le danger est passé.

Hormis ce cas de destruction, les carrières, — après avoir fourni les matériaux pour l'habitation des vivants, — servent de demeure aux morts ; elles sont converties en catacombes.

Les carrières ont été de tout temps un lieu de refuge pour les malfaiteurs ou les malheureux persécutés.

Les *carriers* ébauchent dans les carrières mêmes les pierres en *monolithes* pour les monuments, en *pierres de taille* ou *d'appareil* pour les bâtiments ; les déchets sont les *moellons ou libages*, destinés à la maçonnerie ordinaire et aux enrochements.

Dans les environs de Paris, il existe beaucoup de gisements de pierre de taille ; aussi la profession de carrier y est-elle très-développée.

Les carriers se sous-divisent : en *arricandiers*, qui exécutent les terrassements ; en *hommes d'atelier*, qui creusent les galeries ; en *trancheurs*, qui divisent les blocs par tranches ; en *équarrisseurs*, qui taillent les pierres à angle droit.

Les carriers se servent, dans l'exploitation des bancs réguliers, de l'*outil à la trace*, — pic plat pour exécuter la trace ou rigole devant recevoir les coins. La poussière est chassée par cet outil, et la trace reste nette.

Les coins de carrière sont en fer plat, comme ceux qu'on emploie pour fendre le bois. On les enfonce entre deux morceaux de tôle, afin qu'ils n'élargissent pas leur entaille ; on en place un grand nombre à la fois et on y frappe tour à tour en suivant depuis le premier jusqu'au dernier.

Les Égyptiens et les Romains ont pratiqué cette méthode, et cela avec un art infini ; les obélisques et les colonnes d'un seul bloc de granit témoignent du soin qu'ils apportaient à ce travail.

On emploie aussi des coins en bois, après les avoir fait sécher au four ; quand ils sont en place, on les arrose, pour qu'en gonflant ils déterminent la séparation du bloc.

Dans les bancs à gisement régulier et à épaisseur déterminée, on ne peut varier que la longueur et la largeur des pierres.

Les moellons sont enlevés avec des pics ou des leviers en fer dans les bancs fendus d'une manière irrégulière.

En Amérique, on se sert, afin d'économiser la main-d'œuvre, de machines à vapeur pour débiter les pierres de taille. Elles soulèvent de grands ciseaux, coupant des rainures dans le roc, et quand la figure de la pierre de taille est tracée, on emploie des coins en fer et des leviers. La machine avance à mesure, sur un chemin de fer à crémaillère.

Pour sortir les pierres de taille des carrières souterraines, on emploie des treuils, mis en mouvement par des roues à chevilles, sur lesquelles les ouvriers grimpent comme sur une échelle et les font tourner par le poids de leur corps.

Les pierres provenant d'une seule et même carrière ne sont pas toutes propres à être employées dans la bâtisse. Les bancs supérieurs donnent les pierres les moins dures et les moins résistantes, qu'on ne doit pas introduire dans les parties apparentes des travaux d'art.

41

§ IV.

PIERRES DE BATISSE.

L'étude de la nature des pierres est de la plus haute importance, car il faut savoir reconnaître non-seulement ce qu'elles sont au moment de leur emploi dans les bâtisses, mais aussi ce qu'elles deviennent avec le temps, dont l'action, souvent lente, est toujours infaillible.

Les influences atmosphériques agissent sur les pierres, soit en bien, soit en mal ; il y a des pierres tendres devenant dures, des pierres dures tombant en poussière.

La science a établi à ce sujet plusieurs préceptes, pleinement consacrés par une pratique séculaire ; les architectes, les entrepreneurs, les ouvriers, en un mot les praticiens, ne sauraient les ignorer ; nous allons les faire connaître à notre tour.

Les bancs sont quelquefois séparés par des matières terreuses, adhérant plus ou moins aux parois, et qu'on doit en séparer avec beaucoup de soin ; c'est ce qu'on appelle *ébousiner*.

Avant tout, il faut bien se garder de jamais poser une pierre *de champ*, ou en *délit* ; elle se *déliterait*, se fendrait verticalement.

Toute pierre sédimentaire a son *lit naturel*, ou *lit de carrière*, qui est horizontal, — un peu plus ou un peu moins ; — elle est formée de couches successives souvent invisibles, mais qui existent parfaitement. La position qu'elle occupait au sein de la terre doit être la même que dans la maçonnerie. Sont exceptées de cette mesure de précaution les pierres plutoniques, ou amas confus sans stratification.

Les carriers et tailleurs de pierre s'y trompent rarement ; au surplus, ils font une marque sur le lit naturel, avant de les livrer sur les chantiers.

Ainsi, les dalles ou plateaux sont faciles à tailler ; aussi les place-t-on souvent debout, par une frauduleuse économie, pour parapets de ponts, couvertures de rez-de-chaussée, etc., etc. ; mais au bout de quelques années elles se délitent, se feuillent et tombent en feuilles.

Ensuite, il ne faut pas oublier de toujours laisser sécher pendant quelques semaines, au sortir de la carrière, les pierres renfermant de l'eau appelée *eau de carrière*. Sans cette précaution, elles communiqueraient leur humidité aux matériaux qui les recouvrent dans les bâtiments, tels que boiseries, stucs, peintures, décorations.

Certaines pierres paraissant très-dures, sont néanmoins incapables de résister à l'action de la gelée, sous l'influence de laquelle elles se fendent dans tous les sens : ce sont les pierres gélives. C'est dans le calcaire qu'on rencontre souvent ce défaut. Des pierres de bonne qualité deviennent gélives pour avoir été employées immédiatement après leur extraction.

Une précaution importante à prendre, c'est de s'assurer si les pierres ne sont pas gélives : si elles le sont, on doit les refuser d'une manière absolue ; nous avons vu à l'article *Sel de Glauber* (chapitre X) de quelle façon on les reconnaît.

Dans une seule et même maçonnerie, il est nécessaire que toutes les pierres aient la même dureté. Cette dureté se manifeste quand, en frappant la pierre, celle-ci rend un son clair; quand on la fend, il faut que ses éclats soient aigus.

Les pierres renfermant des agglomérations d'oxydes métalliques, ou des poches vides ou remplies d'argile, doivent être rejetées, de même que celles qui montrent des crevasses ou fuites.

On essaye les pierres en les soumettant à une forte chaleur, quand on veut les employer pour des cheminées ou des foyers.

On distingue les pierres de bâtisse d'après leur forme et d'après leur composition.

En envisageant la forme, nous voyons :

Les *blocs*, ou pierres non taillées, mais de fortes dimensions ;

Les *pierres de taille* ou *de parement* ; blocs auxquels on a donné des dimensions régulières, qu'on a taillés ;

Les *libages* ou gros éclats de pierre jetés çà et là dans des fondations ou dressés grossièrement pour garantir des talus ;

Les *moellons bruts*, gros comme une bûche de cheminée, et employés, tels qu'ils sortent de la carrière, dans les maçonneries de remplissage ;

Les *moellons smillés*, équarris, mais sans beaucoup de soin ;

Enfin, les *moellons piqués*, travaillés avec des pics, à la façon des pierres de taille.

Sous le rapport de la composition, nous distinguerons les pierres calcaires, siliceuses, argileuses, gypseuses et volcaniques.

Les *pierres calcaires* sont faciles à tailler, se prêtent

aux formes délicates, et conservent des arêtes vives qui contribuent à la beauté des édifices. Les calcaires très-durs, tels que les marbres, seraient trop dispendieux pour les constructions civiles ; aussi ne les emploie-t-on que pour les monuments publics. Cependant, tous les calcaires ne sont pas bons pour les constructions : la pierre à craie est trop tendre, les calcaires lamellaires ou fissurés ne résistent pas à la charge. Dans aucun cas il ne faut exposer ces pierres au feu ; à la longue, elles se transformeraient en chaux.

Les *pierres siliceuses* se distinguent des précédentes en ce sens qu'elles ne font pas effervescence avec les acides ; on les appelle aussi *pierres meulières*, parce qu'on en fait des meules, ainsi que nous l'avons vu. Elles forment une excellente maçonnerie, le mortier s'y attache fortement et en remplit les cavités.

Les *grès* sont de très-bonnes pierres à bâtir. Les monuments et les constructions civiles sur les bords du Rhin sont en grès ; nous remarquons parmi les premiers le Münster de Strasbourg, les cathédrales de Mayence et de Cologne.

Les *pierres argileuses* sont généralement schisteuses ; elles servent de couverture.

Les *pierres gypseuses* doivent être rejetées dans les bâtisses qui exigent de la solidité.

Les *pierres plutoniques* : granit, porphyre, sont les meilleures pierres de construction ; seulement, elles sont trop difficiles à tailler ; les basaltes forment de bons pavés et des moellons de qualité supérieure, mais pour des parements ils ont, comme les laves, un aspect un peu triste. A Rome et à Naples, on voit beaucoup de tufs volcaniques formés de détritus réunis par des ciments naturels[1].

Les pierres ne sont pas toujours nues; on les couvre pour les embellir ou pour les conserver.

On les couvre de dalles en marbre, que l'on fixe avec de petits crampons en fer, et on coule du mortier entre elles et la maçonnerie. Ce mode d'embellissement ne s'emploie que pour les rez-de-chaussée. Les étages supérieurs des maisons sont embellis par des couleurs, ou simplement badigeonnés avec du lait de chaux pur ou coloré. Le badigeon est toujours appliqué par couches successives, afin qu'il ne s'effeuille pas.

Il y a aussi la peinture *en détrempe* ou à *la colle*; c'est un mélange de colle forte, d'eau et de couleurs.

L'eau doit être employée dans une certaine proportion avec la colle; les couleurs deviennent foncées par un excès de colle; elles ne sont pas durables s'il y a trop d'eau et pas assez de colle dans la masse.

La peinture la plus belle, mais aussi la plus chère, est la peinture à l'huile; on peut s'en servir quand les maçonneries sont complétement sèches; et pour que la couleur elle-même sèche le plus vite possible, il faut y ajouter un siccatif ou mélange de plâtre calciné et de minium, mêlés avec de l'huile de lin et bouillis.

Pour embellir les murs, et en même temps pour les préserver des intempéries de l'air, on les *ravale*, c'est-à-dire on les recouvre de mortier; les surfaces deviennent plus unies, plus régulières et plus agréables à la vue.

Un enduit de chaux ou de plâtre, de goudron ou d'as-

---

[1] Détritus, du mot latin *deterere*, broyer, veut dire dans la présente acception, débris de roches formant les *terrains détritiques*.

phalte, a pour but de garantir les pierres de la pénétration de l'humidité ; le meilleur préservatif est obtenu par plusieurs couches de couleurs à l'huile.

Ce sont là des renseignements qui peuvent être très-utiles dans un cas donné, par exemple quand, à la campagne, il faut commander soi-même à des maçons de village.

Il n'est peut-être pas inutile non plus de savoir comment on répare les pierres cassées. A cet effet, on se sert de mastics, avec lesquels on ferme également les joints.

Le *mastic chaud* se compose de poudre de grès ou de tuileaux, de goudron de colophane ; on le fond sur le feu et on le pose, comme son nom l'indique, à chaud ; le *mastic hydraulique* se compose de chaux et de sang. Il y a beaucoup de mastics que l'on vend tout préparés, surtout le *mastic de Dhil*, qui est une composition secrète ; on sait seulement qu'il y entre de la brique, de la litharge, et une matière inconnue.

Maintenant, pour sceller des barres ou des crochets de fer dans les pierres, on emploie, — à défaut de soufre ou de plomb fondu, — une composition de chaux, de briques pilées, de limaille de fer et d'huile de lin réduits en pâte.

On peut augmenter la durée des pierres et leur résistance contre l'influence de l'atmosphère par le *procédé de silicatisation*, qui consiste à les enduire d'une couche de silicate de potasse, dit *verre soluble*, dissous dans dix fois son volume d'eau. C'était la *liqueur de cailloux* des alchimistes. On emploie des pompes pour les grandes surfaces et des brosses molles pour les petites. Il se produit entre le calcaire et ce silicate une réaction chimique, qui donne une couche très-dure après trois applications.

On applique ce verre soluble sur le bois et sur les toiles de théâtre, pour les rendre incombustibles.

§ V.

TAILLE ET SCULPTURE DES ROCHES.

L'art de tailler et de sculpter les roches remonte à la plus haute antiquité; il disparut avec la civilisation qui l'avait créé. C'est en Italie, où l'invasion des Barbares avait mis fin à la construction des monuments, qu'on recommença à façonner les pierres dures, et vers l'année 1600 fut établie, à Florence, une manufacture régalienne, spécialement destinée à ce travail; elle existe encore. En Suède, en Écosse, dans la Forêt-Noire, et même à Paris, il y a des fabriques semblables; mais elles ne livrent que de petits objets d'ornementation, et nous possédons dans nos musées plus de statues et de monuments en pierre plutonique du temps des Sésostris et des Césars, qu'on n'en a produit dans tous les pays ensemble depuis la Renaissance jusqu'à l'époque actuelle.

Les Indiens ont taillé les colonnes de leurs temples avec l'acier. Les Égyptiens ont évidemment dû se servir de ce métal pour graver leurs hiéroglyphes. Pour le polissage des pierres dures, ils employaient des morceaux de granit dans lesquels des cavités étaient creusées puis remplies de corindon et de cire fondue.

Le travail des roches dures sur le tour a toujours été trop lent, car l'usure s'y fait à l'aide du grès pulvérisé, — matière moins dure. Une heureuse découverte permet de tourner ces roches avec la même facilité que le bois. Nous avons déjà parlé des diamants noirs trouvés dans les laveries du Brésil ; enchâssés dans un burin en laiton, ils enlèvent les aspérités de la masse, dégrossie auparavant avec la pointerolle, ou marteau pointu du mineur. Par ce procédé, on obtient des surfaces d'une grande netteté ; il offre, en outre, une économie de temps et de main-d'œuvre. On produit ainsi des meules en silex, des cylindres à broyer, etc., etc.

On perce aussi les tunnels avec ces diamants, fixés dans un fleuret qui tourne et trace dans la pierre une cavité circulaire, dont le centre renferme un cylindre facile à détacher. On a alors un trou de sonde, pour lequel on eût usé plusieurs tiges fabriquées avec l'acier le plus fin.

Quant aux pierres d'appareil ordinaires, on les taille à la scie sans dents, avec de l'eau et du sable quand elles sont dures, ou à la scie à dents et à la hachette quand elles sont tendres. C'est un travail abrutissant, comme tout travail manuel uniforme, et que les machines ne sont pas encore parvenues à exécuter. Nous ne croyons pas qu'on y arrive jamais. En effet, toute machine destinée à façonner doit rester fixe et on en approche l'objet voulu, comme un couteau à une meule ; la difficulté insurmontable, — dans les limites économiques, — consiste à présenter à la scie d'énormes blocs et à les changer de place pour chaque surface à entamer, tandis que les tailleurs de pierre s'installent aisément autour de ces masses.

Les tablettes de pierre seules sont débitées mécaniquement ; à cet effet, on roule sur un petit chemin de fer les blocs sous une lame de scie attachée à un châssis, comme dans la scierie séculaire pour bois de charpente, répandue dans toutes les forêts des montagnes.

Quand il s'agit de creuser les pierres, on a recours à un foret, qui tourne au moyen de roues dentées, au lieu de tomber, comme cela a lieu dans les trous de sonde.

Bien souvent, on passe à côté des barils remplis de billes de marbre, que les quincailliers et les épiciers exposent à leur porte ; mais généralement on ne se doute pas de l'importance commerciale de ces jouets. Quand on voudra consulter les relevés des douanes publiés périodiquement par l'administration des finances, on verra que les bureaux d'octroi à notre frontière de l'Est perçoivent tous les ans une somme de 40 à 50,000 francs pour les droits d'entrée de cette marchandise, fabriquée en Allemagne, principalement dans les montagnes de la province du royaume de Wurtemberg appelée la Souabe.

Ce serait peut-être une bonne spéculation d'introduire cette industrie en France ; ne gagnerait-on que les droits d'entrée et les frais de transport, le bénéfice serait déjà considérable.

Le mode de fabrication est excessivement simple ; ce sont les meuniers et les potiers, riverains des petits cours d'eau, qui s'en occupent dans la morte-saison ; des pierres calcaires, concassées en petits morceaux, sont jetées entre deux meules en bois de chêne, avec

des rainures en spirale ; le frottement use les angles de
ces pierres et les arrondit ; ensuite, on les fait rouler
entre deux plateaux en zinc, pour leur donner le poli. Il
en existe de nombreuses contrefaçons, peu prisées des
enfants, juges suprêmes dans cette matière ; ce sont les
billes en porcelaine, en marbre peint, voire même en
agate ; mais aucune de ces *gobilles* ne remplace la vraie
chique d'Allemagne, qu'un léger duvet blanchâtre caractérise entre toutes.

Le façonnage artistique des pierres appartient aux
sculpteurs-ornemanistes. Ce sont des entrepreneurs chargés d'exécuter, d'après les dessins de l'architecte, tous
les ornements qui concourent à la décoration des
bâtisses. Ils modèlent et sculptent les frises, les écus-
sons, les frontons, les rosaces et les figures en marbre,
en pierre de luxe, comme en pierre de taille ordinaire.

Les sculpteurs proprement dits, ou *statuaires*, ou *tail-
leurs-imagiers*, — comme on les appelait au moyen âge,
— sont des artistes de premier ordre, ayant en vue la
forme idéale et cherchant à la réaliser avec toute substance, cire, bois, plâtre, etc. ; mais ils adoptent de
préférence la pierre, afin que leurs œuvres puissent
traverser les siècles et arriver à la postérité.

L'art du statuaire embrasse d'abord la composition du
modèle, ou la *plastique*, partie la plus importante et la
plus délicate du travail. Le modelage s'exécute avec une
spatule en bois, appelée ébauchoir, sur la cire ou sur
l'argile plastique.

Le modèle étant arrêté, le sculpteur procède au dé-
grossissement du bloc de pierre, — en général, on emploie le marbre, — puis il finit avec le ciseau ses sta-

tues, dont nous représenterons quelques spécimens parmi les monuments, au dernier chapitre.

§ VI.

CHAUX VIVE.

La chaux ne se trouve pas dans la nature; c'est une pierre artificielle que l'on obtient en réduisant les calcaires par la calcination. Cette opération expulse l'acide carbonique (44 parties); il reste alors l'oxyde de calcium, ou la chaux [1] (56 parties).

Cette transformation de la pierre calcaire a lieu dans des fours d'une construction spéciale, dépendant de la nature du combustible.

Il y a des fours à *cuisson périodique* et des fours à *cuisson continue*, ou fours *coulants*.

Dans les premiers, les pierres et le combustible sont chargés séparément; on met dans le fourneau toute la masse devant être cuite dans une fournée; on retire la chaux lorsque le feu est éteint et le four refroidi.

Pour examiner si la cuisson de la chaux est terminée, on enfonce dans le four, par en haut, une tringle en fer;

---

[1] Chaux (*calx*, en latin). La calcination est le traitement d'une substance quelconque par le feu; quand cette opération a lieu au contact de l'air, la nature chimique de la substance à calciner se trouve modifiée. On faisait cette expérience généralement avec des métaux qui, à l'exception des métaux précieux, perdaient leur éclat et se transformaient en une poudre terne appelée *chaux métallique*; à l'époque de l'alchimie, où ces essais furent tentés, on ne connaissait pas encore l'oxygène, ni son action sur presque tous les corps.

dès que celle-ci pénètre facilement dans le tas, la cuisson est arrivée à point.

Les fours continus se chargent indéfiniment; par la partie inférieure on retire la chaux au fur et à mesure qu'elle est calcinée; tandis que par la partie supérieure on ajoute la pierre et le combustible, exactement comme dans les hauts fourneaux où l'on coule la fonte. Cette méthode est économique, mais elle donne des résultats inférieurs.

Fours à chaux.

La décomposition du calcaire par le feu n'est cependant pas aussi facile qu'on pourrait le croire. Comme toute cuisson, elle doit être faite à point; ce qui a lieu lorsque la chaux vive fuse ou se délaye promptement et complétement. Trop calcinée, elle reste quelquefois un ou deux jours dans l'eau sans avoir subi une extinction complète; ce sont les *biscuits*. Si elle renferme des substances étrangères : de la silice, de l'alumine, du fer, du manganèse, elle peut même se vitrifier et ne plus s'éteindre du tout, c'est la *chaux brûlée*. Si au contraire la cuisson n'est pas complète, il reste des *incuits*; ceux-ci d'abord ne peuvent pas donner de la chaux, parce qu'ils contiennent de l'acide carbonique, ensuite ils sont beaucoup plus difficiles à réduire par une seconde calcination; aussi les chaufourniers rejettent-ils les pierres refroidies avant le terme de la cuisson.

Il faut donc bien surveiller la marche de la température à laquelle cette décomposition a lieu; c'est le rouge cerise passant au rouge blanc.

Après la cuisson, la pierre calcaire a perdu la moitié de son poids primitif par l'évaporation de l'eau et de l'acide carbonique; mais cette diminution est moins grande en volume qu'en poids; elle est à peu près d'un dixième du volume primitif.

La cuisson est favorisée par la vapeur d'eau; les chaufourniers emploient de préférence les pierres au sortir de la carrière, parce qu'elles sont humides.

La chaux vive, telle qu'elle sort des fours, est une pierre dure, brune, noirâtre avec des taches blanches; il faut la conserver dans des récipients fermés, car, exposée à l'air libre, elle tomberait bientôt en poussière.

Elle n'a pas d'usage dans l'industrie. On ne s'en sert que dans des travaux chimiques, pour absorber l'humidité, et dans des manipulations pharmaceutiques, pour cautériser. Afin d'éviter toute équivoque, nous ajouterons : la chaux vive commence à être utile quand elle se transforme en chaux éteinte.

§ VII.

CHAUX ÉTEINTE.

Combinée avec l'eau, la chaux forme un hydrate qui prend le nom vulgaire de *chaux éteinte*. L'opération produisant cet hydrate s'appelle l'*extinction de la chaux*.

Elle se pratique de trois manières différentes :

La première, l'*extinction spontanée*, — la plus commode, — consiste à abandonner la chaux à elle-même ; elle s'éteint petit à petit, en absorbant l'humidité de l'atmosphère, et se réduit en poussière.

La deuxième manière, celle de l'*aspersion* ou de l'*arrosement*, est généralement adoptée. Dans des caisses carrées en bois, de deux pieds de hauteur sur vingt de largeur, on éparpille les pierres cuites, et on y jette de l'eau à l'aide de baquets ou d'arrosoirs ; ceux-ci répandent l'eau plus uniformément. Au bout de quelques secondes, la chaux éclate avec bruit, se boursoufle, augmente de volume, *foisonne*, dégage des vapeurs brûlantes, caustiques, et se fond en une bouillie épaisse ; en un mot, elle *fuse*. On la triture convenablement, puis, la porte de la caisse ouverte, on laisse couler la chaux sous une fosse et on la recouvre de sable. A défaut d'une caisse, on élève de petits bourrelets en terre ou en sable sur une aire en planches, ou simplement sur le terrain, et on opère de la même façon. Il est très-important de veiller à la quantité d'eau employée ; s'il y en a trop, la chaux est *noyée*, et perd ses qualités ; s'il n'y en a pas assez elle *décrépite à sec*, et si l'on ajoute de l'eau après coup, il se produit un sifflement de mauvais augure, — la chaux se divise fort mal et souvent reste grenue. Il faut donc bien mesurer l'eau et la jeter en une fois. La pratique seule peut en indiquer la quantité, qui dépend de la nature des chaux.

La troisième manière est celle de l'*immersion*, que les Romains nous ont apprise. Les pierres cuites sont placées dans un panier et plongées dans l'eau pendant quelques secondes ; le panier est retiré avant la fusion ou décrépitation ; on étale la chaux, qui bientôt après tombe en poussière.

La chaux absorbe 20 pour 100 de son poids d'eau pour se transformer en hydrate, elle triple de volume ; mais si l'on ajoute encore de l'eau, on obtient une espèce de bouillie appelée *lait de chaux* ; plus d'eau encore, cette bouillie tombe au fond et donne l'*eau de chaux*, ou *chaux dissoute*. Elle se dissout dans huit cents fois son poids.

Quand l'eau s'est évaporée, il se forme à la surface de la chaux des fentes ou gerçures ; l'air pourrait s'y introduire, et pour éviter cet accident, on la couvre de sable, comme nous l'avons dit.

Si la quantité de l'eau d'extinction est importante, sa qualité ne l'est pas moins. Comme règle invariable on dit : Ne pas prendre de l'eau impotable ; les eaux de la mer éteindraient la chaux, mais formeraient immédiatement des sels, et empêcheraient la durée des pierres dans les bâtisses.

La chaux éteinte sert pour blanchir les murs, pour précipiter les immondices tenues en suspension dans les

eaux des *égouts*, pour amender les champs de labour.
Mais elle trouve son application principale dans les mortiers; nous le verrons dans le paragraphe suivant.

Voici les divers aspects sous lesquels se présente
cette utile matière.

On peut diviser les chaux éteintes en trois classes : les
chaux pures ou grasses, les chaux impures ou maigres,
et les chaux hydrauliques, durcissant dans l'eau. Les
deux premières espèces s'y délayent.

L'essai physique et mécanique de la pierre calcaire,
son analyse chimique même, ne suffisent pas pour reconnaître les diverses espèces de chaux; les expériences
en grand donnent seules des indices certains. Il y a
néanmoins un précepte général pour obtenir de la bonne
chaux : choisir les calcaires les plus durs, les plus
lourds, du grain le plus homogène et de la contexture
la plus compacte; les cailloux calcaires, les marbres,
donnent presque toujours des résultats avantageux.

La *chaux grasse* ou *pure* provient d'un calcaire blanc;
elle *foisonne* beaucoup. Réduite en pâte molle, elle est
grasse au toucher; placée dans un bassin imperméable,
elle peut rester pendant un grand nombre d'années dans
le même état; sa consistance n'augmente pas. Mais si on
l'expose à l'air sous forme de petits cubes ou de boules,
elle durcit à la suite de la dessiccation et de l'absorption de l'acide carbonique. On peut donc l'employer
dans la bâtisse exposée à l'air.

La *chaux maigre* est obtenue par le calcaire renfermant du sable de quartz, de l'oxyde de fer, de la magnésie, du manganèse; elle développe peu de chaleur quand

on la met en contact avec l'eau. On l'utilise comme la précédente.

La *chaux hydraulique* est le produit de la calcination d'un calcaire renfermant de l'argile et de la silice très-divisée ; elle fait prise dans l'eau, de là son nom. Si elle renferme 12 pour 100 d'argile, elle durcit au bout de vingt jours ; à 24 pour 100, en deux jours ; à 30 pour 100, en quelques heures. Au delà, l'*hydraulicité* cesse, et la chaux se comporte comme de l'argile.

Le moyen de reconnaître l'hydraulicité de la chaux consiste à mettre ce minéral dans un verre et à le recouvrir d'eau ; on y enfonce au bout de quelque temps des pointes en fer pour essayer sa dureté.

On explique le phénomène de l'hydraulicité de la manière suivante : pendant la cuisson du calcaire, il s'établit une combinaison chimique entre la chaux et la silice à l'état libre ou contenue dans l'argile. La division extrême de la silice, — *silice en gelée*, — est la condition absolue de l'hydraulicité. Il se forme sous l'eau, entre l'hydrate de chaux et les silicates d'alumine, un mélange qui détermine une nouvelle agrégation rendant la chaux insoluble ; une espèce de cristallisation confuse s'est ainsi opérée. On a mis cette observation à profit pour produire de la chaux hydraulique artificielle, comme nous le verrons plus loin.

§ VIII.

CHAUX HYDRAULIQUES ARTIFICIELLES ET CIMENTS.

La chaux hydraulique naturelle ne se trouve pas partout, mais partout aujourd'hui on construit des ouvrages sous-marins. On a donc songé à fabriquer cette précieuse matière. C'est à l'ingénieur Vicat qu'on est redevable de la mise en pratique de cette idée.

A cet effet sont mélangés, dans les proportions donnant l'hydraulicité voulue, de l'argile, des briques pilées ou du sable quartzeux, avec du calcaire dissous ou ramolli dans l'eau. Le calcaire choisi est de la marne ou de la craie tendre. Ce mélange est trituré dans des manéges à mortier ; on en forme une pâte qui est coupée en petits morceaux, puis séchée à l'air et cuite comme la pierre à chaux.

Quand on n'a pas de calcaire délayable sous la main, on se sert de chaux éteinte. C'est donc une double cuisson et par conséquent une double dépense de combustible. Il y a encore une autre dépense, c'est celle de la pulvérisation de ces chaux artificielles ; comme elles ne fusent pas à l'instar des chaux naturelles, il faut les moudre en farine. On confond souvent ces premières avec les ciments.

Les *ciments* sont des espèces de chaux hydrauliques, possédant l'hydraulicité au plus haut degré, c'est-à-dire qu'ils durcissent au bout de quelques minutes. Cette définition n'est pas absolue, car dans le principe on comprenait, sous le nom de ciments, les matières ajoutées à la chaux pour constituer les mortiers hydrauliques. Cette distinction, du reste, n'a pas une grande importance.

Pour fixer les idées, nous dirons que les ciments se composent d'une partie de chaux et de trois parties de matières argileuses calcinées. Ces matières sont : la pouzzolane naturelle, le trass, ou tuf volcanique pulvérisé, puis les pouzzolanes artificielles.

Parmi les ciments les plus répandus figure le *ciment de Parker,* ou de *Portland,* appelé généralement *ciment romain,* mais à tort, car les Romains ne l'ont jamais connu ; ils n'employaient que la poudre de pouzzolane dans leurs mortiers de chaux grasse. Ce ciment provient de la calcination de la craie mélangée avec de la vase argileuse.

Les calcaires naturels de Vassy et de Pouilly, en France, sont également désignés sous le nom de ciments ; ce sont des pierres à chaux argileuses, de couleur bleue, devenant jaunes par la calcination.

On expédie ces ciments soigneusement enveloppés ou dans des barils, afin qu'ils ne s'éventent pas, c'est-à-dire qu'ils n'absorbent pas la vapeur d'eau et l'acide carbonique renfermés dans l'air.

On les emploie purs pour étancher des sources dans des radiers ou pour le rejointoiement des maçonneries qui doivent être immédiatement submergées, telles que : rigoles, aqueducs, blocs de remplissage, dans des cas exceptionnels.

L'emploi des ciments doit se faire avec une grande rapidité, afin qu'ils ne durcissent pas à l'air. On les gâche, comme le plâtre, avec un peu d'eau, et, surtout, à l'abri du soleil, car ils sécheraient trop tôt.

Les *pouzzolanes artificielles* s'obtiennent par la calcination d'une partie de chaux et de sept parties de matières argileuses provenant des tuiles, des briques ou des scories de forge, ou des pierres plutoniques déjà altérées par les influences de l'atmosphère.

La pulvérisation de ces matières doit être parfaite, afin qu'elles soient réduites à l'état de farine minérale ; il suffit ensuite de les mélanger avec les mortiers ordinaires, pour communiquer à ces derniers l'hydraulicité, ou faculté de durcir sous l'eau.

Ces pouzzolanes, ou argiles vitrifiées, renferment de la chaux, mais sa quantité indiquée ci-dessus est si faible, que l'eau n'y exerce aucun effet ; aussi ne les emploie-t-on jamais à l'état pur.

§ IX.

PLATRE.

La pierre à plâtre, dite gypse, calcinée, forme le *plâtre*.

Dans de bonnes conditions de préparation, il doit renfermer trois parties de chaux, cinq parties d'acide sulfurique et deux parties d'eau.

Il se fige rapidement en une masse solide, lorsqu'on lui rend, par le gâchage, l'eau que le gypse avait perdue par l'action du feu dans un *four à plâtre*, semblable au four à chaux.

Le meilleur procédé pour faire cuire la pierre à plâtre consiste à lui communiquer d'abord une chaleur modérée, pour chasser l'humidité qu'elle contient; puis à augmenter le feu, qu'on maintient pendant vingt-quatre heures.

Aussitôt l'opération terminée, le plâtre doit être réduit en poudre fine, soit en le battant avec des maillets, soit en l'écrasant entre des meules en pierre; il faut le conserver dans des tonneaux et le placer dans des lieux secs, à l'abri du soleil; pour peu qu'il reste exposé à l'air, il perd la faculté de durcir, et se gerce alors facilement.

Quand le plâtre est trop cuit, — brûlé, — il ne se forme pas en bouillie; s'il ne l'est pas assez, il ne se dissout pas dans l'eau et tombe au fond.

Le commerce distingue : — le *plâtre au panier*, c'est le plâtre commun en poudre grossière ; — le *plâtre au sas* est plus fin, il a été passé au tamis; — puis vient le *plâtre au tamis de soie*, réservé à des travaux délicats dans l'intérieur des habitations.

Dans l'agriculture, le plâtre joue comme engrais le même rôle que la chaux.

Il sert principalement de mortier; il s'attache aussi bien aux pierres qu'au bois; on en recouvre les cloisons et les planchers; on en décore aussi les plafonds et les façades des maisons en moellons. C'est une matière très-commode, comme mortier, pour la construction des murs ordinaires.

Le plâtre est envoyé sur les chantiers des maçons dans des sacs de vingt-cinq litres; le *gâcheur* met le contenu de deux sacs dans une auge, le rend liquide en y versant de l'eau petit à petit, puis le gâche, — le remue avec une truelle en cuivre; le plâtre doit être employé dans un délai de six à dix minutes, sans cela il prend, se fige et se solidifie, et ne peut plus servir.

On mélange aussi le plâtre avec le mortier de chaux, dans la proportion d'une partie de plâtre et de trois parties de chaux. Le plâtre gâché augmente de volume en faisant corps, tandis que le mortier diminue ; ce mélange neutralise l'effet de ces deux actions contraires et empêche les gerçures et les fentes. Il y a donc de grandes précautions à prendre lorsqu'on emploie le mortier et le plâtre séparément dans un seul et même ouvrage.

Les *mouleurs en plâtre* s'occupent du moulage des clichés d'imprimerie, des statues, des bustes, des bas-reliefs. Quand cette opération a lieu par pièces détachées, elle offre le grave inconvénient de laisser sur les objets moulés des coutures et des protubérances qui exigent des réparations et des retouches toujours défavorables à la pureté et à la vérité de la reproduction.

On avait cherché, mais en vain, une matière élastique pouvant se prêter au contour des pièces à mouler et acquérir en même temps assez de consistance pour devenir un moule solide, — lorsqu'en 1824 on eut l'idée d'employer la gélatine. Cette substance a donné le moyen de reproduire, de la manière la plus fidèle, tous les petits détails de la figure.

L'invention du *plâtre aluné*, qui date de 1840, a aussi contribué au perfectionnement du moulage. Le plâtre ordinaire, avec 2 pour 100 d'alun, prend très-lentement ; on peut donc le travailler avec facilité ; il acquiert la dureté et la résistance de la pierre, et sous ce rapport il est supérieur au plâtre pur et au stuc.

§ X.

MORTIER ET BÉTON.

Les mortiers sont des mélanges de chaux et de sable, destinés à donner une certaine liaison entre les pierres des maçonneries.

Le sable ne remplit ici qu'un rôle purement mécanique ; il sert à diviser la chaux et à favoriser sa combinaison avec l'acide carbonique répandu dans l'atmosphère ; il empêche aussi la chaux de prendre un trop grand retrait en séchant et d'y laisser s'établir des vides qui pourraient compromettre la stabilité des constructions.

La chaux des mortiers extérieurs seule se change en carbonate. Les parois intérieures restent à l'état d'hydrate ; on en trouve dans les maçonneries romaines.

Les mortiers durcissent, suivant les circonstances : par la combinaison de la chaux avec la silice ; par l'absorption de l'acide carbonique ; par l'évaporation de l'eau ; et, une fois durcis, ils adhèrent aux pierres et constituent avec elles une masse homogène, tant à l'air que sous l'eau et dans la terre.

Pour les mortiers à l'air, on emploie la chaux grasse ; pour les mortiers sous l'eau, la chaux hydraulique.

Quand on le peut, il faut choisir du sable bien pur.

Il faut aussi être difficile pour l'eau ; ne se servir que de celle qui est potable, exactement comme pour l'extinction de la chaux. L'eau salée est à rejeter ; elle décompose les mortiers, et le sel se montre en efflorescences, à la surface des murs, qui resteront toujours humides.

On opère le mélange de sable et de chaux à bras ou à la mécanique.

Dans le premier cas, on étend sur une aire en planches trois brouettes de sable, puis une brouette de chaux, et on les triture à l'aide d'un rabot. Si la chaux est trop raffermie, on l'écrase avec un pilon.

La fabrication mécanique a lieu dans un manége avec deux roues mues par deux chevaux. On le place sur un monticule dans lequel on taille une auge circulaire garnie de maçonnerie ; cette auge a une ouverture fermée par une planche qu'on enlève afin que le mortier puisse s'écouler.

On se sert aussi de tonneaux de 1 mètre 50 de hauteur ouverts sur le côté. Un arbre avec des dents en fer tourne dans le tonneau et opère le mélange. Un cheval suffit pour ce travail.

Les mortiers doivent être fabriqués à couvert, à l'abri du soleil et de la pluie ; le soleil les dessécherait, la pluie les détremperait. Dans les grandes chaleurs, il faut les arroser, afin qu'ils conservent l'eau nécessaire à leur solidification et ne tombent pas en poussière.

Les pierres des maçonneries ne doivent pas être non plus trop sèches, sans quoi elles absorberaient l'eau des mortiers.

Il y a bien des précautions à prendre pour obtenir de bon mortier. La chaux, — primitivement ramenée à l'état de pâte homogène, doit être écrasée avec le sable, de façon qu'elle disparaisse à la vue ; il faut que chaque grain de sable soit complétement enveloppé de chaux ; enfin le mortier ne doit pas être trop liquide ; mais les maçons sont toujours portés à y mettre beaucoup d'eau, car alors il est facile à manipuler et demande moins de temps pour sa mise en œuvre.

Le béton, — espèce de maçonnerie coulée, — est un mélange de mortier hydraulique et de pierres cassées, blocailles ou cailloux, servant à économiser le mortier.

Il est gras ou maigre, suivant la proportion forte ou faible de mortier ; celui-ci doit toujours remplir complétement les vides entre les cailloux, — comme la chaux remplit les vides entre les grains de sable.

Ces vides se déterminent, pour le béton, en remplissant de cailloux un vase d'une capacité connue et en y versant de l'eau jusqu'à ce qu'elle déborde. Le volume de l'eau est égal à celui des vides, à moins que les blocailles ne soient spongieuses ; dans ce cas, il faut les laisser pénétrer, avant cette expérience, de la quantité d'eau qu'elles peuvent absorber. En moyenne, ces vides égalent la moitié de la capacité totale.

Le dosage du béton et sa fabrication ont lieu comme pour le mortier.

Il est échoué dans l'eau avec des caisses à clapet, afin qu'il ne se délaye pas ; car la chaux ne servirait alors qu'à produire de l'eau de chaux.

Le béton est employé pour radiers, réservoirs, fondations des édifices dans l'eau ou les terrains humides, massifs de fondations sur les terrains mouvants, sol des caves, fondements de trottoirs, blocs artificiels des travaux de défense maritime.

Dans ce dernier cas, son utilité absolue n'est pas encore suffisamment démontrée, à cause de son altération par l'eau de mer. Des recherches à ce sujet furent provoquées à l'occasion des désastres survenus, vers 1840, aux constructions hydrauliques de Saint-Malo, du Havre et de la Rochelle ; voici les observations constatées.

En dehors de l'action mécanique des vagues, il n'a pas encore été possible de déterminer d'une manière positive les causes de ces altérations. Seulement, on a remarqué qu'elles coïncident, — dans les ouvrages détériorés, — avec la présence du sulfate de chaux qui se forme par la combinaison du sulfate de magnésie contenu dans l'eau salée.

L'expérience a démontré que le mortier peut résister parfaitement à Alger et s'altérer à Toulon, d'où on tire la conséquence pratique qu'il faut essayer préalablement les mortiers dans la localité même où ils doivent être employés. En attendant la solution de ce problème, on se contente de couvrir les blocs de béton avec une couche d'asphalte, comme nous le verrons plus loin.

§ XI.

MAÇONNERIE.

L'art de la maçonnerie est aussi ancien que le monde, et souvent on ne retrouve la trace des peuples disparus que par leurs constructions en pierre.

Cet art, quoique simple en apparence, demande néanmoins de grandes études pour arriver à des résultats satisfaisants.

Il faut savoir choisir des fondations convenables, pour éviter l'affaissement des édifices ; il faut connaître

Maçonneries fondées directement sur le rocher. (Citadelle de Savone, dans le golfe de Gênes.)

la qualité des pierres, afin de ne pas employer celles qui se dégradent au bout de peu de temps ; il faut ensuite les tailler et les placer de manière à donner à la bâtisse la solidité et la beauté voulues.

L'état des maçonneries dépend de leur base. La pre-

Mur d'enceinte à Constantinople.

mière condition à exiger du sol sur lequel on construit est son incompressibilité, ou du moins sa compressibilité uniforme ; dans ce dernier cas, les tassements n'occasionnent pas de disjonctions dans les diverses parties de la maçonnerie, et l'on n'a à redouter ni lézardes ni déchirements. On établit donc des résistances artificielles par une charpente souterraine en pilotis, ou encore on creuse dans les terrains compressibles des fosses que l'on remplit de béton.

Ces pilotis, coûtant très-cher, ont quelquefois été remplacés par du sable. A cet effet, on les retire; ils n'ont servi qu'à produire une espèce de trou de sonde, dans lequel on coule du sable, comprimé au fur et à mesure avec un boulet attaché à une chaîne.

Les bâtiments de luxe, les monuments, les grands ouvrages d'art, sont exécutés entièrement en pierre de taille, ou *maçonnerie d'appareil;* dans les travaux ordinaires on utilise le moellon piqué pour le parement vu, et le moellon tel qu'il sort de la carrière pour la maçonnerie intérieure. Les angles seuls sont en pierre de taille.

Les Grecs et les Romains élevaient leurs constructions d'appareil généralement sans mortier. Les surfaces des pierres étaient travaillées avec un soin infini; on croit même qu'ils les frottaient les unes contre les autres, car les joints y étaient à peine visibles; on les reliait ensuite avec des crochets en bronze.

Aujourd'hui, on emploie toujours le mortier, dont le but est de faire adhérer les pierres entre elles; la pression est ainsi répartie sur toutes les faces, qu'on ne dresse plus avec autant de précision comme dans les travaux antiques. Cependant le mortier n'est pas incompressible d'une manière absolue; en séchant il diminue de volume, et si les pierres sont mal taillées, elles se touchent en quelques points seulement, ce qui peut entraîner leur rupture.

Ainsi, lors de la construction des piliers du Panthéon,

à Paris, on avait évidé, — creusé légèrement, — les lits, afin d'obtenir des joints très-minces ; mais aussi, lors du desséchement du mortier, les arêtes ont éclaté, et il a fallu, par des manœuvres très-compliquées, remplacer les pierres défectueuses.

Ce moyen d'évider les lits étant reconnu mauvais, on a recours à un autre procédé, sinon meilleur, au moins plus expéditif. On pose les pierres sur des cales en bois, puis on remplit les joints avec du mortier ou du plâtre. Les pierres n'adhèrent pas et ne s'appuient en réalité que sur des cales qui se tassent et peuvent faire pencher la maçonnerie. Ce mode doit être sévèrement proscrit. Il faut essayer la pierre, voir si elle est placée d'aplomb, l'enlever, et la replacer sur un bain de mortier.

Mais cela n'est pas la seule règle à observer dans la maçonnerie. Il faut disposer les pierres de manière à éviter leur disjonction ; les joints verticaux ne doivent donc jamais se suivre. On met alternativement à l'extérieur le grand côté, et le petit côté des pierres dans chaque assise : en *carreaux* quand le plus grand côté est mis en parement ; en *boutisse*, dans la position inverse, et en *parpaings*, qui sont des parements à deux faces.

Les maçonneries se présentent comme *murs*, comme *colonnes* et comme *voûtes*.

Parlons d'abord des murs ; on y distingue :

Les *murs de face*, qui forment les faces principales d'un bâtiment ;

Les *murs latéraux*, qui composent les côtés ;

Les *murs de pignon*, qui dépassent le toit ;

Les *murs de refend*, qui divisent l'intérieur ;

Les *murs mitoyens*, qui séparent les propriétés;

Les *murs d'appui*, ou parapets, sur lesquels on s'appuie;

Les *murs de terrassement*, qui retiennent les terres d'une plate-forme ou d'un déblai;

Enfin, les *murs de clôture* et de *fortification*.

Quant à l'épaisseur à donner à un mur, elle dépend

La grande muraille de la Chine.

de la hauteur, de la résistance qu'il doit opposer, ainsi que de son mode de construction. Cette épaisseur est indiquée par des formules mathématiques, et ce n'est point ici le lieu de les démontrer[1].

[1] *Aide-mémoire du constructeur de travaux publics*, par ÉMILE WREN. (Mallet-Bachelier, éditeur.)

Maintenant, quant à la longueur d'un mur, elle est illimitée, et le mur chinois en est une preuve.

C'est une gigantesque ceinture en pierre, renforcée de bastions et de tours qui, sur une étendue de trois cents lieues, traverse les vallées et les fleuves et passe par-dessus les montagnes. Ce mur a cent cinquante pieds de hauteur et dix-huit pieds d'épaisseur; il se compose d'un pisé, garanti par un revêtement en briques et basé sur une fondation en granit. On a commencé sa construction, qui a duré vingt-deux ans, trois siècles avant Jésus-Christ. Il a pour but d'opposer une barrière infranchissable à l'invasion des Tartares.

Les *colonnes*, quand elles ne sont pas des monolithes, s'édifient de la même façon que les murs, c'est-à-dire, en plaçant les pierres les unes sur les autres, ce qui est un travail élémentaire.

Sous l'empire romain, les colonnes étaient exécutées avec un très-grand luxe qu'on ne retrouve plus dans les constructions modernes; elles étaient en marbre, en porphyre, en brèche d'Égypte; c'étaient là les vraies colonnes des patriciens; aujourd'hui on se contente généralement du faux, de l'imitation : colonnes en stuc coloré, ou pis encore, en charpente converte d'un manteau de plâtre; l'art a fait place à l'industrie.

Dans les *voûtes*, dont l'invention est attribuée aux Grecs, on met les pierres en partie les unes à côté des autres en demi-cercle ou *plein cintre*; mais comme la hauteur est égale à la largeur, il est évident que si on voulait donner à l'arche d'un pont, en terrain de niveau, une grande ouverture, elle deviendrait haute comme une tour, et l'on ne pourrait y monter qu'avec des abords d'un quart de lieue de longueur. Il faut donc avoir

Plein cintre antique en pierres de taille. (Voie douloureuse à Jérusalem.)

recours aux *arcs surbaissés*, qui sont des parties de demi-circonférence, et dont l'établissement est un des

problèmes les plus compliqués de l'art de l'ingénieur ;
car il s'agit de satisfaire à deux conditions opposées : la
plus grande ouverture possible avec la moindre élévation. La limite entre ces deux dimensions se trouve dans

Voûtes en ogive. (Église Saint-Germain l'Auxerrois à Paris,
avant sa restauration.)

la force de résistance des matériaux ; si on la dépassait,
la clef de voûte serait écrasée, car elle est d'autant plus
comprimée que la hauteur de l'arche est plus petite.

Le cercle n'est pas la seule figure géométrique donnée aux voûtes; on voit aussi l'*ogive* dans les arcades gothiques, l'ellipse dans les tunnels; mais on préfère le cercle, qui est la courbe par excellence, la plus simple et la plus facile à construire.

Quand il s'agit d'un ouvrage très-important, on établit une *voûte d'essai*; à cet effet, on la bâtit sur les chantiers des carrières avec les voussoirs destinés à l'arche définitive; bien entendu on ne les maçonne pas. On les place sur les *cintres*, qui sont des voûtes provisoires en bois; on les y laisse pendant quatre mois; puis on les essaye avec des chargements de sable, de pierres, ou de toute matière lourde qu'on a sous la main, — à peu près deux mille kilogrammes par mètre carré; on y fait rouler des chariots, et on voit les voussoirs à la clef qui montent et qui ensuite descendent naturellement, mais pas au delà de quelques millimètres. Ils sont soumis aussi à l'épreuve du choc; on y établit alors un petit chemin de bois sur lequel on place des coins en fer; on y fait avancer un chariot chargé qui à un moment donné tombe du coin sur la voûte; et pour que les ouvriers soient à l'abri de tout danger, on tire le véhicule d'expérimentation avec un câble enroulé sur un cabestan.

On peut observer ces divers mouvements au moyen d'un appareil très-simple; on fixe sur le terrain une règle en bois avec une aiguille et un cadran. L'aiguille est un levier dont le petit bras touche à la clef de voûte et dont le grand bras marque les degrés du mouvement.

Voici maintenant les autres genres de maçonnerie.

Dans les *maçonneries mixtes*, on emploie des pierres de taille avec des moellons et des briques.

L'*opus incertum* des Romains était un amas de blo-

Voûtes ogivales en maçonnerie d'appareil.

cailles ou de béton, contenu extérieurement par de petits moellons, avec des angles en pierre de taille.

Il y a encore le *perré*, qui comprend des moellons posés sur les talus des terrassements exposés à des dégradations par les eaux surtout.

Les maçonneries subissent, — comme toute chose dans ce monde, — l'action du temps, qui s'y fait sentir par les influences atmosphériques et par l'usure.

La pluie, l'humidité dégradent les pierres tendres très-vite; leur action destructive n'apparaît sur les pierres ignées qu'au bout de plusieurs siècles, les arêtes des constructions égyptiennes en granit sont à peine entamées.

Les variations de la température agissent également sur les maçonneries, ce qui a été constaté par des expériences toutes récentes. Les clefs de voûte se relèvent quand il fait froid et s'abaissent quand il fait chaud.

On peut encore citer d'autres exemples de dilatation des maçonneries. Dans les grandes chaleurs des murs de clôture se bombent, puis en hiver ils s'écroulent.

Certains bassins en béton se fissurent quand il fait froid, et redeviennent étanches au printemps.

On ne s'occupe pas beaucoup de l'entretien des maçonneries. Quand elles sont dégradées, le maçon les répare avec du mortier ou du crépi; quand elles sont sales, il les gratte. Mais ce grattage entame les moulures et n'est jamais fait à fond. On a donc recours à la vapeur, fournie par une locomobile dans des tuyaux en caoutchouc terminés par des lances de pompes à incendie, lesquelles sont dirigées sur les murs, comme si on voulait éteindre le feu; la vapeur s'y condense, forme une buée et dissout la couche de poussière qu'un jet d'eau enlève.

Après avoir examiné l'œuvre, — faisons maintenant connaissance avec l'ouvrier.

Dans l'antiquité, les maçons, comme tous les travailleurs, étaient des esclaves ; au moyen âge, ils faisaient partie de ces confréries religieuses dont les unes se vouèrent à l'édification des premières basiliques romanes et les autres à la construction des ponts, d'où leur était venu le nom de *frères pontifes*.

Chez les Romains, le prêtre ou *pontifex* était en même temps ingénieur des ponts et chaussées, sous les ordres du grand prêtre ou *pontifex maximus,* qui remplissait les fonctions de ministre des travaux publics.

Lorsqu'aux douzième et treizième siècles se formèrent parmi les maçons les sociétés de compagnonnage, elles réunirent par exception les patrons et les ouvriers ; on leur doit les cathédrales gothiques élevées en France, en Allemagne et en Angleterre. Leurs œuvres ont traversé plusieurs siècles, et leur souvenir se perpétue maintenant dans la franc-maçonnerie.

Nos maçons voyageaient d'un endroit à l'autre ; mais, par suite d'un édit de François Ier, ils furent obligés de se fixer, et dans chaque ville s'organisèrent des corporations sédentaires.

Néanmoins, les ouvriers du Limousin, accoutumés aux travaux de maçonnerie depuis que Richelieu les avait appelés à construire la grande digue de la Rochelle, avaient pris l'habitude de quitter chaque année leur pays pour aller chercher au loin de l'ouvrage ; un grand nombre venaient de préférence à Paris, où se multiplièrent les constructions dans des proportions telles, qu'une déclaration du roi Louis XIII porta défense de tant bâtir dans la ville et les faubourgs. On ne fit pas attention à l'ordonnance royale, et Paris continua de s'agrandir.

Sous Louis XIV, le nombre des maçons n'étant plus en rapport avec le développement des travaux, il fallut recourir aux prisonniers de guerre pour édifier les gigantesques bâtisses de Versailles et de Marly, la colonnade du Louvre, les arcs de triomphe de la Porte Saint-Denis et de la Porte Saint-Martin, le palais Mazarin, l'hôtel des Invalides, etc.

Les maçons travaillent sous la direction d'un entrepreneur, ou comme tâcherons. Ils sont surveillés par un architecte dans les bâtiments, ou par un ingénieur dans les ouvrages qui se rapportent aux voies de communication, tels que ponts, phares, ports de mer, etc., etc.

Parmi les maçons figurent aussi les *puisatiers*, qui se chargent de l'établissement et du curage des puits.

Une nouvelle industrie, qui est issue de la maçonnerie, a été créée à Paris pendant ces dernières années; on pourrait l'appeler, en quelque sorte, une industrie négative. A la suite de l'immense abatage des vieilles maisons de la capitale, il s'est formé l'*entreprise des démolitions.*

Dans tous les pays chrétiens, les maçons sont constitués en confréries, corporations ou compagnonnages : leurs mœurs séculaires n'ont pas changé ; ils ont toujours les mêmes outils primitifs : la règle, le fil à plomb, le niveau, l'équerre, le compas, la truelle, la hachette

et le marteau ; ils fêtent le jour de l'Ascension, car leur
patron est le Christ.

§ XII.

MARBRERIE.

Les marbriers formaient vers 1600, en France, une
communauté sous le titre de *maîtres marbriers, maîtres
scieurs et polisseurs de marbre*; ils s'occupent aujourd'hui
de tous les travaux de mise en œuvre des pierres calcaires qui, sous le nom de marbre, peuvent recevoir le
poli et présenter de belles couleurs. Les marbres sont
livrés en blocs ou en tablettes par les carriers; quand
ils sont préparés, on les emploie aux usages les plus
divers dans le bâtiment et l'ameublement : pour devan-
tures de boutiques et de cheminées, pour dallages, colonnes, dessus de tables, ornements de magasins, monuments funèbres. Ils servent aussi de plaques de support
pour broyer le chocolat, pour battre l'or, pour cylindrer
les tissus; il y a des bassins et mortiers en marbre,
de même que des coussinets pour les essieux des roues
de machines.

Les *constructeurs* ou *entrepreneurs de tombeaux* forment une spécialité parmi les marbriers; ils ont leur
architecte et leurs ouvriers; mais quand les tombeaux
sont élevés par voie de souscription, ou par le gouvernement, l'entrepreneur travaille sous les ordres d'un
architecte agréé par l'administration.

Les marbriers exécutent également la taille de l'albâtre. Au commencement de ce siècle, un industriel italien ouvrit à Paris un atelier consacré à la fabrication de pendules, de vases et de statues en albâtre. Il reçut le titre de *fabricant d'albâtre du roi*, mais la vogue de ses produits fut de courte durée. L'albâtre est fragile et très-poreux; il absorbe facilement la poussière; cependant on en fabrique encore beaucoup d'objets, mais on les expédie à l'étranger, où on les garde sous des globes en verre.

§ XIII.

STUC.

Le stuc est une espèce d'enduit minéral formé de craie ou de plâtre, et gâché dans une dissolution de gélatine ou de colle forte. Il est blanc quand la colle est limpide; on le colore avec des oxydes de fer, de chrome, de cuivre, de manganèse; on imite aussi les brèches, en introduisant dans la pâte d'anciens fragments de stuc coloré.

La composition du stuc varie suivant les matériaux de la localité; mais, quels qu'ils soient, il faut les réduire à l'état de poudre très-fine.

Pour des ouvrages délicats, on choisit la pierre à plâtre très-blanche, on la casse en morceaux de la grosseur d'un œuf, et on la fait cuire dans un four de boulanger hermétiquement fermé.

L'application du stuc ne doit se pratiquer que sur des surfaces couvertes d'un crépi, qui est, — on le sait, — une couche raboteuse de mortier ou de plâtre jetée sur les murs avec une truelle ou un balai. Pour polir le stuc on emploie le grès pilé, la pierre ponce, puis on le frotte avec des chiffons enduits de cire.

Il sert pour revêtir les murs, les colonnes, les pilastres, les panneaux, les plinthes, les moulures des bas-reliefs et autres objets de décoration. On l'emploie également pour protéger les parois extérieures exposées à l'humidité, mais il n'a de durée que dans les appartements.

Les *stucateurs* sont des marbriers spécialistes, qui s'occupent de tout travail relatif à cette pierre factice.

§ XIV.

PAVAGE EN PIERRES TAILLÉES.

L'établissement du pavé sur les routes, les places publiques, dans les rues, les cours ou les habitations, remonte à la plus haute antiquité.

En Égypte, on a découvert des vestiges de routes pavées. Les Carthaginois, les premiers, ont pavé leurs rues, et cinq siècles après la fondation de Rome, la Ville éternelle fut également pavée. Les chaussées romaines subsistent encore aujourd'hui dans tous les pays qu'avaient occupés les anciens maîtres du monde, et dans les fouilles de Pompéi et d'Herculanum on découvre des pavés en maint endroit. Les propriétaires des maisons riveraines et les locataires étaient forcés de supporter les frais d'établissement du pavage de la voie publique.

On commença à paver les rues de Paris en 1180, sous Philippe-Auguste. Pendant trois siècles cette industrie fut très-languissante. Les paveurs étaient des ouvriers libres, travaillant pour le compte des bourgeois ; ils refusaient de faire les petites réparations des places défectueuses, afin de laisser s'aggraver le mal et de se procurer ainsi une besogne plus importante. De là vint pendant si longtemps le mauvais état des voies de la capitale. En 1500, enfin, les paveurs furent réunis en communauté ; plus tard, le roi de France Henri IV, se rappelant les usages des Romains, mit le pavage des rues de Paris à la charge des riverains, — « qui devaient promptement, sur l'invitation du grand

« voyer, rétablir les pavés rompus ou enlevés, et faire
« en sorte que le pavé neuf fût bien fait et au même
« niveau que celui de leurs voisins. »

L'usage de paver les rues des villes s'étendit bientôt

Route antique en Égypte.

aux routes, dont il existe aujourd'hui encore quelques
spécimens; on posait sur le sol de larges pierres plates,
des dalles surmontées de grosses pierres, placées de
champ, exactement comme du temps des Romains. Une
couche de pierres cassées était répandue sur cette fon-

dation et enfermée entre deux bordures parallèles en pierres de grandes dimensions. Cette chaussée, d'une construction dispendieuse, devenait très-cahotante quand les pierres étaient en partie découvertes par l'action du roulage. On les extrayait alors, on les cassait sur place, et au bout d'un certain temps il ne restait presque plus rien de la chaussée primitive, dont il fallait entreprendre la reconstruction.

Les règles pour établir un bon pavé sont très-simples. Les pierres taillées en cubes sont rangées obliquement à l'axe de la rue sur un lit de sable, puis enfoncées avec un pilon en bois garni d'un sabot en fonte; ce pilon, appelé *dame* ou *hie,* pèse 30 kilogrammes; les interstices sont également remplis de sable; pour les rigoles, on remplace le sable par du mortier hydraulique ou du bitume, afin de s'opposer à l'infiltration des eaux. La surface du pavé ne doit être ni trop unie ni trop raboteuse; elle ne doit présenter que quelques aspérités pour les pieds des chevaux.

Le pavé, une fois défoncé par le roulement des voitures, ne peut être réparé; il faut le reconstruire en entier. Que deviennent alors les vieux pavés? Je ne crois pas que l'on s'adresse souvent cette question. Quand les pavés de Paris sont mis à la réforme, on les expédie au Havre, d'où ils sont embarqués pour l'Amérique du Sud, afin de servir au pavage des rues de Montevideo et de Buénos-Ayres.

Disons encore, pour terminer, que la profession de paveur en pierres taillées n'a rien de commun avec celle des paveurs en d'autres matériaux.

§ XV.

PAVAGE EN PIERRES CASSÉES OU MACADAM.

Le *macadamisage* a pour objet d'empierrer les routes au moyen d'une couche de cailloutis de 20 à 30 centimètres d'épaisseur, sans fondation ni bordure. Ce mode de construction a déjà été pratiqué sous le règne de Louis XVI, mais on en attribue généralement l'invention à l'ingénieur écossais Mac Adam, qui l'appliqua sur une vaste échelle dès 1810.

Le lit de pierres étant établi, il fallait le tasser, afin d'en égaliser la surface.

La première voiture qui passait sur ce cailloutis y traçait un sillon, la seconde le marquait davantage, la troisième en formait une ornière que les cantonniers comblaient ; cette marche recommençait, et ce n'est qu'au bout de quelques semaines ou de quelques mois, — suivant l'activité de la circulation, — que la route se trouvait en état de viabilité ; mais ce travail des roues de voitures imposait au roulage une charge énorme, et ordinairement encore, après tant de sacrifices, on n'obtenait que des chaussées assez médiocres.

On songea donc à les rendre carrossables avant l'ouverture du passage public.

Les premiers essais pour tasser l'empierrement ont été tentés au moyen de rouleaux creux en bois remplis de terre ou de pierres, pour leur donner le poids nécessaire.

Puis on a construit des rouleaux en pierre, mais ils se

dégradaient trop vite, et on ne les employait qu'aux abords des villes et sur les promenades.

C'est en 1840 qu'on eut connaissance, en Alsace, d'un procédé employé dans la Prusse rhénane, où l'on *cylindrait* les routes avec des cylindres en fonte, après avoir saupoudré préalablement la chaussée avec du sable et de la terre grasse, afin d'obtenir la liaison des pierres superficielles.

Ce procédé fut essayé sur un quai, à Strasbourg, mais le début fut malheureux ; après bien des tâtonnements, l'auteur, — chargé de la direction des travaux, — finit par réussir[1].

Ce système se propagea ensuite avec rapidité, de département à département, et aujourd'hui, dans toute la France, dans toute l'Europe et en Amérique, les chaussées sont cylindrées.

Mais l'emploi des rouleaux compresseurs, traînés par des chevaux sur les voies fréquentées, comme par exemple celles de Paris, présente de graves inconvénients. Ces rouleaux d'abord entravent la circulation, puis les pieds des chevaux, arrachant la couche unie à peine formée et éparpillant les pierres que le rouleau a comprimées, produisent ainsi un effet inverse à celui que l'on veut obtenir.

On a donc substitué à ce système primitif le cylindre à vapeur.

L'expérience prouve qu'on ne peut mettre trop de soin à obtenir une certaine uniformité de grosseur dans les pierres ; elles doivent être cassées régulière-

[1] *Les Inventeurs*, par ÉMILE WITU, article *Macadam*.

ment, de manière à passer en tout sens par un anneau de 6 centimètres au plus ; mais comme on ne peut pas obtenir un cassage exact, on est porté à user de tolérance à cet égard.

On se figurait à tort que, les pierres étant de forme irrégulière, il pourrait être avantageux d'en avoir de plus petites pour remplir les interstices qui restent entre les plus grosses. Les pierres de même dimension finissent par s'enchevêtrer les unes dans les autres, de manière à laisser peu de vides entre elles, et ces vides se remplissent bientôt de sable. Alors toutes les pierres offrent une résistance égale à l'écrasement, et leur ensemble résiste beaucoup mieux que dans un mélange de différentes grosseurs, mélange dans lequel les petites pierres sont promptement écrasées par les grandes.

Lorsque les matériaux sont inégaux, il y a avantage à les diviser en deux tas par le triage, afin de les employer séparément, soit en plusieurs couches sur une même chaussée, soit, de préférence, sur des chaussées distinctes.

Le cassage à la main, surtout celui des roches très-dures, étant une opération longue et onéreuse, on a cherché à y substituer l'action de machines mues à la vapeur, généralement par une locomobile de la force de huit chevaux.

On emploie donc les *broyeurs américains,* qui consistent en deux fortes plaques de fonte, espèce de mâchoires entre lesquelles les pierres sont écrasées. L'écartement inférieur de ces mâchoires détermine la grosseur des fragments, et il est réglé par un coin manœuvré avec une vis. Le mouvement de va-et-vient des mâchoires est obtenu par un volant qui sert au besoin de roue pour transporter la machine d'un lieu à un autre. Sur l'arbre du volant se trouve un système de leviers qui produisent ce mouvement.

Les pierres cassées tombent dans un crible où s'opère la classification ; malheureusement le déchet est considérable, beaucoup plus que par le cassage à la main ; mais ce dernier coûte le double.

La réparation des chaussées a lieu, après un léger piquage de la surface, par des rechargements qui doivent être entrepris, autant que possible, en temps humide ; si le temps est sec, il faut arroser dès la veille.

La couche neuve ayant été répandue sans aucun détritus, on la mouille légèrement et on la cylindre à plusieurs reprises, jusqu'à ce que les pierres soient bien serrées ; ensuite, on y projette du sable et des détritus convenablement choisis, et on cylindre de nouveau, pour faire pénétrer ces matières dans tous les vides. Quand on en a introduit de trop, on y fait passer des tonneaux d'arrosage et on les noie ; quelques tours de cylindre suffisent pour en sortir l'excès, — *faire suer la chaussée,* — comme disent les ouvriers.

A Paris, on emploie le sable obtenu par le lavage de la boue des chaussées. Il s'y forme aussi du sable par le roulement des voitures, qui imprime aux pierres une légère trépidation ; celles-ci, frottées les unes contre les autres, se réduisent en poussière. Lorsqu'on pratique des tranchées dans un empierrement, on voit que le fond est couvert d'une couche de sable, — et cependant on n'en avait pas mis à cette place.

Le macadam bien établi a sur le pavé l'avantage de

ne pas autant fatiguer les attelages, de diminuer le bruit des voitures, et de ne pas causer aux édifices ces vibrations désagréables qui finissent par nuire à leur solidité; d'un autre côté, la boue et la poussière qu'il produit sont proverbiales; de plus, il donne lieu à des réparations continuelles, rendues cependant moins gênantes en y procédant la nuit.

Il ne reste plus qu'à nous occuper de la boue et de la poussière.

A Paris, la boue est maintenant enlevée par la *balayeuse mécanique*. C'est une grande brosse cylindrique installée sur un chariot traîné par un cheval, qui la fait tourner au moyen d'engrenages attachés aux roues.

Dans les rues de Paris, on arrose six fois par jour en été, plus fréquemment sur le macadam que sur le pavé. On a essayé de répandre des sels délisquescents, mais on y a renoncé; l'eau rafraîchit l'air et combat la sécheresse, tandis que les sels enlèvent l'humidité de l'atmosphère.

Sur les routes et les chemins vicinaux, la pluie et le vent opèrent seuls l'arrosement et l'enlèvement de la poussière; dans les cas extraordinaires, on adjoint aux rares cantonniers des auxiliaires qui rejettent dans les fossés ou sur les champs les boues et les immondices.

§ XVI.

PAVAGE EN ASPHALTE.

La première application de l'asphalte se trouve dans la construction des trottoirs.

Nous voyons journellement ce travail, sans avoir jamais le loisir de le suivre depuis le commencement jusqu'à la fin : il est, du reste, très-long.

Le trottoir ne doit pas se tasser, il faut donc damer le sol avant d'y couler le béton. Quand cette fondation est sèche, on apporte les pains d'asphalte, on les casse et on les jette dans la chaudière avec du bitume, pour aider à la liquéfaction de la masse. Puis on y ajoute du gravier, qui atténue l'action du soleil sur les trottoirs et les empêche de se ramollir ; et, comme c'est un corps inerte, il économise le mastic ; plus il y a de gravier, moins le dallage est fusible, mais plus il devient difficile à appliquer ; on met habituellement moitié de gravier en poids dans le mastic, que l'ouvrier nommé *applicateur* étend avec une spatule, puis 'saupoudre de sable.

C'est un travail délicat, et qui demande une longue expérience pour saisir le moment où le mélange doit être coulé, et rendre la couche uniforme. Il faut savoir opérer assez vite pour que le mastic ne se refroidisse pas avant d'être réduit à l'épaisseur voulue.

Autrefois, il était chauffé sur la voie publique ; mais ce mode gênait la circulation, par l'attirail des fours ; de plus, la fumée et l'odeur incommodaient les passants. Aujourd'hui, on prépare l'asphalte à l'atelier même et on l'apporte à pied d'œuvre dans une chaudière placée sur un chariot.

Le fourneau est rempli de coke incandescent, afin que l'asphalte ne se refroidisse pas dans le trajet. Pendant la marche, il ne faut pas négliger de faire fonctionner l'*agitateur*, sans quoi l'asphalte brûle et se décompose.

Cet agitateur est une hélice mise en mouvement par les roues du chariot, et qui retourne l'asphalte d'une manière continue.

Ce mélange de gravier, d'asphalte et de bitume, appliqué sur les trottoirs, n'a pas tardé à être employé également pour le dallage des cours, des cuisines, des écuries, des vestibules, des entrées de portes cochères, des aires de granges, des terrasses, en un mot de toutes les surfaces que d'habitude on recouvre de terre battue, de pavés, de ciment, ou simplement de cailloux et de sable.

L'invention des chaussées en asphalte pur est due au hasard. Les charrettes transportant les asphaltes de la mine aux lieux de préparation laissaient tomber en route des fragments de cette roche, que les roues écrasaient.

Le chemin étant couvert de ces débris épars, la chaleur de l'été les ramollissait et les voitures les comprimaient; il s'est ainsi formé une couche d'une matière élastique, agréable aux chevaux et d'une usure presque nulle. Dans toutes les mines d'asphalte on voit de pareilles chaussées de hasard.

En Suisse on les imita, il y a vingt ans, et on voit encore près de Neufchâtel une chaussée en roche d'asphalte chauffé et comprimé. Cette matière avait été répandue sur la chaussée macadamisée et soumise au rouleau.

La première chaussée française en asphalte fut établie en 1854, à Paris, rue Bergère, le long du Conservatoire de musique.

La construction des chaussées en asphalte n'est pas facile; le moindre écart des règles fixes et précises à observer pendant les travaux peut en compromettre la réussite.

D'abord la fondation du béton doit être entièrement sèche; sinon l'eau s'évapore, soulève la couche d'asphalte et la déchire. Dans la rue Neuve des Petits-Champs, à Paris, on avait étendu l'asphalte par un temps humide; dès que la chaussée fut livrée au public, les détériorations se produisirent de tous côtés, et il fallut une grande activité dans les réparations et le retour de la belle saison pour obtenir un résultat satisfaisant.

Le bombement du profil doit être très-faible; il y avait à Lyon une chaussée en asphalte aussi bombée que celle du pavé, par conséquent elle l'était trop. Des chevaux de cavalerie s'y étant abattus, l'autorité militaire la fit démolir, sans plus ample informé.

L'asphalte réduit en poudre, comme nous l'avons dit plus haut, par la décrépitation à l'aide de la chaleur, ou par le broyage à froid au moyen d'une espèce de moulin à café ou laminoir, est répandu sur l'aire après avoir été chauffé préalablement jusqu'à cent vingt degrés au plus; on le comprime avec un rouleau ou des pilons, suivant l'importance du travail; la matière étant refroidie, on peut livrer la chaussée à la circulation.

Les routes en asphalte paraissent résoudre le problème de la parfaite viabilité; elles réunissent les avantages du macadam et du pavé en pierre, sans en avoir les inconvénients. Ne causant ni bruit ni trépidations, elles sont appréciées surtout aux abords des églises et des théâtres, pour lesquels le bruit des voitures deviendrait une gêne insupportable. Tous les habitants de Paris les réclament, et les édiles de la grande cité étendent ce système chaque année.

L'asphalte comprimé est facile à entretenir; on le lave pour enlever les boues venant du dehors; on peut le tenir très-propre, et alors il est peu glissant. Il a encore, comparé au pavé, un autre avantage qu'il ne faut pas passer sous silence : son imperméabilité supprime toute cause d'insalubrité; il n'offre pas de joints dans lesquels s'emmagasinent ordinairement les matières organiques, qui fermentent, se putréfient et répandent par l'action du soleil des miasmes dans les rues. Les neiges n'y séjournent pas longtemps, elles fondent de suite.

Comme toute chose en industrie, les chaussées asphaltiques aussi ne sont pas parfaites; on ne peut les réparer que difficilement par les temps froids et humides.

Partout où il y a du gaz, il y a aussi des fuites; celles-ci finissent par atteindre l'asphalte et lui font subir une altération qui le gagne petit à petit jusqu'à la surface; il devient mou et spongieux, et ne résiste plus à l'action du roulage et aux pieds des chevaux. On ne peut donc établir ces chaussées que dans les rues où les conduites de gaz sont placées sous les trottoirs. Cette observation cependant ne semble pas se généraliser.

§ XVII.

COUVERTURES EN ASPHALTE.

Les bons résultats obtenus par l'emploi de l'asphalte dans la construction des trottoirs ont donné naissance encore à d'autres usages de ce minéral.

On l'étend en chapes sur les voûtes des ponts, sur les murs humides des rez-de-chaussée, sur les citernes, les fosses d'aisances, les conduites d'eau, les blocs d'enrochement et les planchers des magasins. Si les premières de ces applications sont faciles à comprendre, il n'en est pas de même des deux dernières, au sujet desquelles nous allons entrer dans quelques détails.

Depuis que l'on construit des digues et des jetées dans la mer, on s'est toujours efforcé de garantir la base de ces ouvrages contre l'action destructive des vagues, qui tendent à les ruiner, à les affouiller. On a eu recours à des enrochements. Ce sont des blocs de rochers offrant par leurs dimensions assez de résistance aux flots pour rester en place ; les galets, les cailloux, les graviers, les sables, apportés par le flux de la mer, s'interposent dans les vides laissés par les blocs entre eux, et forment au bout d'un certain temps un mur fixe inébranlable.

Ces blocs coûtent très-cher quand il faut les arracher aux flancs des montagnes éloignées. On a donc eu l'idée de fabriquer sur place des quartiers de béton, et dans le principe on en fut très-satisfait :

Mais l'eau salée a fini par attaquer ces pierres artificielles, qui perdaient leur cohésion et tombaient en ruine.

Des blocs en mastic minéral eussent bien fait l'affaire des hydrauliciens, mais c'eût été jeter des trésors dans la mer. Le prix de l'asphalte dans la mine est déjà très-élevé, et le transport aux rivages en augmente encore la valeur.

Alors on a recouvert les six faces de ces cubes en béton d'une couche d'asphalte; on les a échoués en 1860 dans l'Océan, et ni le soleil, ni la gelée, ni les lames, ni l'eau ne les ont encore attaqués.

Plusieurs des écuries de la Compagnie des omnibus à Paris sont isolées des étages supérieurs par un plafond composé d'asphalte coulé sur une aire en mortier de chaux, étendu sur des tuiles plates scellées dans du plâtre.

Cette couche d'asphalte n'avait à l'origine d'autre but que de préserver l'avoine déposée dans les magasins, situés au-dessus des écuries, de la buée qui résulte de la transpiration des chevaux. On ne songeait pas qu'elle pût préserver du feu les écuries qu'elle recouvrait.

Dans cinq incendies survenus depuis, on a constaté que les bois ont été détruits et que les flammes se sont arrêtées sur les planchers enduits d'asphalte. Cette matière, atteinte directement, s'est amollie ou liquéfiée, mais elle est restée imperméable; à l'arrivée des secours, elle a été couverte d'eau et a repris sa consistance.

§ XVIII.

MOSAÏQUE.

Les entrepreneurs de mosaïque pour le bâtiment, le carrelage surtout, sont des marbriers spécialistes. Leur travail est très-simple : ils incrustent d'après un dessin déterminé de petites pierres taillées ou des cailloux dans une pâte molle composée de mortier ou de plâtre.

Les mosaïstes pour bijouterie et orfévrerie sont des artistes. Ils s'occupent de l'ornementation des meubles de luxe et des joyaux, broches, épingles, bracelets, bagues, etc., ainsi que de la reproduction de tableaux. Tous les voyageurs qui visitent la basilique de Saint-Pierre de Rome y admirent les célèbres mosaïques reproduisant les peintures des grands maîtres.

Mosaïque vient du mot grec *mouseion*, qui veut dire musée, bibliothèque, parce qu'on orna de ces pierres incrustées d'abord les bibliothèques. Les Romains avaient des pavés, des plafonds en mosaïque, et tous les jours on en découvre de superbes à Herculanum et à Pompéi.

On distingue deux espèces de mosaïque artistique : la *mosaïque florentine* et la *mosaïque romaine*.

La première s'exécute, comme la mosaïque antique, avec des pierres naturelles. Le fond noir sur lequel doit se détacher le sujet se compose d'une légère plaque de marbre découpée à jour suivant les contours du dessin qu'il s'agit de reproduire par incrustation. On double cette plaque avec de l'ardoise, puis on ajuste et on fixe les pierres de différentes couleurs, qui ont été taillées et découpées de manière à former par leur assemblage les figures que l'on se propose de représenter.

Dans la seconde espèce, ou mosaïque romaine, le travail est tout différent; les pierres sont remplacées par des émaux. A cet effet, on commence par mouler une plaque d'émail au milieu de laquelle on réserve un creux ou vide qui forme le contour de l'image à reproduire. Le mosaïste coule alors du plâtre dans ce creux, et y fixe avec du mastic de petits émaux filés à la lampe. On termine l'opération en comblant les interstices et en dissimulant les défauts.

De tout temps les Italiens, habiles dans tous les arts, sont aussi restés les maîtres dans la mosaïque. On a cherché vainement à la naturaliser en France. L'empereur Napoléon Ier avait créé une manufacture et même une école de mosaïque, mais elles n'ont pas donné de résultats satisfaisants.

§ XIX.

BRIQUES ET TUILES.

On voit par la tour de Babel et par d'autres monuments assyriens, égyptiens, grecs et romains, que les briques étaient d'un emploi général dans les constructions antiques. On y avait recours lorsque la pierre de taille ne présentait ni qualité ni quantité suffisantes, ou lorsque sa taille devenait trop dispendieuse.

Sous les rois de France Henri IV et Louis XIII, la plupart des édifices de Paris furent bâtis en briques;

les maisons de la place Royale, au Marais, datent de
cette époque.

La fabrication des briques et tuiles n'était pas libre
alors; elle était soumise à des règlements qui détermi-
naient les dimensions et le mode de préparation de ces
matériaux artificiels; en arrivant aux ports de Paris, ils
étaient visités par les maîtres jurés-couvreurs, et taxés
sur échantillons par le prévôt des marchands et les
échevins.

Pendant deux siècles, les tuileries et les briqueteries
furent établies sur les bords de la Seine, en dehors des
fossés du Louvre; elles disparurent lorsque Catherine
de Médicis les eut achetées pour construire sur leur
emplacement le château des Tuileries.

Au dix-huitième siècle, on cessa de se servir de la
brique d'une manière aussi générale; mais de nos jours
elle a repris faveur, par suite des nouveaux usages auxquels on a trouvé moyen de l'approprier.

La fabrication des briques est la même partout. L'argile est extraite des carrières avant l'hiver; on la laisse
exposée à l'air, on la remue de temps à autre, et à la
belle saison on la met en œuvre. Cet hivernage, pendant
lequel agissent la pluie et les gelées, la rend plus propre
à être travaillée, à être foulée. Quand elle est trop
grasse, on ajoute du sable. Il faut rejeter les argiles calcaires, — elles deviendraient trop fusibles, ainsi que
celles qui renferment des métaux sulfureux, — elles se
fendilleraient après la cuisson.

Le choix étant fait, la pâte est pétrie dans une fosse;
les *marcheurs* la piétinent, la coupent et la recoupent

Tour en briques à conjonction Pavie. (Grenier conservateur de blé.

sans cesse avec une bêche. C'est un travail fort pénible ; on a cherché à l'exécuter avec des machines, mais elles ne remplacent pas l'ouvrier, qui avec ses pieds reconnaît les corps étrangers, pierres, racines, etc., et les sépare immédiatement.

L'argile ainsi préparée est façonnée dans des moules ; ce sont de petits cadres sans fond, en fer ou en bois, posés sur un banc ; on les saupoudre de sable pour empêcher leur adhérence ; ils doivent être plus grands que la brique cuite, à cause du retrait de l'argile.

Un mouleur adroit, bien secondé, fabrique 8,000 briques dans une journée d'été. Quoique ce résultat puisse

Briques à conjonction Pavie.

sembler satisfaisant, on a néanmoins cherché à l'obtenir au moyen de machines à mouler, dont on attribue l'invention à un chambellan du czar au commencement de ce siècle. Elles n'ont pas encore réussi, et cependant il y en a des centaines de modèles. Elles sont trop chères, et ne travaillent pas toute l'année ; elles chôment et sont difficiles à réparer à la campagne, où précisément les briqueteries sont installées.

En attendant qu'on arrive à améliorer ces machines, nous dirons qu'elles se composent d'une table tournante garnie de plusieurs moules, traînés par une chaîne sans

fin sous un réservoir d'où sort l'argile, que des méca-
nismes à leviers compriment dans leurs cadres.

Les briques formées, il s'agit de leur donner la consistance voulue. Dans le Midi, on les sèche et on les durcit au soleil. Mais la cuisson leur donne seule la solidité
nécessaire pour résister aux intempéries des climats
froids et humides. Quand on opère en grand, le degré de
chaleur est assez difficile à déterminer ; on conçoit qu'il
ne doit pas atteindre celui de la vitrification complète,
car les briques deviendraient fragiles ; en outre, les mortiers ne pourraient plus s'y introduire. On ne pousse
donc le feu que jusqu'à un léger commencement de vitrification. — Le combustible employé de préférence est le
charbon de bois.

Pour être de bonne qualité, les briques doivent remplir de nombreuses conditions : rendre un son clair quand
on les frappe ; être dures et résister à l'écrasement ; présenter un grain brillant et égal dans le plan de rupture ;
être pleines, c'est-à-dire ne pas avoir de cavités, ni être
pierreuses. Leur couleur sera brun foncé, jamais jaunâtre ; elles ne doivent pas s'émietter, ni absorber l'eau
avec avidité, ni se ramollir dans l'eau ; il faut en outre
qu'elles résistent à la gelée ; enfin elles doivent avoir
des formes régulières et des dimensions bien arrêtées.

L'argile pure donne les *briques réfractaires*, qui résistent au feu le plus violent ; on les emploie pour les fours
et les appareils métallurgiques.

Quant aux *briques creuses*, leur invention ne date pas
de longtemps ; elles ont la forme des briques ordinaires,
mais des cloisons les traversent de part en part. Elles
sont cuites plus uniformément que les briques pleines,

sont moins sujettes à l'humidité, et conservent mieux la chaleur. On s'en sert pour les murs de séparation, pour remplir les planchers en fer, pour tout ouvrage léger; elles offrent l'économie de la matière et des frais de transport.

On pourrait les appeler *briques à la mécanique*, car elles ne peuvent être fabriquées qu'avec des machines dont voici le principe. Une caisse en fonte, portée sur un chariot, est remplie d'argile qu'un piston presse vers l'extrémité, percée d'ouvertures qui forment le profil de la brique. À mesure que la pâte sort, elle est coupée avec un fil de fer à la longueur voulue.

On obtient de la même manière les *tubes* et *tuyaux en argile* pour drainage, cheminées, etc.

Les *carreaux* sont des briques minces, taillées en forme de carrés, quelquefois à pans coupés, surtout en hexagones.

Les *carreaux d'appartement* sont colorés en rouge ou en jaune avec un mélange d'ocre et d'huile de lin; lorsque cette couleur est sèche, on la couvre d'un encaustique.

On obtient les *carreaux de luxe*, ou *carreaux incrustés*, en imprimant dans la pâte molle, avec un moule en relief, des figures dans lesquelles on coule une substance colorée, puis on les fait cuire comme à l'ordinaire.

Le *carrelage* consiste à mettre les carreaux en place. Les *carreleurs* posent les carreaux en argile ou communs; les marbriers, ceux qui sont en marbre ou en pierre ordinaire.

Les *tuiles* sont également des briques plates; il y en a à coulisse, à recouvrement, à rebords, à rainures. Leur fabrication est la même que celle des briques; seulement, on choisit l'argile la plus pure possible. Elles sont cuites en même temps que les briques, mais on les place en haut du four. Quelquefois on leur donne une couleur grise au moyen de branches vertes jetées dans le four à la fin de la cuisson; la fumée produite par ce bois humide dépose le charbon dans les pores de la pâte.

§ XX.

POTERIE.

La poterie, qui désigne tout à la fois l'art du potier et les pots en terre cuite, remonte, comme presque toutes les applications des substances minérales, à la plus haute antiquité.

On trouve des vases en argile dans les cavernes habitées par les hommes primitifs, et, il y a quelques années, on a découvert des vestiges de ces produits de l'enfance de l'art en Suisse, en Savoie, en Allemagne; dans les demeures lacustres mises à jour à la suite des travaux de desséchement de quelques lacs. Ces trouvailles datent de l'âge de pierre.

Aux temps reculés, on avait l'habitude de placer des vases dans les tombeaux, et c'est principalement là qu'on les recueille.

La plus ancienne poterie que nous possédons est la poterie égyptienne, caractérisée par le style *canopien*, de la ville de Canope, où se fabriquaient les vases à filtrer les eaux du Nil; —style d'un aspect sévère, en rapport avec la sculpture de granit.

Tout terrassement exécuté en Italie et dans les anciennes villes ou les anciens camps, en Gaule et en Germanie, amène au jour des vases en terre sigillée, ou terre rouge, et des urnes cinéraires souvent en terre grise; ces urnes renferment toujours des cendres, des os broyés, quelquefois des médailles; on les déterre dans les *tumuli*.

Il y en avait aussi en albâtre, en bronze, même en or; elles servaient également à mesurer les liquides. L'urne avait alors la capacité de la moitié d'une amphore, ou dix-neuf litres. Les amphores (de *amphis*, des deux côtés, et de *phero*, porter) étaient des pots à deux anses destinés à la conservation du vin. Au Capitole se trouvait l'*amphora capitolina*, servant de type légal.

De précieux spécimens de ces antiquités sont ainsi arrachés à l'oubli et gardés dans les collections particulières et publiques par les antiquaires, qui dirigent leurs recherches surtout vers les tombes d'enfants, où se trouvent des jouets en terre cuite.

Les Romains nous ont laissé de nombreux échantillons de leurs poteries; elles se distinguent par leurs formes, d'une pureté remarquable, et par leurs figures en relief.

Les Grecs également avaient porté à un haut degré de perfection la céramique ou poterie, dont ils attribuaient l'invention à Céramus, fils de Bacchus. Ils élevaient des statues à leurs potiers célèbres et frappaient des médailles en leur honneur. Les grands artistes, tels que Phidias, ornaient les vases en argile qu'on exposait et qu'on décernait comme prix aux vainqueurs des jeux Olympiques. Les potiers attachaient leur nom à leurs ouvrages ; ainsi les calices de Théricles s'appelaient des *théricles*, avec lesquels les heureux propriétaires de ces chefs-d'œuvre demandaient à être enterrés.

Le style adopté par les Grecs pour la poterie a une

Urne d'après le style antique.

grande affinité avec celui de leur architecture ; la forme cylindrique y est prédominante.

Dans tous les musées, nous admirons les *vases étrusques*, provenant des fouilles exécutées en Toscane, l'ancienne Étrurie, où des Grecs s'étaient établis ; actuel-

lement on désigne sous ce nom toute la poterie des
Hellènes.

Si nous passons maintenant au moyen âge, nous
voyons la céramique d'art tomber en décadence; on ne
produit que quelques statues de tombeaux en terre

Façonnage de la poterie sur le tour.

cuite et des dalles émaillées dans les églises; en général,
cette industrie ne s'applique plus qu'à des objets destinés aux usages vulgaires.

Les Arabes cependant, les Maures surtout, ne perdirent pas d'une manière absolue les anciennes tradi-

tions. La pièce céramique la plus curieuse que nous leur attribuons est connue sous le nom de *vase de l'Alhambra*. C'est une urne d'un mètre quarante centimètres de hauteur et de soixante-dix centimètres de diamètre, couverte d'admirables arabesques que les fabricants modernes auraient peut-être de la peine à reproduire.

Après les Maures, leur mode de glaçure, dont ils avaient gardé le secret, se perdit, et c'est au seizième siècle seulement qu'il fut retrouvé après bien des recherches par le grand potier français. Qui ne connaît la vaisselle émaillée avec les animaux aquatiques en relief de Bernard de Palissy [1]?

Quant à la poterie moderne, elle emprunte ses formes à toutes les époques et à tous les peuples; elle produit, sur commande, des pots chinois avec des dessins de fleurs et d'animaux fantastiques, aussi bien que des vases hindous avec leurs bizarres méandres.

Les notions précises sur l'art du potier nous viennent des Égyptiens. On a découvert à Thèbes des peintures remarquables qui datent de trois mille ans avant Jésus-Christ, et indiquent la fabrication de la poterie, à laquelle aucun changement sensible n'a été apporté dans les temps modernes.

Les premiers potiers fabriquèrent des vases en pâte argileuse non cuite, simplement séchés au soleil; plus tard, on eut recours à la cuisson, pour donner plus de

---

[1] Voir Bernard de Palissy, sa vie et ses travaux, dans notre livre : *Les Inventeurs et les Inventions*.

résistance à la terre ; enfin on inventa les *glaçures*, pour rendre imperméables les terres poreuses ; — ou, en d'autres termes, pour empêcher les liquides de filtrer à travers les parois des vases.

Les glaçures, qui sont superficielles et ne pénètrent pas dans la masse, furent d'abord composées de silice fondue avec la potasse ou la soude, et colorée par un oxyde métallique.

Tel était le lustre qu'on retrouve sur beaucoup de briques et de plaques orientales, ainsi que sur les poteries romaines et grecques.

Le vernis étrusque est noir et mince, on peut à peine le distinguer de la pâte ; il est inattaquable par les alcalis et les acides.

Le vernis de plomb est d'origine moins ancienne ; on l'emploie depuis le douzième siècle.

Quant à l'introduction de l'oxyde d'étain dans la glaçure, — qui constitue l'émail proprement dit, — on ne sait à quelle époque précise en faire remonter la découverte.

Pour la poterie commune, comme les tubes de drainage, les pots à fleurs, on n'emploie aucune glaçure ; on ne travaille presque pas les argiles, on les prend telles qu'on les trouve ; — seulement, on les laisse *pourrir* dans des fosses, pour augmenter leur plasticité. Cette poterie reste naturellement poreuse, ce qui la fait rechercher dans toute l'Espagne pour les *alcarazas*. Ce sont des carafes très-poreuses remplies d'eau, qu'on place dans un courant d'air. La vaporisation de l'eau suintant à leur surface devient alors active, au point que la température du liquide descend de quelques degrés au-dessous de celle de l'air ambiant. Ces alcarazas remplacent ainsi les caves, dans lesquelles les peuples du Nord rafraîchissent leurs boissons.

Toutes les poteries, sauf les tuyaux, sont fabriquées sur le *tour du potier*. Ce tour consiste dans un axe vertical

Façonnage de la poterie sur le moule.

reliant deux plateaux, dont l'inférieur est tourné par le potier avec son pied. Sur le disque supérieur est placée la pâte pour être façonnée à la main; une nouvelle quantité de pâte est superposée à l'objet commencé, et on continue le même façonnage, qui est achevé avec des outils tranchants quand la pâte a pris une certaine con-

sistance. Cet outil, — ciseau ou simple lame de couteau, donne des contours purs et laisse l'épaisseur voulue. C'est à peu près le même travail que celui du

Fourneau de cuisson des poteries.

tourneur en bois; aussi est-il appelé le *tournassage*; les
copeaux, dits *tournassures*, sont remis dans la pâte fraîche
et la bonifient.

Quand le pot est entièrement façonné, on le détache du tour avec un fil de fer ou de laiton, exactement comme on coupe le savon ou le beurre.

Le disque supérieur n'est pas toujours plat; il est aussi en relief; on y applique, on y presse un gâteau en pâte plastique, qui en prend, — supposons une cuvette ou une assiette, — la forme intérieure. On fait alors tourner le tour et on en approche, par un support spécial, le *gabarit* ou *chablon*, — couteau avec des échancrures représentant les contours de ce profil extérieur; on le fait avancer progressivement, pour entailler petit à petit l'objet à façonner, dont l'épaisseur est indiquée par des repères placés sur ce support. Tel est le *moulage simple*.

Mais quand il s'agit de pièces pleines, entièrement rondes, anses ou colonnes, on a recours au *moule composé*, ou à deux parties; on y presse la pâte et on réunit les deux moitiés, qui se collent facilement; on attend que les parois poreuses du moule en plâtre aient absorbé l'eau renfermée dans la pâte, puis on l'ouvre et on enlève les coutures de la pièce dès qu'elle est sèche. Il y a ainsi une série de moules placés les uns à la suite des autres; et le potier sait que le premier doit être sec quand le dernier est préparé.

Pour attacher les accessoires à la pièce principale, on les y colle au pinceau trempé dans la pâte céramique réduite en bouillie.

Ces dernières manipulations, de même que le tour du potier, s'appliquent également à la faïence et à la porcelaine.

Quant aux tuyaux en terre cuite, dont on fait une grande consommation pour le drainage, ils sont fabriqués avec des machines. Elles se composent de caisses

en fonte dans lesquelles on jette la pâte ; des pistons, des
vis ou hélices, font sortir cette pâte par des trous annu-
laires ayant la section des tuyaux.

La cuisson des poteries communes a lieu dans un four
très-simple, où elles sont exposées directement au feu
sans être garanties contre les cendres.

Une autre espèce de poterie qui joue un rôle très-important dans un grand nombre d'industries et cependant
passe presque inaperçue devant le public, ce sont les
creusets; il y en a de plusieurs sortes.

Les *creusets de Hesse*, en argile quartzeuse, sont très-
renommés parmi les chimistes et les métallurgistes.

Les *creusets brasqués* ont été remplis de charbon tassé
dans lequel on a creusé une cavité ; ils ont ainsi une garniture qui les garantit contre les substances pouvant
attaquer l'argile.

Les *creusets en plombagine* supportent de très-hautes
températures sans se fendre ; le graphite est aussi remplacé par du coke pulvérisé.

Enfin, les *creusets en porcelaine* fine sont employés
dans tous les laboratoires.

Les creusets de petite dimension sont moulés, les
grands sont fabriqués à la main sur le tour.

§ XXI.

PORCELAINE.

La porcelaine, connue en Chine et au Japon avant Jésus-Christ, fut importée en Europe au seizième siècle par les Portugais; mais sa fabrication y resta inconnue jusque vers 1700, où elle fut découverte par l'alchimiste Boettger, qui fonda la célèbre manufacture de Meissen, en Saxe.

A la même époque, on confectionnait en France une espèce de poterie dont la pâte, formée d'une *fritte* avec composition vitrifiable, prend, sous l'action d'une chaleur ménagée à propos, une demi-transparence analogue à celle de la porcelaine chinoise, mais garde une teinte un peu jaunâtre et ne résiste pas au feu.

La fabrique la plus importante fournissant ce produit est celle de Sèvres; tous les étrangers la visitent pendant leur séjour à Paris. Son origine remonte à 1750; elle appartenait à une compagnie privilégiée, mais bientôt après elle fut déclarée manufacture royale et acquit une réputation européenne par la finesse de son travail. Cependant, elle ignorait encore les procédés des Allemands, qui, à l'instar des Chinois, savaient produire de la porcelaine dure et à glaçure résistante. Elle ne tarda pas à les connaître, car on découvrit à Saint-Yrieix, près de Limoges, le minéral indispensable à sa production, le kaolin.

A partir de ce moment, elle fabriqua la porcelaine

dure concurremment avec la porcelaine frittée, qui a reçu le nom de *pâte tendre*.

Les avantages de la porcelaine dure au point de vue domestique, et la diminution de son prix, ne tardèrent pas à faire abandonner la porcelaine tendre, et la fabrique de Sèvres, depuis 1800, n'en livre plus comme article courant, mais seulement d'une manière exceptionnelle pour quelques objets d'art. Les anciens produits, qui atteignent aujourd'hui des prix si élevés, sont connus sous le nom de *vieux sèvres*, comme la première porcelaine de Meissen est dite *vieux saxe*.

Meissen, comme Sèvres, avait dans l'origine gardé précieusement les secrets de sa fabrication; aujourd'hui, ils sont connus dans tous les pays. Mais c'est surtout par la manufacture de Sèvres qu'on vulgarise les perfectionnements et les nouveaux procédés après les avoir mis à l'essai.

La fabrication de la porcelaine, comme de toutes les poteries en général, exige quatre opérations : la préparation de la pâte, — le façonnage, — la mise de la couverte, vernis ou glaçure, — enfin la cuisson.

On distingue, nous venons de le dire, la porcelaine dure et la porcelaine tendre.

La première se compose uniquement de kaolin; la seconde a pour base la marne, à laquelle on ajoute du sable et de la soude; sa composition chimique serait alors : silice 15 parties, alumine 2, chaux 2, soude 1.

Ces pâtes sont délayées dans l'eau d'une cuve, après en avoir enlevé toutes les pierres. On décante la liqueur dans une deuxième cuve, puis dans une troisième, placées les unes au-dessous des autres. La pâte pure se dépose, et quand elle a acquis une certaine consistance, un homme marche dessus pieds nus, pour en expulser les bulles d'air et la rendre homogène. Cette opération demande beaucoup de soin, et surtout beaucoup de propreté; un cheveu suffit pour gâter un objet en porcelaine, car les substances végétales ou animales renfermées dans la pâte molle se décomposent et produisent des gaz, lesquels donnent naissance à des soufflures; aussi l'abandonne-t-on à elle-même pendant quelques années dans des caves, pour la bonifier, c'est-à-dire, afin que toutes les matières organiques se détruisent sous l'influence de l'air humide. On malaxe de nouveau la pâte définitive avant de la mettre en œuvre.

En dehors du façonnage de la poterie, il existe encore un procédé spécial pour la porcelaine; c'est le *coulage* appliqué aux tubes et cornues. On verse dans un moule en plâtre, formé d'une seule pièce, de la pâte céramique en bouillie, dont une partie reste attachée à ce moule qui absorbe l'eau, et dont on fait écouler, après quelques minutes, la partie liquide. On laisse sécher la couche de porcelaine ainsi formée, et on recommence cette opération jusqu'au moment où la pièce a acquis l'épaisseur suffisante; cette épaisseur est souvent très-faible, par exemple, dans les anses des tasses fines, d'une légèreté telle qu'une anse pleine les renverserait.

On ne prend pas tant de précautions pour les objets ordinaires; les pipes, par exemple, sont toujours moulées, et leur tuyau est simplement percé avec une tige en laiton. A vrai dire, elles ne sont pas en porcelaine, car il leur manque la glaçure; elles sont en argile blanche, ou *terre de pipe* cuite. Mais les têtes de pipe avec peinture, des étudiants allemands, sont en porcelaine.

Ce coulage, tel qu'il vient d'être décrit, ne pourrait pas, sans un certain artifice, être employé aux grandes pièces : elles se détacheraient du moule avant d'être sèches et s'affaisseraient. Pour les faire adhérer au moule on y comprime l'air ; mais alors le moule reste fermé, et l'ouvrier ne peut pas suivre les progrès de l'opération. Ce mode a dû être perfectionné ; à cet effet, on laisse le moule ouvert et on le place dans un récipient où l'on a fait le vide ; la pâte est alors pressée par l'atmosphère contre les parois du moule ; le résultat physique est exactement le même, on voit ce qui se passe, et l'on ne travaille plus en aveugle.

La porcelaine subit une première cuisson ; puis elle est couverte de son vernis, qui s'étale pendant la seconde cuisson et y pénètre légèrement. Cette glaçure est du feldspath avec du plomb pour la pâte tendre.

Ces matières sont broyées sous des meules et délayées dans l'eau, à laquelle on ajoute un peu de vinaigre, pour s'opposer à leur précipitation rapide ; on y plonge ensuite la pièce à vernir. La glaçure est enlevée avec un morceau de feutre aux endroits qui ne doivent pas rester polis, tels que l'intérieur des goulots de flacons, le dessous des pièces, ou encore on les enduit d'un corps gras.

L'application de la couverte a donc lieu par *immersion* pour les pâtes imperméables ; — on emploie le pinceau pour celles qui restent poreuses et perméables, la faïence et la poterie ordinaire.

La couverte, qui doit avoir une certaine affinité pour la

pâte, pour pouvoir s'y étendre uniformément et ne laisser aucune partie à nu, n'y doit cependant pas pénétrer en entier et disparaître à la surface. Il est indispensable qu'elle soit plus fusible que la pâte, mais elle ne doit pas l'être trop, pour ne pas fondre avant que la cuisson soit achevée, sans quoi elle coulerait vers les parties inférieures des pièces; enfin elle devra par la chaleur présenter la même dilatabilité que la pâte; elle se fendillerait dans tous les sens, si cette précaution était négligée.

Moulin à broyer les minéraux destinés à la porcelaine.

Nous voici arrivés à la dernière partie de la manipulation de la porcelaine, la cuisson définitive.

Les *fours à porcelaine* sont construits en briques, maintenus par une armature en fer. On y ménage plusieurs petites ouvertures, par lesquelles on introduit des *montres;* — ce sont des plaques en porcelaine, qu'on retire à volonté pour juger de la marche de la cuisson. Ces fours ont ordinairement trois étages; en haut on *dé-*

gourdit la porcelaine, en bas on la soumet à la cuisson par le *grand feu*.

Les foyers sont accolés au four, dont le mur de séparation est percé de plusieurs ouvertures rectangulaires; la flamme pénetre par ces ouvertures dans le four même, qui fait l'office de cheminée et produit le tirage.

Dans ces foyers, nommés *alandiers*, on brûle du bois; la houille donnerait un feu trop vif, et sa flamme communiquerait à la porcelaine une teinte jaunâtre.

On comprend que les pièces de porcelaine ne peuvent pas être placées à nu dans le four; elles seraient immédiatement couvertes par les cendres que la flamme entraîne; en outre, elles ne doivent se toucher par aucun point, car elles se colleraient les unes aux autres.

On les renferme donc, on les *encaste* dans une caisse, la *cazette*, en terre réfractaire, et moins fusible que la porcelaine.

Ces pièces *enfournées*, on ferme le four avec un mur en briques; on allume le feu, et on l'arrête quand la cuisson est terminée; on laisse refroidir lentement le four, on enlève le mur, et on procède au *défournement*. On s'occupe ensuite du triage des pièces, dont la valeur commerciale dépend de la nature et de la quantité de leurs défauts.

En résumé, cette fabrication présente de nombreuses difficultés; elle est très-délicate, et la moindre inadvertance peut la faire manquer; cela explique le prix élevé de la porcelaine, dont la surface est lisse et polie comme celle de la *porcellana,* ou coquille de Vénus. — Porcellana est un des surnoms donnés à la déesse de la beauté.

Les porcelaines sont généralement décorées avec des couleurs formées d'oxydes métalliques et de substances fusibles réduites en poudre impalpable, délayées dans la térébenthine et appliquées au pinceau comme sur la toile. La poterie ainsi peinte est soumise à une température assez élevée pour vitrifier les couleurs qui doivent fortement adhérer.

L'argent, l'or et le platine, y sont portés à l'état métallique après avoir été mélangés avec un fondant composé de quartz, de feldspath, de borax, de soude, ou de potasse; leur poli s'obtient par le brunissage.

Les usages vulgaires de la porcelaine seraient trop longs à énumérer. Que le lecteur regarde autour de lui, dans sa chambre, ou visite les magasins de porcelaine; il y verra des services de table, des objets de toilette, de parfumerie, de pharmacie, de physique, de chimie. Dans les champs, il verra les poteaux des télégraphes munis de nombreuses petites cloches en porcelaine, sur lesquelles reposent les fils électriques, qui exigent une matière isolante pour leur fonctionnement régulier.

A Paris, on a eu l'idée de fabriquer des fleurs et même des bouquets en porcelaine; à cet effet, on trempe les fleurs naturelles dans une pâte de kaolin et on les fait cuire.

Nous ne devons pas oublier de mentionner une curieuse application de la porcelaine, celle des *dents minérales*, inventées au commencement de ce siècle. On les confectionne avec une pâte dure, moulée dans des estampées en cuivre, et recouverte d'un émail coloré en

jaune par un oxyde métallique ; puis ces dents sont soumises au feu. On les incruste ensuite dans des plaques
en caoutchouc dites *pièces à succion*, qui tiennent d'elles-
mêmes par l'effet de leur adhérence aux gencives, et
qui remplacent les râteliers à ressorts et les pièces
montées sur plaques à l'aide de crochets. Elles constituent un grand progrès dans l'art dentaire ; sous ce rapport cet art n'est pas nouveau, car les Romains déjà se
servaient de dents en ivoire attachées avec des fils d'or.

Qui n'a pas été charmé, dans sa jeunesse, par la description de la fameuse tour en porcelaine de Nanking ?
Maintenant, cette merveille ne pourrait plus servir que
de sujet à une introduction de l'histoire de nos monuments publics, rédigée à peu près ainsi : « La manière de
détruire soi-même ses propres chefs-d'œuvre remonte
aux Chinois. La tour de porcelaine, bâtie, trois siècles
avant Jésus-Christ, au centre d'un couvent, et anéantie
par un tremblement de terre, fut reconstruite ; mais
comme la nature semblait la respecter et que le temps,
dans son continuel travail de destruction, n'agissait pas
assez vite au gré des fils du Céleste Empire, ceux-ci l'ont
renversée, à propos d'une guerre civile. »

§ XXII.

POTERIE DE GRÈS.

Le *grès*, quoique coloré, est aussi de la porcelaine,
car sa pâte n'est pas poreuse comme celle de la poterie
ordinaire ou de la faïence. L'argile avec laquelle on le fa-

brique n'est pas lavée, on en retire seulement les pierres; comme elle renferme beaucoup de sable, elle acquiert par la cuisson la dureté de la roche de grès; de là le nom de poterie de grès; on n'y ajoute pas de couverte, on se contente d'y projeter, quand le four est encore chaud, du sel commun, qui produit une espèce de glaçure.

A chaque foire de village, la place publique est jonchée de pots à beurre, de cruches, de cuves en grès avec des dessins bleus; ces objets font l'admiration de tous les braves campagnards, dont peut-être pas un ne sait que ces ornements sont obtenus par des scories de forges et des pierres volcaniques réduites en poudre, et appliquées au pinceau par un artiste de la localité; celui-ci ignore probablement que cette couleur d'azur provient de l'oxyde de fer renfermé dans ces substances ignées, remplaçant par mesure d'économie le cobalt et l'outremer.

§ XXIII.

FAÏENCE.

L'origine du mot *faïence* a donné lieu à des dissertations bien savantes. Quelques érudits pensent que cette sorte de poterie fut inventée au quatorzième siècle, à Faenza, ville de la Romagne; d'autres croient que c'est dans un bourg de la Provence nommé Faïence. On pourrait donner raison aux uns, sans toutefois donner tort aux autres, car les Italiens ne disent pas : faïence, mais *majolique*, de l'île de Majorque, où les Arabes venant d'Espagne l'avaient importée.

Quoi qu'il en soit de cette question d'étymologie, la faïence est une substance commune, à cassure terreuse, plus ou moins blanchâtre, suivant la quantité de fer renfermée dans l'argile calcaire qui en forme la pâte. Sa glaçure, composée de sable (10 parties), de potasse (8 parties), de minium (12 parties), quelquefois d'étain, est toujours opaque; elle se fendille à la longue et laisse pénétrer dans la faïence, surtout si on met celle-ci souvent dans l'eau chaude, les matières grasses, qui lui donnent une mauvaise odeur. Cet inconvénient ne se présente pas dans les faïences anglaises, qui sont blanches, sonores et dures; on les doit à l'Anglais Wedgewood.

La fabrication de la faïence, la même que celle de la porcelaine, a pris un grand développement en France, grâce aux travaux de Bernard de Palissy; des manufactures très-renommées s'établirent à Beauvais et à Rouen, et furent imitées en Allemagne, en Hollande et en Angleterre.

Aujourd'hui cette poterie est un article commun dans tous les pays, et les industriels ne rivalisent plus entre eux que par le bon marché et l'originalité des figures décoratives, bleues surtout, qu'ils obtiennent par une peinture au cobalt ou à l'outremer.

Plus la fabrication de la porcelaine se vulgarise, plus celle de la faïence diminue; cette dernière poterie disparaîtra un jour, à moins qu'on n'en conserve l'usage uniquement à cause de sa facilité pour l'application des couleurs.

§ XXIV.

VERRERIE.

Au Musée de Londres, il y a un vase en verre provenant des fouilles de Ninive; il remonte donc à 7000 ans avant Jésus-Christ.

La Bible mentionne le verre; son invention est attribuée aux Phéniciens, qui par hasard s'étant servis de blocs de natron pour construire leur foyer sur du sable, avaient produit le verre par la fusion de ces deux minéraux.

Les Égyptiens connaissaient la manière de souffler le verre. Cette industrie, très-développée dans tout l'Orient, fut introduite en Europe par les esclaves que les Romains ramenaient après leurs conquêtes en Asie; elle ne tarda pas à prospérer sous la protection de Néron, qui sut arracher à des captifs les secrets de cette fabrication; du reste, il paya des sommes considérables pour les belles coupes en verre.

Pline nous explique clairement de quelle façon étaient établies les verreries de son temps :

« Les fourneaux de verre, dit-il, sont chauffés au bois, comme ceux où est fondu le bronze. La première fonte est noire. On la remet dans un autre fourneau, pour lui donner la couleur convenable. Les artisans de Sidon, d'où sont apportés tous les magnifiques verres que nous possédons, les soufflaient, les polissaient au tour, et y produisaient des ouvrages plats et en relief, exactement comme des vases en or ou en argent. Ils inventèrent aussi des miroirs. Maintenant on coule en Italie le verre avec le sable du fleuve Volturno, et on agit partout ainsi, notamment dans les Gaules et en Espagne. »

La verrerie, que les peuples de l'antiquité avaient portée à un si haut degré de perfection, tomba dans une décadence complète après la dissolution de l'empire des Césars.

Verrerie.

Les ouvriers du moyen âge ne fabriquèrent pendant longtemps que des vitres de couleur, et ce fut seulement au douzième siècle et à Venise que la gobeleterie reprit son ancienne importance.

Pendant quatre siècles, les manufactures de cette ville conservèrent le monopole de la vente des vitres, des miroirs, des perles soufflées, des fioles, des vases, des coupes, et autres ustensiles en verre soufflé, moulé, filigrané, émaillé, gravé, peint, doré.

Malgré les lois sévères édictées par la reine de la Méditerranée, elle ne put garder le secret de la fabrication du verre, d'où provenaient principalement ses immenses richesses, et quand elle déchut de sa splendeur, ses verriers émigrèrent en Bohême. Ses produits anciens sont toujours recherchés par les amateurs de curiosités.

Les ouvriers italiens vinrent également en France, vers 1600, où ils firent une redoutable concurrence aux *verriers gentilshommes*. On sait que pour entourer la verrerie d'un certain prestige, l'autorité avait déclaré que tout noble pouvait sans déroger embrasser cette profession. Peu à peu les fabriques françaises se multiplièrent, à un tel point, que vers 1700, dans un moment où le bois de chauffage était devenu rare, il fut défendu d'en établir de nouvelles. Actuellement, il y a des verreries sur tous les points du globe, mais nulle part on ne fait une concurrence sérieuse à la France pour le choix des formes et l'élégance de l'agencement dans les pièces composées, telles que les lustres; mais la Bohême garde toujours le privilége des belles couleurs.

Dans l'industrie, on donne le nom de verre aux composés de sable et de soude ou de potasse, produisant par la fusion une masse transparente, qui peut être colorée par des oxydes métalliques fondus dans la pâte.

Tous les verres, excepté le cristal, renferment de la chaux.

On y ajoute souvent de l'acide arsénieux, qui se volatilise pendant la fonte, car il n'en reste pas dans les objets fabriqués. Il sert à rendre le verre plus homogène, à faciliter son affinage. En se volatilisant il forme des bulles gazeuses qui traversent la masse fluide et en mélangent ainsi plus intimement les diverses parties.

On emploie indifféremment la soude ou la potasse, suivant le prix de revient de ces matières. En France, la soude est moins chère que la potasse; en Allemagne, c'est l'inverse.

La soude donne toujours une légère coloration au verre, ce dont on peut se rendre compte en regardant les vitres par la tranche. Mais comme les vitres, pas plus que les autres objets en verre, ne sont pas faites pour être regardées par la tranche, il n'y a pas d'inconvénient à employer la soude dans leur fabrication.

Les plus beaux verres, tels que ceux de Bohème, sont toujours à base de potasse.

On distingue les diverses espèces de verre selon leur composition.

Le *verre commun*, ou *verre à bouteilles* (sable ferrugineux, dix parties; cendres, quatre parties; tessons, quinze parties; en général, matières de qualité inférieure);

Le *verre à vitres et à glaces* (sable blanc, sel de soude, vieux verre blanc, chaux);

Le *cristal* (carbonate de potasse ou de soude, une partie; oxyde de plomb, deux parties), pour services de table et verreries de luxe; nous en parlerons dans le paragraphe suivant;

Le *crown-glass* et le *flint-glass*; ils ressemblent au cristal et sont destinés aux lunettes et aux instruments d'optique;

Enfin, le *stras*, qui sert à l'imitation des pierres précieuses.

Souffleur de verre.

Planeur de verre.

Les objets en verre se fabriquent par le soufflage, par le moulage, ou par ces deux opérations combinées.

On réduit en poudre les matières composantes, on les mélange aussi intimement que possible, et on les fond dans des creusets en terre réfractaire, d'un mètre de hauteur. Pendant la fusion, il surnage des impuretés

Verrier coupant le verre chaud.

Verrier façonnant le verre chaud.

nommées *fiel* par les verriers; ils les écartent en laissant flotter sur le creuset un cercle en argile dans le centre duquel le verre est cueilli. Pour s'assurer si la masse est suffisamment purifiée ou affinée par la fusion, ils y plon-

gent une tige en fer, — la *cordeline*, — avec laquelle ils
en ramassent une petite quantité qu'ils examinent après
l'avoir laissée refroidir. Puis ils procèdent au *soufflage*.
A cet effet, ils prennent d'abord une goutte de verre
avec leur *canne*, tube en fer d'un mètre cinquante centimètres de longueur et de trois millimètres de diamètre
intérieur. Ils y soufflent, et l'air fait gonfler le verre, qui
prend la forme d'une poire; les *souffleurs* tournent constamment leur canne afin que le verre pâteux s'égalise,
s'allonge et ne s'affaisse pas; ils le forment sur une
table en fonte : c'est la *paraison du verre*. La pâte refroidie, on la remet au four pour la ramollir, puis on
cueille une nouvelle partie de verre, et cela jusqu'à cinq
kilogrammes.

Pour enlever du bout de la canne l'objet terminé, on
l'entoure d'un fil de verre, et la séparation a lieu immédiatement. On obtient ce fil par une goutte de verre qui
s'allonge en filant sur la circonférence.

C'est ainsi que l'on travaille les bouteilles, les carafes,
les flacons, etc. On peut encore les souffler dans des
moules en bois, espèce d'étuis fendus en deux parties
égales réunies par une charnière.

La fabrication des bouteilles surtout est importante;
les verreries françaises en fournissent cent millions annuellement. Les bouteilles ordinaires se payent quatorze
centimes la pièce; les bouteilles à vin de Champagne
reviennent à trente centimes; leur confection exige des
précautions particulières; pour augmenter leur résistance, on les soumet à un recuit, car elles doivent supporter une pression considérable.

Les *vitres* (*vitrum* en latin) sont également des verres
soufflés; on commence par former une bouteille très-

longue, dite *manchon*, on la tend dans sa longueur avec un crochet en fer appelé *pic*; le *planeur* étend sur une table cette feuille et la laisse refroidir; en même tmeps, avec une latte ou polissoir, il l'égalise, la *plane*, puis la coupe en carreaux.

Veut-on obtenir des vitres cannelées, on souffle le verre dans un moule en laiton cannelé. Les vitres sont très-anciennes : à Pompéi, on en a trouvé dans leurs châssis.

Pour produire les *globes en verre*, destinés à garantir les pendules, les animaux empaillés, les statuettes et autres objets de luxe ou de fantaisie, on souffle un manchon et on le détache avec des ciseaux, bien entendu quand le verre est encore chaud; dès qu'il est froid, on ne peut plus le couper qu'avec le diamant.

Les *tubes en verre* sont obtenus par le soufflage et l'étirage combinés, qui nécessitent la coopération simultanée de deux ouvriers. Le premier prend du verre au bout de sa canne et le souffle pour lui donner la forme d'une poire; le second verrier prend également un peu de verre qu'il applique contre la poire, puis tous deux s'éloignent rapidement l'un de l'autre. La poire alors s'allonge, s'étire, et forme un tube pouvant atteindre une longueur de quarante mètres. On le dépose par terre sur des traverses en bois, et, quand il est refroidi, on le coupe en petites parties. Pour qu'il ne s'aplatisse pas quand il est encore chaud, un apprenti a soin de le refroidir, pendant l'étirage, avec un éventail.

On conçoit que les diamètres, à l'extérieur et à l'intérieur d'un tube, ne sont pas égaux dans toute sa longueur; ils sont toujours plus petits au milieu que vers

les extrémités; il est même rare de trouver un tube
d'un mètre de long exactement calibré.

A la lampe d'émailleur, on peut étirer des tubes en
verre pareils à un cheveu, avec lesquels on confectionnait autrefois toutes sortes d'objets de curiosité aujour-
d'hui passés de mode. Un lion grandeur naturelle, en
fil de verre, est exposé au Conservatoire des Arts et
Métiers, à Paris.

Les verres dits *mousseline*, qui imitent cette étoffe,
sont aujourd'hui très-recherchés. On émaille le verre,
puis on le couvre d'une plaque métallique découpée
représentant les dessins à reproduire; on frotte dessus
avec des tampons trempés dans du sable, et l'émail est
enlevé aux places indiquées.

Nous avons dit plus haut que ce verre est coloré au
moyen d'oxydes métalliques. Avec ces *verres de couleur*
on fabrique les *verres plaqués*, lesquels sont doublés et
même triplés. Ce sont des verres incolores recouverts
d'une, de deux ou même de trois couches de verre de
couleurs distinctes, de manière à produire des effets
variés, dès qu'on enlève par la taille les couleurs dans
les endroits déterminés.

Le vase de Portland est le plus célèbre échantillon
de cette verrerie plaquée. Il fut trouvé dans le sarco-
phage de l'empereur Septime Sévère. Pendant deux
siècles il forma le principal ornement du palais des
princes Barberini, à Rome. Adjugé dans une vente pour
la somme de 50,000 francs à la duchesse de Portland,
il fut placé au Musée de Londres, où un fou le cassa à
coups de canne. Réparé avec une surprenante habileté,
il est admiré maintenant par tous les connaisseurs, à

cause de la finesse de ses figures blanches, opaques, qui se détachent en relief sur un fond bleu.

Plusieurs pots, dont le premier est rempli de verre incolore et dont les autres sont remplis de verre coloré, sont placés dans le four les uns à côté des autres. Le verrier trempe sa canne d'abord dans le verre incolore et façonne l'objet; dès que ce dernier a acquis quelque consistance, il le plonge dans le pot à verre coloré, et recommence autant de fois qu'il y a de couleurs à appliquer.

Tels sont les faits principaux qui se présentent dans la fabrication du verre; elle comporte une foule de petits détails qu'on apprend bien mieux à connaître en restant une heure dans une verrerie, qu'en lisant des livres spéciaux pendant un an.

Ajoutons néanmoins que tous les objets en verre indistinctement sont maintenus pendant quelque temps dans un four, auquel on donne la chaleur du rouge sombre, puis on le laisse s'éteindre; c'est ce qu'on appelle *recuire*. Cette opération est très-essentielle, car le verre refroidi brusquement devient cassant au point de ne pouvoir servir à aucun usage. La gobeleterie, qu'on ne recuit pas d'une manière suffisante, — afin d'économiser le combustible, — casse au moindre changement de température. On a vu des verres de table se fendre par le simple courant d'air d'une porte entr'ouverte.

Une très-intéressante expérience de physique démontre cette propriété du verre au moyen des *larmes bataviques*; ce sont des gouttes de verre solides obtenues en laissant tomber des gouttes de verre liquide dans de l'eau froide; elles s'y solidifient sous forme de larmes avec une queue très-mince. Mais comme leur surface extérieure s'est solidifiée pendant que les particules intérieures étaient encore liquides, elles ont été comprimées par la croûte formée autour d'elles; si on coupe celle-ci en un point quelconque, — et pour cela il suffit de briser la queue de la larme, — toute la masse éclate et tombe en poussière.

Énumérons maintenant les qualités physiques du verre : il est élastique, sonore, fusible; il peut être ramolli par la chaleur et être alors travaillé avec la plus grande facilité; il s'altère par l'humidité et perd son éclat et son poli, ce qui se voit dans les vitres des vieilles maisons et des écuries. Les verres antiques sont tous dépolis; il s'en détache des écailles qui ont les couleurs de l'arc-en-ciel.

La densité du verre est de trois fois celle de l'eau; il laisse passer la lumière et intercepte la chaleur et l'électricité.

Sa dureté varie d'après sa composition; le verre à base de potasse est le plus dur; le cristal est le moins dur.

Le verre est aussi compressible; si on laisse tomber une bille en verre sur une plaque de marbre enduit d'un corps gras, la bille rebondit après avoir laissé une empreinte large; elle s'est aplatie, donc elle s'est comprimée.

Tous les acides attaquent à la longue le verre; et il est possible que l'altération du vin, qui est un acide, conservé longtemps dans les bouteilles, corresponde à l'altération du verre.

§ XXV.

VERRE DE CRISTAL.

Nous connaissons déjà le *cristal de roche* : quartz cristallisé ou silice pure; nous avons aussi défini le *cristal* comme verre d'une espèce particulière, et si nous consacrons un paragraphe spécial à cette belle substance, c'est parce qu'elle diffère du verre ordinaire par ses propriétés et son mode de fabrication.

Le *verre de cristal* a été inventé il y a deux siècles, en Angleterre, à la suite d'un concours de circonstances assez singulières.

On employait dans la fabrication du verre ordinaire le bois comme combustible; quand on commença à utiliser la houille, on s'aperçut qu'elle colorait le verre par ses vapeurs, qui s'introduisaient dans les creusets. On couvrit alors ces derniers, mais on se trouva dans la nécessité, pour obtenir le même degré de fusibilité, de charger plus de combustible; et comme l'économie produite par la houille était perdue, on augmenta la dose du fondant ou de la soude; mais la qualité du verre diminua, et on est retourné ainsi au point de départ.

On eut alors l'idée de remplacer cet excès de soude par de l'oxyde de plomb, et le verre de cristal fut trouvé; — c'est à ce vil métal, mou, terne, insonore, que le cristal doit la dureté, l'éclat, la pureté et la sonorité. Il est plus fusible que le verre ordinaire. Il se ramollit par la chaleur et se laisse modeler et tailler très-faci-

lement. Il se distingue encore par la propriété de décomposer les rayons lumineux.

Le verre de cristal est obtenu par la compression dans
des moules, souvent aussi par le soufflage, et par ces
deux procédés réunis.

En Angleterre, on n'emploie généralement que cette
matière dans les usages domestiques. Il a fallu longtemps pour qu'elle vînt en France. Aujourd'hui, la
célèbre cristallerie de Baccarat, dans le département de
la Meurthe, près de Lunéville, s'occupe spécialement
de cette fabrication, qui est entre les mains de quinze
cents ouvriers.

§ XXVI.

VERRES D'OPTIQUE.

Deux espèces particulières de verre très-fin servent,
— en dehors du cristal de roche, — à la fabrication des
verres d'optique; ce sont : le *flint-glass* et le *crown-
glass*, d'invention anglaise.

Le premier est composé de pierre à fusil, *flint* en
anglais (10 parties), de potasse (10), de plomb (3), de
sable.

Le second, de sable (12), de potasse (3), de chaux (2),
et d'arsenic (1).

Ces verres doivent être incolores et présenter une
homogénéité parfaite; leur fabrication exige des soins
très-minutieux. Afin d'éviter, lors de leur fonte dans des
creusets, la liquation ou séparation des diverses matières qui composent ces alliages, on les remue con-

stamment avec un cylindre vide en terre réfractaire,
dans lequel plonge une tige de fer que l'ouvrier tient à
la main. On les brasse ainsi jusqu'à ce qu'ils commencent
à devenir pâteux; on laisse refroidir lentement le creuset, puis on le brise, et l'on débite la masse fondue en
petits fragments qui sont chauffés pour être ramollis;
on les ramasse en boules qu'on porte dans des formes
pour leur donner la figure lenticulaire; ensuite on les
polit avec du tripoli sur des meules convexes (*calottes*)
ou concaves (*bassins*), que l'ouvrier tourne sur son établi avec une manivelle.

Ces moules ont des rayons de courbure correspondant aux vingt-deux numéros des verres de lunettes. Les
verres les plus faibles ont les rayons les plus grands et
les numéros les plus élevés.

Les lentilles confectionnées avec ces verres décomposent la lumière et donnent des couleurs irisées aux
objets vus à travers les télescopes. Pour obvier à ce
grave inconvénient, on a recours aux *verres achroma-
tiques*, obtenus en accolant deux lentilles, l'une con-
cave, en flint-glass, et l'autre convexe, en crown-glass.

§ XXVII.

ÉMAIL.

Il y a encore une espèce de verre, très-fusible, coloré
et opaque, que nous ne devons pas passer sous silence,
c'est l'*émail*. Il renferme de l'étain; sa couleur est due à
des oxydes métalliques, quelquefois à l'arsenic et aux

phosphates de chaux. On l'applique par la fusion sur les poteries, la faïence et les métaux.

Des vases, des lampes, des statuettes enduites d'émail, d'origine grecque et romaine, démontrent que l'art de l'émailleur était porté à un haut degré de perfection chez les peuples de l'antiquité. En Égypte, on a même découvert des édifices en briques émaillées.

À Rome et à Pise, il y a des églises du douzième siècle dans la façade desquelles sont incrustées des plaques émaillées.

Dans les temps modernes, nous voyons Bernard de Palissy recouvrir d'émaux de toutes sortes ses célèbres poteries.

Comme invention récente, nous pouvons citer les *ardoises émaillées*.

L'ardoise, soumise à la chaleur graduée des fours de poterie, au lieu de s'altérer devient plus dure. On peut alors y fixer des couleurs. À l'état naturel elle a une couleur sombre, et se raye facilement. Cet inconvénient disparaît au moyen d'un vernis; on obtient ainsi l'*ardoise émaillée;* on la laisse pendant une dizaine de jours dans des fourneaux, où elle est soumise graduellement à une température de 200 à 300 degrés.

L'enduit, quoiqu'il ait une faible épaisseur, se fixe parfaitement et ne peut plus être enlevé.

Avec l'ardoise émaillée on imite non-seulement la poterie, mais toute espèce de roches, telles que l'albâtre d'Égypte, la serpentine de Gênes, les porphyres de Suède. La ressemblance est souvent si frappante qu'il faut apporter beaucoup d'attention pour reconnaître qu'on a une imitation devant soi.

En Angleterre surtout, où il n'y a pas de marbres, l'ardoise émaillée est en faveur; — on l'y emploie aussi bien dans les maisons bourgeoises que dans les résidences royales, pour cheminées, poêles, baignoires, vases et décorations d'appartements.

Le travail de l'*émailleur* proprement dit est très-délicat. Cet artiste couvre les métaux avec de l'émail. A cet effet il se sert de la lampe dite *lampe d'émailleur*, qui est plate, à grosse mèche, avec un soufflet ordinaire, manœuvré par le pied; le vent arrive par un conduit en fer-blanc à un bec métallique, dont l'extrémité est voisine de la mèche. Cette disposition permet de diriger la flamme avec force sur l'émail qu'on veut fondre.

L'émail n'est pas seulement étendu sur des surfaces, il est aussi en pièces, dont une des applications les plus utiles se rencontre dans les yeux artificiels dits : *yeux en verre*. La découverte de coques en métal sur des momies égyptiennes prouve que l'usage des yeux artificiels remonte à une époque très-reculée. D'après le témoignage de Paul Éginète, médecin grec du septième siècle, on fabriquait des yeux avec une coque métallique en or ou en argent, revêtue d'une couche d'émail.

Le métal fut délaissé, et depuis bien des années on fabrique des yeux tout en émail. On imite par la peinture la couleur de l'iris, la saillie de la cornée, la teinte des membranes extérieures et les vaisseaux dont elles sont sillonnées. Lorsqu'il reste un moignon de l'œil et que les muscles de l'organe sont intacts, le verre, appliqué exactement à sa surface, reçoit les mouvements en harmonie avec ceux de l'œil sain, au point que l'imitation est à peine sensible et l'illusion complète.

On confectionne aussi des yeux pour poupées et pour animaux empaillés.

Ce sont de petits globes d'émail, mince et poli, soufflés et modelés à la lampe d'émailleur.

Les fabricants parisiens sont les plus adroits dans cette curieuse spécialité.

§ XXVIII.

TAILLE OU GRAVURE ET DÉCORATION DES VERRES.

La taille des verres et des cristaux s'opère au moyen de meules verticales en fer, en grès ou en bois, établies dans les ateliers et mises en mouvement par des poulies et un arbre de couche.

On dégrossit la pièce avec du sable sur la meule en fer, mouillée constamment par un léger filet d'eau; de là elle passe sur la meule en grès, puis sur la meule en bois couverte d'émeri.

Le polissage s'exécute sur une roue en bois avec de la potée d'étain, puis sur une roue en liége, ou sur une meule garnie de laine.

Ces meules grandes ou petites ne s'emploient que pour les objets ronds; mais s'il s'agit de graver des vitres ou des glaces, on a recours à un mordant, *l'acide fluorhydrique*. Cette méthode consiste à enduire le verre d'un vernis de cire et de térébenthine ou d'huile de lin siccative, à y graver le dessin avec une pointe, puis à verser l'acide, qui mord sur le verre à toutes les places où le vernis a été enlevé. Mais par ce procédé on n'obtient pas la variété d'effets à laquelle on arrive en creusant plus ou moins profondément avec une roue.

Pour dépolir les globes de verre, on les remplit de sable et de gravier et on les fait tourner.

Les procédés de peinture sur verre sont les mêmes que ceux pour la porcelaine.

Le fond des tableaux est formé de verre coloré dans la pâte même. La face sur laquelle se trouve la peinture est placée à l'extérieur, de sorte qu'elle est vue par transparence à travers le verre coloré; ou bien encore on assemble des morceaux de verre de couleur au moyen de petites lames de plomb, comme on le voit surtout dans les vitraux des églises.

L'art du peintre verrier, si remarquable au treizième siècle, était tombé en discrédit; on avait cru même les anciens procédés perdus à jamais.

En France, c'est seulement depuis trente ans, et à propos des travaux exécutés dans la Sainte-Chapelle, à Paris, que les vitraux colorés ont été remis à la mode, et que les artistes se sont occupés de la restauration des fenêtres gothiques. C'est une industrie toute parisienne; les départements envoient leurs produits dans la capitale pour y être achevés.

§ XXIX.

MIROIRS.

L'origine des miroirs en verre est inconnue. On croit que cette invention a pris naissance à Sidon, en Phénicie.

Le secret de la fabrication des miroirs en verre, transmis d'âge en âge, fut recueilli par les Vénitiens; ayant perfectionné les procédés primitifs, ils eurent le privilége d'approvisionner l'Europe des belles glaces connues aujourd'hui encore sous le nom de glaces de Venise; au dix-septième siècle, cette industrie fut introduite en Allemagne, puis en France.

Sous Louis XIV, les glaces étaient en grande faveur. On les garnissait de cadres en argent, dont la façon artistique excédait le prix du métal précieux.

Des lois somptuaires interdirent ce luxe d'ornementation, et le Roi fut le premier à faire dépouiller, des magnifiques bordures dont elles étaient entourées, les glaces qui ornaient ses palais.

Les premières glaces étaient soufflées, mais elles furent bientôt remplacées par les *glaces coulées*, auxquelles on est parvenu à donner des dimensions colossales; cependant, le premier procédé est toujours en usage dans les verreries de la Bohême, qui luttent par le bon marché de leur fabrication.

La chronique attribue l'invention des glaces coulées à un gentilhomme normand, Lucas de Nehou, vers

1700; elle fut exploitée d'abord à Paris et à Saint-Gobain, puis les ouvriers français passèrent en Espagne, et y fondèrent la manufacture de Saint-Ildefonse.

Le coulage des glaces est très-simple. Sur une table en fonte, on étend le verre en fusion; ensuite on fait passer, sur la pâte encore brûlante, un rouleau en cuivre, pour égaliser la matière. Ce rouleau porte sur des règles en fer qui maintiennent le verre en place et fixent son épaisseur.

La glace, ainsi formée, n'a pas encore une solidité suffisante; pour l'acquérir, elle doit être refroidie par degrés. A cet effet, on l'introduit dans un four chauffé au rouge qu'on laisse refroidir petit à petit. C'est la *recuisson*, qui dure trois jours, et l'on obtient la glace brute, inégale, opaque. Ensuite, pour la polir, on la scelle sur une table de marbre et on la frotte avec du sable, puis avec de l'émeri, en dernier lieu, avec du colcothar; elle est finie, et sert de vitrage pour les devants de boutiques, de cafés, etc.

Pour transformer ces glaces en miroirs, on les double d'une feuille de métal, — procédé que les Égyptiens savaient déjà employer.

Les miroitiers ne fabriquent pas les glaces, ils les reçoivent des verreries, les taillent à angle droit et en biseau, et les étament, soit avec du mercure, soit avec de l'argent. Nous devons arrêter ici notre exposé, car la manipulation de ces métaux n'est pas du ressort du présent livre.

§ XXX.

TAILLE ET GRAVURE DES PIERRES FINES.

L'art du lapidaire remonte à l'antiquité. Les anciens, les Grecs surtout, excellaient dans la taille, le polissage et la gravure des pierres fines en relief et en creux. Leur habileté, qui n'est pas dépassée aujourd'hui, est attestée par les chefs-d'œuvre conservés dans les Musées, principalement à Rome, à Naples, à Paris et à Vienne.

Au moyen âge, en France, les orfévres et les joailliers s'occupaient de la préparation des pierres fines. Ce privilége leur appartint jusque vers 1600, où quelques membres se séparèrent de la communauté et obtinrent l'autorisation de former un corps de métier juré, à l'exclusion des orfévres joailliers.

Des procès s'élevèrent entre la nouvelle communauté des lapidaires et la communauté des orfévres. Les lapidaires empiétaient sur les attributions des orfévres, et ceux-ci continuèrent à tailler les pierres précieuses. Cette situation dura cent ans; enfin, le parlement rendit un arrêt qui défendait aux orfévres de tailler des pierres et aux lapidaires de fabriquer des garnitures en or et en argent.

Les lapidaires modernes diffèrent des lapidaires anciens en ce que ceux-ci étaient des esclaves, et qu'aujourd'hui ce sont des artisans en chambre; mais leur outillage est resté à peu près le même. Ils ont un moulin à deux meules entre lesquelles ils mettent du tripoli. Les meules sont en cuivre pour les rubis; en zinc, en étain ou en plomb pour les pierres plus tendres. Leur taille et leur polissage ne diffèrent pas essentiellement de ceux du diamant, comme nous allons le voir.

Les pierres destinées aux camées sont généralement composées de plusieurs couches de diverses couleurs, dont on profite pour faire une espèce de tableau avec fond d'une teinte foncée et dans lequel les figures sont claires, les draperies et les cheveux obscurs. On y emploie les agates et principalement le sardonyx d'Orient.

Depuis 1840, les camées sur coquilles, sur corail, sur lave, ont été remis en faveur en France; cependant les Napolitains avaient conservé le monopole des camées sur corail et les Romains celui des camées sur coquilles. La profusion de ces bijoux les a fait passer de mode, et depuis quelques années il y a dans cette branche de fabrication un grand ralentissement.

Il existe deux classes distinctes de graveurs : graveurs sur pierres dures et graveurs de coquilles, de corail et de lave.

Les premiers gravent ou taillent en creux ou en relief, et se servent d'un tour garni de molettes, et de la poudre de diamant pour user la pierre.

Les seconds ont recours au burin et aux grattoirs pour tailler la matière. Dans les deux cas, le travail de la gravure terminé, les objets sont polis à l'émeri ou au tripoli.

Ces pierres ainsi façonnées servent de bagues, de broches, de cachets, d'ornement pour les boîtes et les vases[1].

---

[1] Le mot camée ou camaïeu vient de l'italien *cammeo*.

Au quinzième siècle, on commença á graver sur des coquilles.

On a conservé de cette époque les célèbres camées représentant les douze Césars et servant de boutons au pourpoint de Henri IV.

Par la suite, ces sortes d'objets furent travaillés avec beaucoup moins de soin. La révolution de 1789 donna en France le dernier coup à cet art délicat ; les Italiens seuls ayant continué à le cultiver, ils restèrent pendant un demi-siècle les fournisseurs de toute l'Europe.

§ XXXI.

TAILLERIE DES DIAMANTS.

On attribue généralement à Louis Berquem, de Bruges, vers 1400, l'invention de la *taille des diamants*. Il avait remarqué qu'en frottant deux diamants l'un contre l'autre, ils finissaient par s'user et par laisser une poussière fine nommée *égrisée*, avec laquelle on pouvait polir les pierres précieuses. C'est plutôt la roue de polissage en acier qu'il inventa, car l'usure du diamant par lui-même se perd dans la nuit des temps. Berquem forma des élèves qui s'établirent à Anvers, à Amsterdam et à Paris.

Pendant près de deux siècles la taillerie ne prit aucun développement ; le cardinal Mazarin lui donna une certaine impulsion, car il fit tailler les douze plus gros diamants de la couronne de France ; on les nomme *les douze Mazarins*.

La taille des diamants comprend trois opérations :

Le *clivage*, que nous connaissons déjà ; il a pour but de séparer les parties défectueuses du noyau de la pierre, laquelle doit être fendue d'après son fil, à l'aide d'une lame de rasoir placée dans une entaille pratiquée au préalable avec la pointe d'un diamant.

Cette opération doit être confiée à des ouvriers très-habiles, car il s'agit de bien choisir la place de la rainure et de diviser d'un seul coup le diamant en deux parties. Le diamantaire exécute ce travail ordinairement à son domicile ; il reçoit à cet effet une quantité pesée de diamants, dont il doit rendre un compte exact. Les bons cliveurs sont fort recherchés.

L'*ébrutage*, ou mise en première forme brute, s'obtient par le frottement l'un contre l'autre de deux diamants fixés par un mastic dans un manche en bois.

Enfin, par le *polissage*, troisième et dernière opération, on donne au diamant sa surface lisse et brillante, et ses facettes régulières. On se sert à cet effet d'une roue horizontale en fonte, couverte de poudre de diamant imbibée d'huile d'olive ; le joyau à polir est enchâssé dans une calotte de plomb fondu remplissant une petite cuvette en cuivre destinée à s'appuyer sur la meule, qui tourne avec une rapidité extrême.

Le polissage s'exécute dans des établissements spéciaux, où les ouvriers, presque tous israélites, travaillant pour leur compte, louent ces meules à forfait. Amsterdam, centre principal de la taillerie des diamants, compte cinq de ces établissements, où l'on voit neuf cents meules mues par des machines à vapeur.

A Anvers il y a également de ces tailleries, mais elles

donnent des produits de qualité inférieure, qu'un habile joaillier sait distinguer à première vue.

Cliveurs ou fendeurs de diamants.

Le prix de la taille par karat est de 13 francs, y compris la dépense pour la poudre, qui est encore une substance assez chère; cette poudre, il est vrai, coûte vingt fois

moins que le diamant, mais cela met le kilogramme de
cette matière à 70,000 francs.

Polisseurs de diamants.

L'art du diamantaire consiste à donner au diamant
de belles formes, mais en enlevant le moins de matière
possible. Autrefois la taille faisait perdre 50 pour 100

du poids, aujourd'hui ce chiffre est réduit à 40 pour 100. Plus les diamants sont façonnés, plus leurs facettes sont belles, et ce qu'ils ont perdu en poids, ils l'ont gagné en beauté.

Le diamant est taillé en *rose* ou en *brillant*; il est toujours monté à jour.

La rose présente à son sommet une pyramide; sa base est placée dans la monture.

Le brillant est une rose renversée : la partie supérieure a une table entourée de facettes, sa partie inférieure est une pyramide tronquée.

Les brillants sont les plus estimés.

§ XXXII.

JOYAUX ET PERLES EN IMITATION.

Les pierres précieuses, à cause de leur rareté et de leur beauté, ont de tout temps été l'objet de nombreuses contrefaçons.

D'après Strabon et Pline, on fabriquait dans les verreries de Sidon et d'Alexandrie des verres colorés, taillés et gravés, avec lesquels on imitait les joyaux, dont on trouve des spécimens dans les tombeaux des Égyptiens. Les faux diamants sont de date plus récente. Pendant le règne de Louis XIV il s'établit à Paris une manufacture dont les produits surpassèrent, sous le rapport de la beauté, tous les joyaux de mauvais aloi connus jusqu'alors; on ne les vendait que pour les habits de masques et à l'usage des acteurs.

La fabrication des pierres artificielles ne fit des progrès réels qu'après la découverte du *stras*, espèce de cristal tendre, rayé par toutes les pierres fines. Alors seulement on eut des diamants en imitation d'une grande beauté, et grâce aux vives couleurs données à ce nouveau composé, on obtint des saphirs, des topazes, des émeraudes, des améthystes, pouvant rivaliser, quant à l'éclat, avec les pierres naturelles.

En 1755, l'Autrichien Strass vint à Paris et installa ses ateliers sur le quai des Orfévres, dans l'île de la Cité. Son cristal eut une vogue immense, et les pierres artificielles devinrent d'un emploi si commun dans la bijouterie, qu'on fut obligé de créer la *corporation des joailliers-faussetiers*.

Un grand nombre de substances entrent dans les divers stras : le sable blanc, la potasse, le minium, le borax, l'arsenic, le chrome, le cobalt, la pourpre de Cassius ou l'or, l'antimoine, le manganèse.

Les pierres précieuses secondaires sont également imitées.

Nous y remarquons :

Le *jais faux*, qui est du verre noirci, auquel on ajoute une certaine quantité d'oxyde de cuivre, de cobalt et de fer.

Les *agates*; elles ne sont pas précisément imitées, mais sont blanchies par l'acide hydrochlorique ; on les colore aussi par le procédé indien, lequel consiste à les cuire dans de l'huile et ensuite dans de l'acide sulfurique. Voici le détail de cette singulière opération ; Par la chaleur, l'air est expulsé, l'huile prend sa place entre les lamelles ou dans les pores de la pierre ; l'acide sulfurique brûle l'huile, dont le carbone se dépose. Les agates ont alors un aspect très-curieux, agréable même, qui les rend propres à la confection des objets de luxe, tels que les camées.

L'*aventurine*; elle est réellement imitée; c'est, on se le rappelle, une variété de feldspath, rouge ou jaune, demi-transparent, offrant à l'intérieur des points brillants qui ont l'apparence de paillettes d'or. On imite l'aventurine au moyen du verre, auquel on mêle pendant la fusion des parcelles métalliques. Le mot *aventurine* vient, dit-on, du mot aventure. Un ouvrier fondeur de Venise ayant laissé tomber, par aventure, de la limaille de fer dans un creuset où il fondait du verre, remarqua l'heureux effet de ce mélange, pour lequel on emploie aussi le cuivre.

Le *corail*; malgré son abondance dans les mers, au point d'en élever le fond, il est également imité. Le *corail artificiel* est une pâte qui a pour base la poudre de marbre cristallin cimentée avec une poudre siccative, ou avec de la colle de poisson mêlée à du vermillon ou du minium. Il est inférieur au corail naturel sous le rapport du poli, de l'éclat, et surtout de la durée.

Du temps des Égyptiens, il y avait déjà des perles en verre.

Les marchands de Venise lors de leur splendeur possédaient le monopole de cette fabrication; ils expédiaient des chapelets et des rosaires en perles fausses dans la Terre sainte, d'où les pélerins les rapportaient en Europe.

La préparation de ces petits objets d'ornement est très-intéressante. Des tubes en verre limpide ou coloré sont étirés, puis coupés en petits morceaux aussi longs que larges, et placés dans un cylindre rempli de graphite et d'argile et que l'on tourne. Ces matières s'introduisent dans les perles et les empêchent de se fermer quand pour en arrondir le bord on les ramollit au feu d'un four de verrier. Les perles sont laissées, bien entendu, dans leur boîte, qui est constamment retournée, afin qu'en se frottant les unes contre les autres, elles perdent leurs aspérités ; quand elles sont refroidies on les jette dans un sac rempli de sable ; à mesure qu'on les secoue, le graphite tombe et aide à leur polissage.

Après les perles en verre plein sont venues les *perles en verre creux*, teintes intérieurement avec du mercure ; mais, trop brillantes, elles n'imitaient plus l'éclat des perles fines. Au dix-septième siècle la *communauté des patenôtriers en jais, en ambre et en corail*, à Paris, ayant remarqué que l'écaille d'ablette dissoute dans l'eau reprend sa couleur naturelle en séchant, eut l'idée d'introduire dans les perles soufflées cette dissolution, appelée *essence d'Orient* ; ce procédé eut un grand succès.

Voici le détail de leur fabrication : A la lampe d'émailleur, l'ouvrière nommée *perlière* ferme un tube en verre par un bout, puis y souffle une petite boule, la détache et la remplit d'essence au point où elle l'a détachée de son tube, qui avait fait l'office de canne de verrier. Ce côté est bouché avec un peu de colle, si la perle doit rester entière ; si elle est destinée à être enfilée, on la perce également de l'autre côté.

Les perles parisiennes sont les meilleures. On les emploie dans les fleurs artificielles et pour des colliers don

les dames de la province, — et de l'étranger surtout,
— s'affublent volontiers.

L'*imitation*, ou le *faux* dans la joaillerie, est arrivée
aujourd'hui à un grand degré de popularité et de perfection. Exposées à côté des pierres et perles vraies dans la
vitrine de nos marchands, les pierres et perles fausses
sont difficiles à distinguer; l'illusion est complète quand
on ne voit que ces dernières. Aussi peut-on impunément se parer de ces joyaux à bon marché, et la vanité
étant satisfaite, on n'a plus rien à demander aux artistes
qui rivalisent si heureusement avec la nature .

§ XXXIII.

COMBUSTIBLES ARTIFICIELS (PHOSPHORE, COKE, CHARBON DE TOURBE, AGGLOMÉRÉS [1]).

On s'étonnera de trouver le *phosphore* parmi les combustibles artificiels. Mais ce corps simple n'est-il pas
un combustible puisqu'il brûle de lui-même? N'est-il pas
un produit artificiel, puisqu'on ne l'extrait que dans les
laboratoires : des grains, du cerveau des mammifères,
du sang, des os, de l'émail des dents, de beaucoup de
minéraux, du phosphate de chaux surtout?

Il a été découvert en 1670 par Brandt, alchimiste à
Hambourg, qui cherchait la pierre philosophale dans
l'urine.

[1] Certains *métaux*, obtenus artificiellement, tels que le potassium,
brûlent également à l'air libre. Voir notre livre : *les Métaux*.

On le débite sous forme de cylindres gros comme des tuyaux de plume. Il a la couleur jaunâtre et la mollesse de la cire; il luit dans l'obscurité, comme son nom (dérivé de *phos*, lumière) l'indique; exposé à l'air, il répand des vapeurs blanches avec une forte odeur d'ail; il est très-inflammable et prend feu par le frottement; ses brûlures sont lentes à guérir; c'est un poison violent; les colporteurs le vendent pour tuer les rats. Les médecins le prescrivent dans les cas exceptionnels comme stimulant du système nerveux.

Ce que je viens de dire, je l'ai appris à l'époque où l'on battait le briquet; et quand la pierre était usée et l'amadou humide, combien de fois ne se couchait-on pas sans lumière? — Oui, à cette époque on ne se doutait pas que le phosphore deviendrait jamais un objet indispensable dans les chaumières comme dans les châteaux, dans la poche des grands de la terre comme dans celle des plus humbles citoyens. Cependant il donne lieu à bien des tourments. A cause de lui, on vous arrache de vos profondes réflexions, de vos douces rêveries; on ne respecte plus ni votre repos ni votre sommeil, car à chaque instant on vous jette ce cri de détresse : Où sont donc les *allumettes chimiques allemandes?*

Chimiques — en ce sens que la chimie a donné le moyen d'attacher au bout d'une allumette soufrée de la pâte de phosphore dans laquelle entre un peu de matière colorante; allemandes — parce que ces allumettes sont venues de l'Allemagne.

Mais dans les allumettes phosphoriques il y a... du phosphore; elles présentent dès lors la même chance d'empoisonnement.

Pour l'écarter, on a recours aux allumettes phospho-

riques, *utan svafel och fosfor*... sans soufre ni phosphore,
allumettes de sûreté, allumettes suédoises ; et ce qu'il y
a de plus curieux dans cette charmante invention, c'est
que l'on peut laisser traîner partout ces *allumettes
Nilsson*, qu'on peut marcher dessus et les frotter sans
qu'elles prennent feu, à moins toutefois qu'on ne les
frotte sur la plaque brune entourant leurs boîtes, et
composée d'un vernis de phosphore, non pas de phos-
phore-poison, mais de *phosphore rouge*, amorphe,
inerte, qui n'a aucune action sur l'économie animale,
et n'exhale pas, comme le phosphore ordinaire, ces
vapeurs vénéneuses par lesquelles les ouvriers sont conduits au tombeau ; enfin, qui ne brûle même pas seul,
car il faut le mettre en contact par le frottement avec le
chlorate de potasse [1] dont le bout des allumettes est
muni. Le phosphore rouge, n'oublions pas de le dire, a
été trouvé en 1847 par le docteur Schotter, de Vienne,
en Autriche.

Maintenant examinons de quelle façon on s'y prend
pour mettre la pâte sur les allumettes ; — elles ne doivent
pas se toucher, car elles se colleraient toutes ensemble.
A cet effet, une ouvrière dépose tout un paquet d'allumettes sur une planche à crans dans lesquels passe séparément chaque allumette, puis elle prépare une deuxième
planche qu'elle place sur la première, et ainsi de suite,
jusqu'à en former un châssis complet qu'elle trempe dans
la pâte.

---

[1] Le chlorate de potasse se présente sous forme de paillettes incolores,
brillantes, d'une saveur fraîche ; il se décompose par la chaleur ; mêlé à
des corps combustibles, il produit une poudre qui s'embrase et détone
avec la plus grande facilité.

Le *coke*, du mot anglais *coak*, dérivé du latin *coctus*, cuit, est un charbon à éclat métallique, poreux, boursouflé, formant le résidu de la calcination de la houille, dont toutes les parties bitumineuses et sulfureuses sont enlevées par le feu; il attire l'humidité de l'air, mais moins que le charbon de bois. Le coke est employé dans beaucoup d'industries où ces matières étrangères seraient nuisibles. Difficile à allumer, il brûle presque sans flamme; retiré du foyer, il s'éteint aussitôt. Pour qu'il se consume, il faut l'employer en grandes masses ou y faire pénétrer un fort courant d'air. Il possède, de tous les combustibles, le plus grand pouvoir calorifique.

Les Anglais ont les premiers imaginé l'emploi du coke dans la fabrication du fer, dès le temps de la reine Élisabeth. Il y a cent ans qu'on le connaît en France.

La transformation de la houille en coke, ou carbonisation de la houille, s'exécute à proximité de la mine, dans des *meules*, exactement comme pour le bois; on leur donne la forme d'un prisme allongé, à l'intérieur duquel sont ménagés des conduits horizontaux et d'autres verticaux servant de cheminées. Les gros morceaux de charbon de terre se placent à l'intérieur, les petits à l'extérieur; le tout est couvert de poussier de houille et de coke mouillé, qui forment une espèce de manteau.

On allume la meule par un des canaux inférieurs, et bientôt il sort de ces cheminées des fumées épaisses de plus en plus transparentes à mesure que l'opération s'avance. On bouche alors les ouvertures, d'abord celles du haut, puis on descend jusqu'au fond. La meule s'affaisse petit à petit, et quand toutes les issues sont fermées, le feu cesse et la carbonisation est terminée.

C'est là le moyen ordinaire de fabriquer le coke; on

arrive aussi au même résultat en soumettant la houille à
une combustion incomplète dans les fours, où l'on règle
l'arrivée de l'air de façon à brûler le moins possible de
charbon.

On obtient également du coke lors de la préparation
du gaz d'éclairage, quand on distille la houille dans des
cylindres ou cornues en fonte. Ce coke n'est plus qu'un
produit accessoire; il est léger et convient seulement
pour les usages domestiques.

Il existe encore une espèce de coke résultant de la
calcination des os dans des cylindres en fonte; on l'appelle *charbon animal* ou *noir animal*; il est mélangé avec
les substances terreuses des os; la matière animale a été
transformée en charbon par le feu. On le réduit en
poudre et on l'emploie, — parce qu'il est très-poreux,
— comme désinfectant.

On transforme en coke non-seulement les gros morceaux de houille, mais aussi les menus, qui, au sortir de
la mine, sont soumis au triage, pour en séparer les minéraux étrangers; puis, sous des meules, ils sont réduits
en poussière, afin que leurs éléments se classent dans
l'eau; car forcément ils doivent subir un lavage avant
d'être formés en briques pour être carbonisés. Ce lavage
a lieu sur une grille fixe immergée dans une grande
cuve; au moyen d'un piston, on fait affluer l'eau par en
dessous; toute la masse des menus étant soulevée, l'eau
descend lentement et entraîne les parties terreuses.

La tourbe est également carbonisée comme la houille;
on la nomme alors *charbon* ou *coke de tourbe*. Le nouveau produit brûle facilement avec une flamme légère

et donne un feu doux agréable, sans aucune odeur; mais c'est un combustible très-cher, car sa fabrication présente beaucoup de difficultés.

Nous voici arrivés à la dernière espèce des combustibles artificiels : les *agglomérés*.

Dans tous les pays houillers, les ménagères mélangent des poussiers de charbon avec de la terre glaise et de l'eau, et en font une pâte qu'elles jettent sur le foyer ardent. Si l'eau est indispensable pour faire la pâte, elle sert également de combustible; son oxygène brûle la houille; — pour cela aussi les forgerons aspergent leur feu afin de l'aviver, — soit dit en passant.

Mais qui ne sait cela? Si nous le répétons, c'est pour faire comprendre comment on a été conduit aux agglomérés.

L'industrie des combustibles agglomérés est née de la rapidité avec laquelle la consommation des houilles s'est développée; en même temps, le prix en a augmenté pendant ces dernières années, et il n'a pas encore été équilibré par la découverte de nouveaux gisements, ou même par une production plus considérable due au perfectionnement de l'outillage des mines.

On a donc cherché à utiliser les menus et les poussières produites dans l'exploitation des houillères et des tourbières, dans les tanneries, les scieries, les fours à coke, et que l'on ramasse aussi dans les magasins et au fond des bateaux de transport.

Cette industrie a pris naissance à Liége; on y a fabriqué des boules, des briquettes de houille et de terre glaise pour le chauffage domestique.

En 1833, à Saint-Étienne, on a employé pour la première fois le goudron comme ciment.

Pour les briquettes au goudron, on prend généralement deux parties de poussier et une partie de goudron.

Le malaxage de la pâte n'offre pas de difficultés ; avec le goudron, il s'effectue à froid à l'aide d'un arbre à palettes tournant dans une auge.

Mais le goudron a aussi un inconvénient, son odeur désagréable ; puis il faut calciner préalablement les briquettes, ce qui en augmente le prix.

On a débarrassé le goudron de toutes les matières volatiles à froid, et on a ainsi obtenu le *brai*, gras, ou maigre et sec.

Le brai gras n'est pas bien connu ; il faut de la chaleur pour le liquéfier.

Le brai maigre est préférable ; les briquettes n'ont plus besoin d'être calcinées pour acquérir les qualités requises par l'industrie.

Mais la manipulation du brai est compliquée, il faut le moudre à l'instar du café, puis le chauffer pour le liquéfier.

Comme d'autres ciments, on a cherché à employer les matières les plus curieuses et les moins économiques : l'alun, les pommes de terre, la gomme arabique, pour lesquelles des brevets d'invention ont été pris en grand nombre.

Les briquettes dites *charbon de Paris, charbon double, charbon de Bordeaux*, sont composées de plantes des forêts, de tan usé ou tannée, de poussier de charbon de bois, de menue houille, de restants de combustibles des hauts fourneaux, enfin de toute matière contenant du carbone. Tout ce mélange est collé avec du goudron puis calciné, après avoir été façonné en petits cylindres. On s'en sert beaucoup dans les ménages, où il rend d'assez bons services ; il donne un feu soutenu et brûle même en morceaux isolés, car il renferme beaucoup de cendres formant une couche dont il se couvre, et il peut ainsi persister dans son incandescence.

Les conditions de chauffage et de malaxage n'étant pas toujours remplies d'une manière satisfaisante, les efforts des inventeurs se sont alors portés sur la suppression complète du brai, c'est-à-dire sur la fabrication des briquettes sans ciment et par simple compression, et à moindres frais.

Les briquettes sans ciment ne peuvent être obtenues qu'avec des charbons gras ; elles excluent tous les combustibles maigres et durs, incapables de subir, sous l'influence de la chaleur, le ramollissement nécessaire à leur agglomération.

Les briquettes en matières sèches se désagrégent promptement au feu et tombent en poussière sous la grille, même quand, à froid, elles présentent toutes les apparences de solidité voulue.

Quoique cette tentative n'ait pas encore réussi entièrement, par suite de la complication de l'outillage, nous en parlerons néanmoins, afin de provoquer, s'il est possible, un progrès dans ce sens.

Il y a plusieurs sortes d'appareils pour comprimer les menus charbons.

En premier lieu se présente la machine à moules fermés, et fixés sur un chariot ; une série de pistons pressent le mélange, le chariot tourne, et les briques tombent sur la plate-forme supportant le chariot.

Dans le deuxième appareil, on produit une seule briquette à la fois, au moyen d'une presse hydraulique, et on obtient un gros bloc que l'on casse ensuite au marteau. On dira probablement que cela ne valait pas la peine de façonner une grande pièce pour la réduire ensuite en petits morceaux.

Certaines machines compriment les charbons avec le marteau-pilon; d'autres les laminent et en forment des espèces de rubans.

En résumé, il s'agit d'utiliser dans maintes industries les menus charbons provenant des houillères; jusqu'à présent, ils ne servent, quand ils sont maigres, que de remblais dans l'intérieur des mines.

Ainsi, dès que l'agglomération par des méthodes pratiques aura réussi, on emploiera ces briquettes : dans la métallurgie, où les charbons lavés rendent de bons services, car il est indispensable que le combustible soit le plus pur possible et ne laisse pas de cendres; dans les chemins de fer, où le coke va disparaître bientôt et où les houilles seront brûlées dans des appareils fumivores; enfin, dans les bateaux à vapeur, où les briquettes offrent le grand avantage de pouvoir être arrimées facilement et de ne pas donner de déchet pendant le transport.

Depuis quelque temps, on prépare une espèce de mortier combustible, destiné au chauffage des cornues dans les usines à gaz. A cet effet, on étend les menus charbons sur le sol en couches minces, et on les arrose de goudron, de brai gras ou d'huiles lourdes. On remue avec un râteau à dents de fer ce mélange et on le charge à la pelle dans le foyer. Les fours métallurgiques de la Suède sont alimentés de cette manière, mais là le charbon de terre est remplacé par la sciure de bois provenant des scieries, et qu'auparavant on jetait dans les fleuves en quantités immenses.

§ XXXIV.

ENGRAIS MINÉRAUX.

Il n'y a pas encore longtemps, qu'on ignorait les causes chimiques de la stérilité progressive des terres cultivées. Quand on voyait les récoltes diminuer, on disait : Le sol s'est appauvri. On cherchait à lui rendre sa vertu nutritive en variant les cultures, ou en lui laissant reprendre des forces par la jachère, — c'est-à-dire par un repos de quelques années, — où il n'était pas ensemencé, et par conséquent ne produisait pas de fruits.

Mais les plantes tirent de la terre par leurs racines les substances indispensables à leur développement, et les hommes et les animaux qui absorbent les récoltes se constituent de la même façon.

Ces substances doivent donc être restituées au sol par les engrais : cadavres, sang, poissons de mer, résidus des étables, os, cornes, chiffons de laine, cuir, enfin herbes sèches brûlées sur place, — opération appelée l'*écobuage*.

On a aussi recours à des minéraux que nous allons énumérer.

Voici d'abord la *chaux*. On la laisse exposée à l'air afin qu'elle se réduise en poussière, et sous cette forme on la répand, on la *sème*, par un temps calme, sur les champs. Cette opération est nommée le *chaulage*. La chaux s'unit à l'argile, la désagrége et lui donne la perméabilité voulue pour recevoir la chaleur atmosphérique et pour laisser pénétrer l'air et l'eau ; elle décompose les matières organiques, les rend solubles et les change en fumier ; enfin elle neutralise les acides, et fait ainsi disparaître les plantes aigres et marécageuses. Les trèfles, les luzernes, les sainfoins et les lentilles ne prospèrent pas dans les champs où le calcaire fait défaut.

Le *plâtre* peut remplacer la chaux ; on le répand au printemps sur les trèfles, dont il active le développement d'une manière remarquable.

Les *marnes* ont également une action complexe, mécanique et chimique, pareille à celle de la chaux ; de plus elles apportent les éléments productifs aux sols qui en sont dépourvus, car les terres fertiles doivent toujours offrir un mélange de sable, d'argile et de calcaire.

Il faut, dans ce cas, avoir soin d'approprier l'espèce de marne à la qualité du terrain, et ne pas y jeter, quand il est calcaire et sablonneux, des marnes à base de chaux ou de silice ; l'effet obtenu serait précisément l'opposé de celui qu'on cherchait à atteindre.

Pour *marner* un champ, on y dispose régulièrement, avant l'hiver, la marne en petits tas plus ou moins rapprochés, suivant la puissance qu'on veut donner au *marnage*. L'action successive de la pluie et des gelées fait déliter la marne ; désagrégée, elle passe à l'état pulvérulent ; on la répand au printemps, avant de labourer.

Ce travail est très-aisé dans les localités où la couche

de marne se trouve sous les terrains mêmes que l'on veut amender, et à des profondeurs assez petites pour que l'extraction en soit facile. Mais si l'on doit aller au loin chercher les marnes dans les *marnières*, ou carrières de marne, l'opération peut devenir très-dispendieuse à cause des frais de transport. Dans ce cas, on est forcé d'y renoncer et de se servir des cendres de houille ou de tourbe.

Les *cendres de houille* sont passées à la claie pour en séparer les scories, qui sont également des cendres, mais vitrifiées. On peut encore utiliser ces dernières en les mêlant, pour commencer, à des plantes de forêts, et en les jetant sur les chemins ruraux. Quand ce mélange hétéroclite est suffisamment trituré par les charrettes et les pieds des paysans, il est mis en tas et incorporé dans les gazons qu'on ajoute aux terres argileuses, compactes, afin de les diviser et de les rendre dès lors plus faciles pour le labourage.

Les *cendres de tourbe* sont mélangées au fumier, — c'est la manière la plus avantageuse d'en tirer parti. Néanmoins, dans le nord de la France, on les jette à la volée, — comme la chaux pulvérisée, — soit sur les semailles du mois de mars, soit sur les prairies artificielles. C'est de préférence sur les plantes fourragères que ces cendres agissent avec le plus d'énergie. Malheureusement, on ne les répand pas toujours à l'air calme; lorsqu'il fait des vents secs, la partie de cet engrais minéral la plus fine et aussi la plus active, est dispersée dans l'atmosphère, et se perd au loin.

En Angleterre, on a toujours employé avec succès le

nitrate de soude et le *sel commun*, concurremment avec les cendres précitées.

Parmi les divers corps dont se composent les amendements, le *phosphate de chaux* joue un rôle très-important. Aussi attribue-t-on à l'épuisement de ce minéral la stérilité actuelle de l'Asie Mineure et de la Sicile, — contrées qui jadis fournissaient le blé au peuple romain entier; — on peut même calculer, à quelques années près, le moment où l'Europe ne pourra plus nourrir ses habitants, si l'on ne rend à la terre cette matière fertilisante.

On a donc cherché à se la procurer, et on a commencé par fouiller les champs de bataille pour déterrer les restes mortels des héros, — car ils sont composés surtout de phosphate de chaux, — ensuite pour les pulvériser et les rejeter dans les champs de labour.

Les vastes plaines de la Bérésina sont des arpents de blé; on y voit de longues traînées où les gerbes sont beaucoup plus hautes qu'aux alentours; c'est le chemin qu'avait suivi, à la retraite de Moscou, la grande armée, après l'incendie de la seconde capitale de l'empire des czars.

Et c'est par les froments russes, qui sont beaucoup demandés sur les marchés français, que les cendres de nos pères reviennent dans la patrie!

O destinées humaines, ô décrets impénétrables de la Providence!

Mais il naît plus d'hommes qu'il n'en meurt pour la

gloire. On a donc abandonné les terrains des combats et on est allé dans les îles Chinchas pour y chercher le guano, — la véritable mine d'or du Pérou.

Puis, en quelques années, les habitants de la terre eurent détruit ce que les habitants de l'air avaient édifié pendant des siècles, et les vaisseaux anglais, furetant partout, sont à la fin rentrés à vide [1].

Les agriculteurs ont alors tourné leurs regards inquiets vers le règne minéral, et y ont découvert la pierre de phosphate de chaux.

Mais cette découverte resta sans emploi, tant il est difficile d'innover en fait d'agriculture; longtemps après, un agronome anglais annonça qu'il avait remplacé les os par des phosphates pulvérisés et en avait retiré de grands avantages. Depuis les deux dernières Expositions universelles l'usage de cet engrais commence à se vulgariser, et maintenant on en cherche partout. En France on en a déjà trouvé dans trente départements; on l'exploite en Espagne, dans le Royaume-Uni, en Belgique, dans le Nassau, en Westphalie, dans tous les terrains houillers en général. Des usines s'établissent dans beaucoup de pays; il y en a déjà cinquante, à Paris et dans les provinces, pour la préparation de ce minéral, laquelle est excessivement simple; l'argile enveloppant les nodules est séparée dans les lavoirs, puis ces pierres sont réduites en poudre par des meules et expédiées dans des tonneaux ou des sacs.

[1] Le *guano* est une poudre jaune, d'une odeur âcre; il provient des excréments d'oiseaux de mer. Il forme aux flots du Pérou des couches de vingt mètres d'épaisseur exploitées depuis quelques années dans les *guaneros*. Les Incas s'en servaient, mais cet usage s'était perdu depuis la conquête des Espagnols.

Ajoutons comme dernier renseignement que le prix du mètre cube est de 25 francs, et le droit payé au propriétaire du sol dans lequel on établit les fouilles est de 10 francs par are.

Mais de tous les engrais le plus important est la *vase* ou le *limon*, qu'il vienne des eaux douces ou des eaux salées. S'il n'agit pas aussi promptement que le fumier, il a par contre un effet plus durable. Avant de l'employer, il faut le laisser se décomposer et s'imprégner de carbone; à cet effet, on l'expose simplement à l'air; on l'améliore aussi en y mêlant de la chaux.

Le limon du Nil a de tout temps fertilisé l'Égypte, et c'est avec le limon que Dieu a créé l'homme.

Style byzantin. — Palais des Doges, à Venise.

CHAPITRE QUATORZIÈME

§ 1.

STYLES DES MONUMENTS.

N style, du grec *stylos*, ou grande épingle en bronze ou en ivoire, servait aux anciens pour écrire sur des tablettes couvertes de cire; avec la tête de cette épingle ils effaçaient les lettres quand ils voulaient corriger leur texte. Par analogie, le mot *style* s'applique au mode de s'exprimer, comme à la manière de travailler de tout artiste, — ou encore au caractère de l'architecture qui est l'image la plus palpable et la plus exacte de la civilisation de chaque époque.

En procédant par ordre chronologique, on peut classer les styles des monuments ainsi qu'il suit : hindou, égyptien, grec, romain, byzantin, mauresque ou persan, gothique, renaissance, chinois, moderne.

Ancien style hindou. — (Temple d'Ellora, près de Bombay.)

Le *style hindou* se fait remarquer, dans les pagodes et dans les constructions assyriennes de Ninive, par des colonnes basses ornées d'innombrables sculptures et de figures allégoriques; l'idée vague du panthéisme y prédomine. Ce sont les monuments les plus anciens que nous connaissions; il n'en reste que fort peu. Les dômes et les coupoles ont cependant modifié dans les temps actuels cette singulière architecture.

Le *style égyptien* est l'image de la solidité, de la grandeur, de l'éternité; il semble avoir été inspiré par la vue de l'infini du désert; ce sont surtout les bases larges qui le caractérisent : les temples sont des troncs de pyramides couverts d'ornements symboliques.

Le *style grec* offre l'élégance, l'unité, la grâce, l'incomparable sentiment des proportions; partout on imite ses frontons et ses colonnades.

La loi des proportions, ou l'*eurythmie*, fut une étude de prédilection des Grecs; cela explique pourquoi l'enseignement de la musique entrait dans l'éducation des architectes athéniens, car les ornements des frontons se succèdent comme les notes d'une mélodie. La répétition de la partie pittoresque d'un édifice est considérée comme un principe d'ornementation. Ainsi une boule et un cube, répétés et formant une série, produisent toujours un effet agréable dans une moulure, comme on peut le voir par les denticules.

Le *style romain* est issu du *style étrusque*, ou style grec, propagé en Italie; la voûte y prend des dimensions inconnues jusqu'alors; les monuments sont grandioses, sévères, imposants; mais la délicatesse attique leur fait défaut.

Le *style byzantin* ou *roman* est une altération du style romain. On y voit l'emploi constant de l'arc sur des colonnes légères, et d'innombrables dorures et mosaïques; les palais de Venise représentent ce superbe style dans toute son ampleur.

Le *style arabe*, *mauresque* ou *persan* se reconnaît par ses couleurs éclatantes, ses pierres découpées à jour, ses arabesques, ses colonnes sveltes, sur lesquelles reposent des arcs en fer à cheval très-allongés. On dirait des stalactites créées par la riche imagination des Orientaux. L'Alhambra et les autres constructions originales dans les provinces de Grenade et de Cordoue, ont été élevées par les Maures.

Le *style gothique* ou *ogival* appartient aux peuples du Nord; il fut créé au moyen âge, lors de l'omnipotence du catholicisme. A cette époque, le sentiment religieux seul guidait l'humanité dans les ténèbres où elle errait; ne trouvant sur la terre que confusion et haine, elle a cherché un refuge dans le ciel. A-t-elle voulu se rapprocher de Dieu en lui élevant des églises dont la cime se perd dans les nues? ou plutôt, les flèches de nos cathédrales ne sont-elles qu'une image de ces forêts de sapins dont les tiges s'élancent dans les airs?

De hauts piliers supportent des voûtes hautes également et terminées dès lors en pointe ou *ogive*; des fenêtres en verre peint y laissent passer une lumière douce, mystérieuse, pour rehausser encore l'imposante

Église de Sainte-Marie, à Auch. (Style de la Renaissance.)

majesté des monuments catholiques. Saint Louis a consacré, en France, ce style, qui se développe, malgré la Réforme, dans toute sa magnificence primitive, surtout en Allemagne, et, chose digne de remarque, précisément dans la patrie de la Réforme même. La cathédrale ou *Dôme* de Cologne, qu'on achève en ce moment, en est la preuve.

Le *style de la Renaissance* surgit en Italie, second berceau de tous les arts; et comme ce pays classique renferme un grand nombre de monuments romains, il fit renaître les traditions de l'antiquité, qui furent appropriées aux tendances du Christianisme; toute décoration païenne disparut. Cependant les ogives gothiques n'ont plus été maintenues; elles avaient cédé la place à des arcs surbaissés et supportés par des colonnes ou des pilastres. La cour du Louvre en donne une idée très-exacte.

Le *style chinois* atteint le moins au grandiose. Dans tout le Céleste Empire il n'existe même pas un monument tant soit peu durable. Toutes les bâtisses sont terminées en des pointes qui rappellent les tentes des Tartares. Les maîtres de la porcelaine recouvrent généralement leurs constructions avec cette élégante poterie.

Le *style mixte* ou *style de hasard* peut résulter de la construction d'un bâtiment moderne sur un édifice ancien; on en voit un spécimen dans l'église de Saint-Trophime, à Arles.

Enfin le *style actuel*, devant être une création originale, est toujours attendu. Les agitations politiques et

Style mixte. (Église de Saint-Trophime, à Arles.)

sociales qui se sont succédé depuis la première Révolution française n'ont pas laissé assez de calme aux esprits pour former un style nouveau; on se contente d'imiter indifféremment les anciens ordres.

Ainsi dans les édifices religieux, — où apparaît surtout le caractère de l'architecture, — on voit de petites et gracieuses églises ogivales, aussi bien que des temples grecs, servir au culte catholique; et dans l'alignement des maisons bourgeoises, un modeste fronton indique seul la maison de Dieu, où s'assemblent les disciples de Luther pour chanter les louanges du Seigneur.

Désire-t-on admirer toute une ville restaurée du siècle de Périclès? — voici Munich, l'Athènes de la Germanie, qui renferme les demeures des dieux de l'Olympe, sous les noms de Pinacothèque et de Glyptothèque, musées que le roi-artiste Louis de Bavière a destinés aux chefs-d'œuvre de la peinture et de la sculpture tant anciens que modernes.

Veut-on embrasser d'un coup d'œil tous les styles à la fois, on n'a qu'à regarder le nouvel Opéra de Paris, où l'art de la décoration a été porté au plus haut degré de luxe et de profusion. Ce qui peut constituer néanmoins aujourd'hui un style particulier, c'est le caractère d'utilité pratique imprimé à toute l'architecture civile, et le manque absolu de tendance à la durabilité séculaire.

Les souverains pour perpétuer leur mémoire n'ont plus besoin d'avoir recours à des pyramides; ils ont l'imprimerie; et les peuples admettent qu'une maison d'école en plâtre ou une usine en briques rendent plus de services qu'un obélisque en granit ou un sphinx en porphyre. On peut affirmer qu'on ne se préoccupe même plus de la durée des édifices : nos ponts de chemins de fer en Alsace et en Lorraine étaient tout neufs en pierre de taille; les Prussiens les ont remplacés par des ponts métalliques; quelle peut être la durée de ces derniers? — Je l'ignore, et ce n'est pas ici le lieu d'exposer les raisons stratégiques invoquées en faveur de l'exécution de ces travaux.

En résumé, s'il devenait indispensable de préciser le style moderne, il faudrait faire intervenir l'élément nouveau qui exerce une si grande influence sur toutes nos bâtisses, mais qui n'est pas du ressort de ce livre; nous avons nommé les constructions en fer.

§ II.

RUINES.

L'origine de l'art de la construction en pierres se perd dans la nuit des temps, et alors le travail de l'homme se distinguait à peine de celui de la nature.

Les monuments étaient des monticules élevés sur la tombe des héros, ou encore c'étaient des blocs, tels que les déluges les avaient formés, et que l'on a disposés avec une certaine symétrie, comme cela se voit encore dans les *menhirs* et les *dolmens* des Druides.

Des pierres rangées en cercle ou des dalles penchées l'une contre l'autre, comme le toit d'une maison, indiquaient des tombeaux, c'étaient les menhirs ou *pierres levées*; une large plaque mise sur des montants servait d'autel où s'accomplissaient les sacrifices humains, c'étaient les dolmens.

Dolmens sur les côtes de la Bretagne, en France ; autels des sacrifices des Druides.

L'architecture véritable ne commence qu'à l'époque de l'invention de la taille des pierres et de la maçonnerie; ses seuls témoins entiers sont les pyramides, les obélisques, quelques colonnes et temples. En dehors de ces monuments, l'antiquité ne nous a laissé que des ruines; c'est le nom donné aux débris d'un édifice ou

Ruines du temple de Vénus, à Pompéi.

d'une ville. Il en existe en Égypte, en Asie, en Grèce, et dans tous les pays où les Romains avaient étendu leur domination.

Quelques monastères et castels féodaux en ruine appartiennent au moyen âge; les autres bâtiments de cette époque, — en première ligne les églises, sont encore debout dans toute leur magnificence.

Ruines romaines d'Himère, sur le mont Calogno, à Termini, près de Palerme (Sicile).

Si nous passons aux temps modernes, nous voyons
l'Espagne nous offrant quelques bâtisses en décadence;
et les Parisiens, — qui se disent eux-mêmes et tout
seuls le peuple le plus spirituel de la terre, et ne veulent
laisser de supériorité à personne, ni en bien ni en mal,

Ruines de Lambessa (Algérie), antique cité détruite en 500. Les Romains
y envoyaient leurs condamnés politiques. — (Actuellement colonie
pénitentiaire.)

viennent de se préparer des ruines pouvant, pour
l'étendue, rivaliser avec celles de l'antiquité.

Les peintres aiment beaucoup les ruines; ils en ornent
leurs tableaux et leurs décors, où elles produisent toujours un effet très-pittoresque.

Ruines de l'Acropole, à Athènes.

Pyramides de Chéops, à Djizeh, près du Caire.

§ III.

PYRAMIDES.

Les pyramides sont les plus anciens monuments arrivés presque intacts jusqu'à nous. Elles datent de trois
mille ans avant Jésus-Christ. Elles sont si nombreuses
et si gigantesques que l'imagination en demeure frappée ; encore ne sait-on pas combien il y en a d'ensevelies
dans les sables du désert.

A l'ouest de l'Égypte, vers le Sahara, on trouve
cinq groupes de quarante pyramides, dont sept sont
encore parfaitement conservées ; près du Caire, à Djizeh,
sont placées les trois plus grandes, auxquelles le roi
Chéops a donné son nom. Cent mille esclaves, pendant
dix ans, ont tiré des montagnes de l'Arabie Pétrée
les pierres nécessaires à l'édification de ces constructions colossales ; l'une d'elles a 146 mètres de hauteur.
Elles sont composées de blocs calcaires avec un retrait
symétrique recouvert de pierres taillées en prismes pour
former une surface unie. Les galeries intérieures sont en
marbre poli, et les murs des chambres en syénite. Au
centre de la base se trouve un puits par lequel on descend dans les tombeaux.

Les savants sont loin d'être d'accord sur les usages
des pyramides. D'après quelques-uns, elles servaient de
phares aux bateliers du Nil lors des inondations de ce
fleuve biblique ; orientées astronomiquement, elles formaient les points de repère aux caravanes égarées dans
les déserts du Sahara. Leur emplacement était indiqué

pendant la nuit par des feux allumés à leur sommet. Les
rois conquérants savaient aussi en tirer parti comme
stations de signaux.

En continuant à sonder le mystère de leur destination, on vient de découvrir un manuscrit copte d'après
lequel les pyramides, ou plutôt la forme pyramidale,
était exclusivement affectée aux tombeaux des rois. Le
nombre des bonnes ou des mauvaises actions de ces
hauts personnages déterminait les dimensions de leur
dernière demeure. A en juger par le mérite général de
tous les hommes, il doit exister plus de petites pyramides que de grandes. Il en est effectivement ainsi; en
comptant leur nombre et en mesurant leurs dimensions,
on aura le chiffre exact de la valeur morale des souverains qui ont gouverné l'Égypte, et dont les noms sont
inscrits sur la base de ces curieux monuments.

La terre des Pharaons n'est pas seule le pays des pyramides; le Mexique également en possède qui remontent à des temps inconnus. Ce sont les *téocallis*, construits
en pierre ou en briques revêtues de mortier. Ils sont
plus petits que les pyramides égyptiennes, et leur sommet est tronqué. Par des déductions archéologiques, on
est arrivé à conclure qu'ils étaient destinés aux sacrifices humains.

§ IV.

OBÉLISQUES.

Obélos en grec veut dire : aiguille. L'obélisque est une
aiguille en pierre, ou pyramide très-allongée, ayant un
petit carré pour base. Les obélisques nous viennent

Obélisque de Caligula devant l'église de Saint-Pierre, à Rome.

des Égyptiens, qui les taillaient dans le granit rose de
Sienne, y gravaient des hiéroglyphes, et les érigeaient
deux par deux à l'entrée des temples, des palais et des
tombeaux. Sur les bords du Nil, quarante de ces monolithes ont été reconnus, dont douze sont couchés dans
les sables. Jadis, sous les empereurs, on en a transporté
à Rome et à Constantinople, pour les placer dans les
cirques; ceux de Rome, renversés par les Barbares,
furent relevés par les papes.

Il existe en Europe vingt-trois obélisques d'Égypte, à
savoir : quatorze en Italie, — dont douze à Rome; deux
à Constantinople; cinq en Angleterre; un à Arles, et
celui de Louqsor, qui fut amené en 1832 du hameau de
Louqsor près de Thèbes, — la ville des ruines, — à
Paris, où il arriva après deux années de voyage. Londres n'a qu'un monolithe égyptien, de petite dimension,
connu sous la dénomination d'aiguille de Cléopâtre, qui
décore la place de Waterloo.

Devant la basilique de Saint-Pierre on voit l'obélisque
que Caligula avait fait venir pour orner les Thermes.
Ce monolithe était resté enfoui pendant des siècles sous
les décombres du cirque de Néron, quand, le 10 sep-
tembre 1586, le pape Sixte-Quint donna l'ordre de le
relever et de le surmonter d'une croix. L'architecte Fontana, chargé de ce travail, ayant exigé qu'on gardât un
silence absolu pendant l'opération, afin que les ouvriers
pussent entendre ses commandements, — un édit fut
publié pour faire savoir que tout spectateur qui profére-
rait un cri serait immédiatement puni de mort; et pour
éviter toute discussion, un échafaud fut dressé sur les
lieux mêmes.

Les engins avaient mis cet immense morceau de granit rouge en mouvement, et on était sur le point d'atteindre le but, quand tout à coup, du milieu de la foule, un capitaine de vaisseau génois cria : *Acqua alle funi,* — de l'eau aux cordes; et aussitôt il se livra aux gardes pour être conduit au supplice.

Fontana alors regarde ses câbles, voit qu'ils vont prendre feu, se rompre et laisser retomber l'obélisque; immédiatement il ordonne de jeter de l'eau sur les cordages, qui se resserrent et achèvent le travail.

Sixte-Quint non-seulement fit grâce au courageux interrupteur, mais lui accorda en outre le privilége d'arborer le drapeau papal sur son navire, et de vendre les palmes nécessaires pour la fête des Rameaux; et aujourd'hui encore les descendants de Bresca, — c'est le nom de ce capitaine, — sont les fournisseurs brevetés des branches bénites distribuées le jour de Pâques fleuries dans l'église du prince des Apôtres.

Dans presque toutes les villes il y a des obélisques qui proviennent des carrières de la localité et doivent servir d'ornement.

Les monolithes antiques avaient-ils une autre destination? Étaient-ils des points de triangulation pour retrouver dans les fertiles vallées du Nil la limite des champs? Étaient-ce des monuments religieux?

Ce sont là des questions sur lesquelles la nuit des siècles a étendu son voile impénétrable.

§ V.

COLONNES.

Une colonne se compose du socle, ou base, et du fût, orné de son chapiteau.

La *base* donne de l'empâtement à la colonne, dont la stabilité est ainsi augmentée ; mais elle apporte un obstacle à la circulation ; dans certains cas, il y a avantage à la supprimer ; les architectes de la Grèce ne l'employaient pas.

Le *fût* est la colonne sans ses accessoires ; il a une section circulaire offrant la résistance la plus grande, à masse égale.

Il existe évidemment une corrélation entre le diamètre du profil et la hauteur de la colonne. Les Grecs, en la cherchant, avaient trouvé que la longueur du pied de l'homme est renfermée six fois dans sa hauteur, et ils adoptèrent ce *module* pour les colonnes, dont l'épaisseur va en diminuant vers le sommet, parce que la pression diminue de tout le poids du fût ; mais c'est moins cette raison — tirée des éléments de la mécanique — qui l'exige, que l'élégance de la construction.

Plus les colonnes sont élancées, plus il convient de les rapprocher, autant pour satisfaire aux règles du beau que pour pouvoir leur faire supporter les *entablements*, pierres ou poutres horizontales, et les portiques ou arcades. L'application de ces principes est subordonnée à la dureté de la pierre, qui doit résister à l'écrasement, seule force à laquelle elle est soumise.

Il existe aussi une espèce de colonne carrée et encas-

Colonne de la place du Marché à Liége (Belgique).

trée dans les murs, c'est le *pilastre*; il ne sert qu'à interrompre l'uniformité des murs.

Quant aux *colonnes torses* ou tordues, on les a toujours considérées comme des conceptions de mauvais goût; elles sont aujourd'hui complétement abandonnées.

Le *chapiteau* a pour but de donner une assiette convenable à la construction que la colonne doit supporter; c'est aussi un ornement; les anciens s'y sont attachés, et les modernes l'imitent dans toute sa pureté primitive; il détermine principalement les ordres d'architecture, dont les plus usités sont : le dorique, l'ionique et le corinthien.

D'après Vitruve [1], Dorus, roi de Grèce, avait fait bâtir pour la déesse Junon un temple, et il y employa les colonnes sans base, mais avec un chapiteau à moulures très-simples; — telle est l'origine de l'ordre dorique.

En conformité d'un oracle d'Apollon, les Athéniens envoyèrent en Asie leur général Ion pour y fonder une colonie qui prit le nom d'Ionie. Les nouveaux colons y construisirent des temples avec les colonnes doriques, et ajoutèrent un socle, et au chapiteau des volutes devant imiter la coiffure de Diane; ils creusèrent le fût par des cannelures pour représenter les plis de la tunique; — telle est l'origine de l'ordre ionique.

Quant à l'ordre corinthien, sa création est plus charmante encore. « Une jeune fille, dit le patriarche des architectes, étant morte au moment où elle allait se marier, sa nourrice réunit dans une corbeille plusieurs petits objets qui avaient plu à cette infortunée, les dé-

---

[1] Vitruvius Pollio vivait au dernier siècle avant Jésus-Christ; il était chargé dans les armées de César de construire les engins de guerre; il a laissé un célèbre Traité d'architecture.

posa sur le tombeau et les recouvrit d'une tuile afin de les mettre à l'abri des injures du temps. La racine d'une acanthe se trouvait par hasard en cet endroit; lorsque au printemps les feuilles eurent commencé à pousser, elles entourèrent la corbeille, puis s'élevant le long

Colonnes corinthiennes.

des côtés et rencontrant les angles saillants de la tuile, elles s'étaient recourbées en décrivant des volutes. Callimaque, sculpteur célèbre par l'élégance de ses œuvres, remarqua cette corbeille et son gracieux entourage, et la reproduisit dans les chapiteaux des colonnes qu'il exécutait à Corinthe. »

Les colonnes ont divers emplois; elles sont destinées à supporter des maçonneries, et à orner un bâtiment ou une place publique.

Les *cippes* étaient des fûts de colonnes, sans chapiteau ni base, posés à la limite des champs et sur les tombes.

Les Romains avaient l'habitude de placer de mille pas en mille pas sur leurs routes des colonnes ou *bornes milliaires*. Sur le Forum se trouvait le *milliarium aureum*, colonne surmontée d'une boule dorée et servant de point de départ des routes du vaste empire. C'est au pied de cette mémorable colonne que le César Galba fut massacré par ses prétoriens, aux applaudissements du sénat et du peuple.

Les grandes colonnes isolées sont des colonnes *mémoriales ou triomphales*; elles nous viennent également de l'antiquité.

La colonne Trajane, à Rome, est la seule qui, après dix-huit siècles, soit arrivée intacte jusqu'à nous. Vingt-trois blocs de marbre de Paros reliés par des crampons en bronze la composent. Elle a 132 pieds de hauteur. Un escalier creusé dans l'intérieur conduit au sommet, où se trouvait la statue en bronze doré de l'empereur Trajan, qui tenait dans la main un globe renfermant ses propres cendres. Transportée à Constantinople, elle fut remplacée sous le règne de Sixte-Quint par la statue en bronze de saint Pierre. Des figures, au nombre de deux mille cinq cents, sculptées en bas-relief autour du fût, représentent les victoires de Trajan, surnommé le Père de la patrie. La colonne Vendôme était la copie exacte de ce glorieux monument.

Au centre du Forum romain se trouve la colonne de

Phocas, dont le nom était resté inconnu jusqu'en 1813, où les Français, en déblayant sa base, découvrirent l'inscription en mémoire de l'empereur Phocas, surnommé à juste titre l'infâme; car son divertissement principal consistait à voir égorger des hommes désarmés, dont on lui amenait chaque semaine une triste hécatombe.

Il existait autrefois un très-singulier usage des co-

Colonne de l'empereur Phocas, au centre du Forum.

lonnes; une secte d'anachorètes — les *stylites* (de *stélé*, colonne) avaient installé, par esprit de pénitence, leur cellule sur des colonnes abandonnées. Saint Siméon a été le premier de ces anachorètes, qui ont disparu au treizième siècle de leurs habitations aériennes et se sont retirés dans les déserts, afin de s'isoler complétement du monde et de ne s'occuper que de Dieu et de la prière.

Ne soyons pas prosaïques au point de demander de

quoi vivaient ces êtres étranges, dont, à ce qu'on croit,
il existe encore quelques-uns dans des îles de la Méditerranée.

Les colonnes réunies en grand nombre, en circuit ou
en file, forment une *colonnade*; il y a beaucoup de ces
colonnades, auxquelles généralement s'attachent des
souvenirs historiques.

§ VI.

CARYATIDES.

Caryes était, du temps des Spartiates, une ville de la
Laconie, province du Péloponèse, célèbre par le *laco-
nisme* ou langage bref et énergique de ses habitants.

Les Caryates s'étant joints par trahison aux Perses
dans une guerre contre les Grecs, ceux-ci, à la suite
d'une victoire, tournèrent les armes contre leurs compa-
triotes et firent périr tous les hommes. Puis ils obligè-
rent les femmes, après les avoir réduites en esclavage,
à conserver, — dit Vitruve, — leurs costumes et leurs
ornements. Les donner en spectacle dans les pompes
triomphales ne leur parut pas une vengeance suffisante;
ils voulurent rappeler que la servitude dans laquelle on
condamnait les Caryatides à vivre, était la punition du
crime de leur ville natale, et ils les représentèrent dans
les édifices publics comme supports lourdement chargés.

Les Lacédémoniens, sous Pausanias, en agirent de
même après leur triomphe sur les Perses, et installèrent
aux entablements de leurs portiques des statues de cap-

tifs revêtus du costume des barbares et nommées aussi des *caryatides*, — juste humiliation infligée à un peuple orgueilleux, et qui devait avoir pour effet de faire trembler les ennemis et d'animer les citoyens pour se dévouer

Caryatides du temple de Minerve à Athènes.

glorieusement à la défense de la liberté et au salut de la patrie.

La figure humaine n'est pas l'unique forme des caryatides. Dans les monuments indiens, on voit des chevaux assis et les pieds de devant élevés en l'air, pour soutenir des corniches et des frontons.

§ VII.

STATUES ET RELIEFS.

Les statues sont des figures taillées représentant un homme, une femme, un enfant, et même un animal. On en voit partout, excepté dans l'Orient, où la religion de Mahomet les défend ; aussi les œuvres d'art des musulmans ne se rapportent-elles qu'aux formes fantastiques et gracieuses des arabesques.

Les idoles furent les premières productions de la statuaire ; nous les trouvons dans les statues mystiques des sphinx que les Égyptiens nous ont laissées.

Le *sphinx* avait un buste de femme et un corps de lion ; il était couché sur ses pattes. On l'adorait comme emblème de la vertu et de la force. Il est répandu dans tous les monuments égyptiens. Les ruines des temples de la Thébaïde offrent de longues avenues de sphinx, monolithes gigantesques. Le plus curieux entre tous est le grand sphinx situé près de la pyramide de Gizeh ; il est encore enseveli en partie sous les sables.

Le sphinx des Grecs habitait un rocher, près de Thèbes, en Béotie ; il proposait aux passants l'énigme de l'animal ayant quatre pattes le matin, deux à midi, et trois le soir. Ceux qui ne la devinaient pas étaient précipités dans la mer ; mais quand OEdipe lui répondit que c'était l'homme à sa naissance, à l'âge mûr et dans la vieillesse, — le sphinx, vaincu, se jeta de désespoir dans les flots. Il avait vécu.

L'art de la statuaire fut porté chez les peuples de
l'antiquité à un degré de perfection qu'on n'a pas encore pu atteindre de nos jours. Les Grecs en furent les
maîtres, et les Romains les imitèrent. Ces deux peuples
croyaient à la pluralité des dieux trônant dans l'Olympe,
et leur appliquaient la forme humaine perfectionnée, en
même temps qu'ils leur attribuaient toutes les vertus,
mais aussi tous les vices des mortels.

Le torse antique.

Les statues étaient l'objet d'une véritable passion chez
les Grecs, qui en possédaient d'admirables, et chez les
Romains, qui les répandaient partout à profusion.

Plus de soixante mille statues antiques ont été con-
servées; de quelques-unes les auteurs sont connus; le
Gladiateur est d'Agasias, la *Vénus de Médicis* est due à
Cléomène, et l'*Hercule Farnèse* à Glycon.

On ne possède aucun ouvrage original de Phidias, de

Cysippe ou de Praxitèle. L'histoire dit que ces grands
maîtres de la statuaire travaillaient le bronze, l'ivoire,
l'or ou des mélanges de métaux précieux ; les statues en
marbre qu'on leur attribue ne sont probablement que
des copies.

Vénus de Milo.

Le premier chef-d'œuvre de la sculpture du monde
entier est le Torse, statue en marbre, sans tête, sans
bras, sans pieds, qui fut trouvée dans les ruines des
Thermes de Caracalla ; elle est conservée dans le Vatican. Est-ce un dieu de l'Olympe ? est-ce un héros ? est-
ce Hercule ? On l'ignore.

Statue gothique.

Non moins célèbre que le Torse est la Vénus de Milo, statue sublime également mutilée. Elle fut découverte en 1820, dans un jardin, à Milo, en Grèce, par un cultivateur, qui la déblaya en entier. Elle était sur son socle; l'une de ses mains était posée sur les draperies, et l'autre tenait une pomme.

Le consul de France l'avait achetée pour cinq cents piastres; mais le ministre ottoman en offrit douze mille et envoya de suite un navire pour la chercher.

De son côté, notre ambassadeur près la Sublime Porte avait expédié un aviso, qui arriva juste au moment où l'on embarquait l'inimitable chef-d'œuvre pour Constantinople. Il y eut une vive contestation, et c'est dans la mêlée que se perdirent les bras rajustés, qu'on avait détachés pour la facilité du transport. Les gens du pays croient que le vaisseau turc les aura emportés.

La Vénus de Milo nous appartient; elle se trouve au Musée du Louvre, où elle est gardée, les jours d'exposition publique, par deux soldats en tenue de campagne. Lors du siége de Paris, elle avait été enterrée à la préfecture de police, et quand celle-ci fut brûlée par la Commune, des décombres tombèrent sur la cachette de la déesse et la garantirent davantage encore de l'atteinte du feu et de la méchanceté des hommes.

Le Christianisme ayant détruit les croyances du paganisme, les statues disparurent au troisième siècle, puis reparurent au moyen âge avec l'art gothique, qui disparut à son tour. Actuellement, il y a une tendance marquée à revenir à la statuaire de l'antiquité.

Les statues ont toujours joué un grand rôle comme monuments honorifiques; elles s'élèvent dans les villes en l'honneur d'un homme ayant rendu des services à l'humanité, ou en souvenir d'un événement de la localité. Les statues monumentales modernes sont presque toujours en bronze.

Groupe moderne.

Les reliefs en pierre sont principalement des groupes de petites statues formant saillie sur un fond où elles tiennent naturellement, ou sur lequel on les applique. On les destine, en général, à orner le fronton ou le socle des monuments. On en distingue de plusieurs sortes :

Les *bas-reliefs*, dont les figures sont peu saillantes et comme aplaties;

Statue moderne. — (Le Berceau primitif, par Auguste Debay.)

Les *demi-reliefs* ou *demi-bosses*, dont les figures sortent du fond de la moitié de leur épaisseur;

Les *hauts-reliefs*, dont les figures sont presque détachées ;

Enfin les *pleins-reliefs* ou *rondes-bosses*, dont les figures sont entièrement détachées.

Les anciens ont excellé dans l'art de sculpter les reliefs en pierre ; aujourd'hui cette matière est moins employée : on lui préfère le métal, qui offre plus de facilité pour l'exécution.

Dans les bas-reliefs des anciens on voit souvent figurer la tête de Méduse. Raconter son histoire, c'est expliquer la majeure partie des sujets de la statuaire antique.

Méduse était une des trois sœurs Gorgones, qui habitaient le jardin aux pommes d'or des Hespérides. On n'est pas sûr si les pommes d'or n'étaient pas des oranges, et les Hespérides les îles Canaries ; mais ce qui est hors de doute, c'est que Méduse avait des cheveux magnifiques, auxquels Minerve, par jalousie, substitua des serpents. Méduse acquit ainsi le pouvoir de changer en pierre tous ceux qu'elle regardait ; aussi Persée s'approcha d'elle à reculons avec un miroir et lui trancha la tête. Ce Persée était le fils de Jupiter et de Danaé. Jupiter, qui était vieux et riche, se transforma en pluie d'or pour plaire à Danaé, qui était jeune et intéressée.

Revenons à Méduse. Elle avait laissé un enfant, — le cheval Pégase, — qui a joué un grand rôle dans la mythologie et également sur les bas-reliefs. Persée s'en servit pour délivrer Andromède enchaînée à un roc, au bord de la mer, et gardée par un monstre. Comme cette princesse est un éternel sujet d'étude pour les sculpteurs, vous désirez peut-être savoir pourquoi elle fut exposée si cruellement ? C'est parce que la reine, sa

mère, s'étant vantée d'être plus belle que les filles de
Neptune, celui-ci avait envoyé le susdit monstre ra-
vager le royaume. Pour apaiser le courroux du dieu
des eaux, il fallut sacrifier Andromède à ce monstre,
qui, au moment où il s'apprêtait à dévorer l'innocente

Bas-relief du Parthénon à Athènes, déposé au Musée Britannique.

victime, fut mis à mort à coups de lance par Persée,
monté sur Pégase, lequel se prêta encore à d'autres
exploits.

Bellérophon, prince royal de Corinthe, tua son frère
à la chasse et fut forcé de prendre la fuite. Il arriva chez

Iobates, roi de Lydie, qui reçut l'avis de le faire périr ; mais ce monarque civilisé dédaigna de prêter personnellement la main à ce crime, et envoya son hôte combattre la Chimère, dans l'espoir qu'elle en ferait justice. Il n'en fut rien, car Minerve protégea le coupable, — on ne sait pourquoi, — et lui prêta Pégase. Il tomba donc du ciel sur la pauvre Chimère, qui ne s'y attendait pas, et la tua ; et c'est ainsi qu'elle disparut à jamais. Elle avait une tête de lion, un corps de chèvre et une queue de dragon, et elle vomissait des flammes.

Une fois en selle sur le cheval des airs, Bellérophon tenta d'escalader l'Olympe ; cela déplut à Jupiter, qui le foudroya, mais épargna le coursier ailé. Un jour, ce dernier donna un coup de pied sur le mont Hélicon, en Grèce, et y fit jaillir une source où les poëtes allaient puiser leurs inspirations. Des esprits chagrins et superficiels soutiennent qu'elle est aujourd'hui complétement tarie.

Bas-relief antique. (Tête de Méduse.)

§ VIII.

ARCS DE TRIOMPHE.

Les arcs de triomphe sont formés de grands portiques en plein cintre, ornés de figures, de bas-reliefs et d'inscriptions. Leur but est de consacrer la gloire d'un vainqueur ou le souvenir d'un grand événement ayant exercé une influence majeure sur le sort d'une nation. C'est encore aux Romains qu'on est redevable de cette invention, et partout où ils ont laissé des traces de leur glorieux règne, on retrouve de ces mémorables et majestueux monuments.

Voici l'arc de Septime Sévère, qui a servi de modèle à l'arc de triomphe du Carrousel, à Paris. Il a été construit pour porter à la connaissance de la postérité une longue inscription en caractères de bronze relatant les victoires de cet empereur. Cet arc était enfoui dans le Forum, à une profondeur de douze pieds; en 1803 le pape Pie VII le fit dégager, et, après seize siècles, il reparut dans sa splendeur primitive. On remarque, dans l'inscription du nom des deux fils de Septime Sévère, Caracalla et Géta, la trace des lettres du nom de Géta, que Caracalla avait fait enlever après avoir tué son frère.

L'arc de triomphe de Titus a été érigé pour célébrer la prise de Jérusalem, catastrophe qui était l'accomplissement des prophéties, et que les chrétiens ont regardée comme une juste vengeance de Dieu. Les artistes sont unanimes pour considérer ce monument comme un chef-d'œuvre d'architecture élégante ; on l'a restauré avec le plus grand soin.

Le pendant de l'arc de Titus est celui de Constantin, fondateur du repos ; il se trouve également près du

Arc de triomphe de Marius consacré au souvenir de la victoire sur les Teutons, situé à Orange (département de Vaucluse).

Forum ; ce qui le distingue, ce sont les médaillons circulaires représentant les sacrifices offerts aux dieux par Trajan.

Dans presque toutes les capitales il y a des arcs de

Arc de triomphe de l'empereur Constantin à Rome.

Arc de triomphe dit : *Porte Saint-Denis*, élevé à la gloire de Louis XIV
à Paris.

triomphe. A Paris, on en compte quatre : d'abord ceux de la porte Saint-Denis et de la porte Saint-Martin, élevés à la gloire de Louis XIV, — le premier, après le passage du Rhin, et l'autre, après la conquête de la Franche-Comté ; — l'arc du Carrousel, déjà cité, est destiné à perpétuer les hauts faits du premier Empire ; l'arc de la barrière de l'Étoile, consacré à la grande armée, fut commencé en 1806 et terminé sous le règne de Louis-Philippe ; c'est le plus colossal de tous les arcs de triomphe : il a quarante-cinq mètres de hauteur.

Arc de triomphe de l'Étoile à Paris.

§ IX.

TOMBEAUX.

Parmi les peuples de l'antiquité, les Égyptiens se sont le plus préoccupés des sépultures ; ils gardaient leurs momies dans des *catacombes*, *hypogées* ou *nécropoles*, où l'on trouve également un grand nombre d'animaux embaumés. Ces souterrains, creusés sous le sol ou dans le flanc des rochers, se composaient de couloirs et de salles dont les plafonds sculptés étaient soutenus par des colonnes et des piliers ménagés dans les massifs. L'entrée de ces immenses excavations devait rester cachée, pour préserver les morts de l'injure des vivants.

Ce but n'a pas été atteint. Le hasard et les explorations des savants les ont fait découvrir, surtout aux environs de Thèbes, et immédiatement elles ont été envahies ; les sarcophages qu'elles renfermaient ont été brisés pour y chercher des trésors ou emportés pour orner les Musées. Ces nécropoles se rencontrent aussi en Perse et dans l'Inde.

Au-dessous de Rome, et au loin dans la campagne environnante, s'étendent des carrières abandonnées qui forment une autre ville éternelle.

Comme la religion de Jupiter ne voulait pas tolérer la religion du Christ, les premiers chrétiens ont dû chercher à se soustraire à des persécutions inévitables et ont trouvé dans ces catacombes un asile pour célébrer leurs agapes [1], et un lieu de réunion pour s'encourager avant d'aller au martyre; elles leur servaient aussi de sépulture. Elles étaient donc la maison, le temple, la tombe des néophytes, et de naïfs artistes les ornaient de peintures, de sculptures, de mosaïques, de bas-reliefs, de croix entourées de fleurs et de couronnes, mais sans figure; — à l'origine on évita de montrer l'image du Sauveur dans son supplice, pour ne pas jeter l'épouvante et la terreur dans l'âme des fidèles. Ce n'est qu'au septième siècle qu'on commença à représenter la tête de Jésus-Christ, ensuite le corps entier, avec les mains et les pieds percés de clous.

Dès que l'Olympe eut disparu dans les ténèbres et que le Calvaire se montra dans la clarté, l'Église perdit de vue son humble berceau; les catacombes furent abandonnées et se dégradèrent; mais grâce à quelques érudits, les premiers monuments de l'art chrétien y ont été arrachés à l'oubli.

Le tracé des catacombes a toujours été très-irrégulier; d'innombrables allées s'y croisent en tout sens; dans leurs parois sont creusés par étages des compartiments où l'on déposait les morts, sans cercueil; on murait ensuite l'ouverture avec des dalles. Ils servaient sans doute aussi aux païens, puisque la coutume de brûler les morts se perdit au commencement de l'ère des persécutions; elle avait été empruntée aux Grecs; Sylla fut le premier Romain réduit en cendres. Les pauvres et les esclaves étaient simplement jetés à la voirie, et les criminels aux gémonies.

[1] Les agapes étaient des repas en commun institués en mémoire du dernier festin que fit Jésus-Christ avec ses Apôtres; elles furent abolies au quatrième siècle, à cause des abus qui s'étaient glissés dans ces réunions.

Catacombes dans l'Hindoustan.

Les catacombes de Paris sont aussi très-intéressantes ; les étrangers les visitent, mais les Parisiens les connaissent à peine. Ils savent seulement que leur entrée se trouve dans un quartier ignoré, près de la barrière d'Enfer : c'est une descente de cave avec une centaine de marches ; ils savent encore qu'elles se prolongent sous une grande partie de la ville, sur la rive gauche de la Seine. Pour se dispenser de les visiter, ils disent que cela est très-dangereux, qu'on peut s'y égarer, et qu'alors il faut y mourir de faim et de désespoir, ce qui malheureusement est déjà arrivé.

Ces catacombes, comme celles de Rome, sont d'anciennes carrières composées d'un dédale de rues souterraines, dont les noms, correspondant aux noms des rues superficielles, sont gravés dans le roc à chaque coin. Cette disposition a permis à des ouvriers égarés dans ces ténèbres profondes de retrouver leur chemin en lisant avec leurs doigts ces noms, et d'arriver, après deux jours et deux nuits de tâtonnements, à un *regard* qu'ils connaissaient. C'est là que des passants ont entendu leur faible voix qui appelait du secours.

Toutes les issues publiques sont actuellement murées, sauf la porte principale, fermée à clef, et qu'on ne franchit qu'avec une permission de l'autorité, afin que le gardien puisse vérifier le nombre des personnes à l'entrée et à la sortie.

Dans ces catacombes on conserve les ossements extraits des anciens cimetières établis autrefois dans l'intérieur de Paris ; pour pouvoir calculer la place des ossuaires, on sait qu'un mètre cube peut contenir quatre-vingts squelettes. Parmi ces innombrables reliques, on voit des crânes sillonnés de rainures, comme si on les

avait grattés avec la main; ils proviennent des lépreux,
qui avaient leur cimetière spécial. Leur tombe était donc
séparée de celle des autres hommes, comme l'avait
été leur habitation.

On confond la *tombe* avec le *tombeau*. La tombe (*tom-
bos* en grec) est une sépulture ornée d'une croix, d'une
table de pierre, ou *pierre tumulaire*; et on devrait appeler tombeau un monument placé sur un mort. Quand ce
monument prend de grandes proportions, il est toujours nommé *mausolée*.

Le mausolée est une construction artistique destinée à
conserver le cercueil et en même temps à orner les
églises et les cimetières.

Ce nom vient du tombeau élevé à Mausolus par son
épouse Artémise, à Halicarnasse, 400 ans avant Jésus-
Christ; par sa beauté et sa magnificence, il fut compté
parmi les sept merveilles du monde. Il avait 400 pieds
de circuit et 130 pieds de hauteur, et était entouré de
trente-six colonnes. Les premiers sculpteurs de la Grèce
y avaient contribué.

Le fort Saint-Ange, à Rome, est l'ancien mausolée
d'Adrien, que cet amateur passionné de l'architecture
s'était fait bâtir dans les jardins de Domitia, femme de
Domitien. Vingt-quatre colonnes en marbre violet formaient un portique autour de ce tombeau. Les soldats
de Bélisaire l'ont dévasté.

Les mausolées creusés dans le roc étaient les sépul-
cres des rois de Judée. Le Saint-Sépulcre est le mausolée bâti à l'endroit où Jésus-Christ a été enseveli.

De pareilles constructions monumentales furent éri-
gées dans les églises mêmes, à l'époque où les inhuma-

tions y avaient lieu; elles étaient réservées aux donataires et à des personnages importants; un grand nombre furent détruites lors de la première révolution française; parmi celles qu'on a conservées, on remarque dans l'église des Cordeliers, à Nancy, le tombeau de la reine de France, Marie Leczinska, femme de Louis XV.

Mausolée de la reine de France Marie Leczinska, — fille de Stanislas, roi de Pologne, — dans l'église des Cordeliers, à Nancy.

En regard, nous voyons le mausolée de Clément XIII, par Canova [1]. A gauche se dresse la statue de la Religion, forte et fière; à droite est le génie de la Mort

[1] Canova, né en Italie en 1757, mort à Venise à soixante-cinq ans. Il occupe le premier rang parmi les sculpteurs modernes; il savait allier l'imitation de la nature avec la beauté idéale de l'antique.

s'abandonnant à la douleur. Les deux lions qui gardent la sombre entrée de la tombe sont les plus beaux que la sculpture moderne ait produits. Canova a mis huit ans à exécuter ce chef-d'œuvre, qui fut découvert le jeudi saint de 1795, à la clarté de la grande croix de feu destinée à illuminer ce soir-là l'église de Saint-Pierre.

Mausolée du pape Clément XIII dans la basilique de Saint-Pierre
à Rome.

Les Romains enterraient leurs morts le long des chemins publics ou dans les jardins; ils élevaient, avec la terre extraite de la fosse, un *tumulus*, monticule garni quelquefois d'un soubassement en pierre. Il y avait aussi des tumulus en forme de tour maçonnée.

Telles étaient les tombes séparées. Quand on voulait

Medracen, — tombeau des rois numides, dans la plaine d'Om-Es-Senam, en Algérie.

réunir les morts d'une seule famille, on bâtissait des *colombaires*, ou caveaux dans lesquels on déposait les *urnes cinéraires*. Les niches où se trouvaient ces urnes, rangées par étage, ressemblaient à un colombier, d'où est venu le mot *columbarium*.

Quand toutes les niches étaient remplies, on murait la porte des colombaires, dont plusieurs sont arrivés jusqu'à nous dans un parfait état de conservation.

Colombarium dans les Catacombes de Rome.

Aujourd'hui, dans tous les pays civilisés, l'inhumation n'a plus lieu que dans les cimetières.

Ceux des Espagnols se rapprochent beaucoup des colombaires; ils sont formés de murs épais dans lesquels sont aménagées des excavations qui reçoivent les bières et sont ensuite fermées par des plaques tumulaires. Au fur et à mesure que les hommes montent dans leur tombeau, ces murs s'élèvent et atteignent jusqu'à douze

mètres. On les prépare aussi de réserve et on les bâtit
de suite à la hauteur voulue. Deux murs parallèles sont
alors couverts d'une voûte et forment une espèce de

Cimetière de la Grande Chartreuse à Bordeaux.
(Tombeau de Goya y Lucientes, peintre de la cour d'Espagne,
mort en 1828, à l'âge de quatre-vingt-deux ans.)

pont qui reste isolé; un autre s'établit à une certaine
distance, afin qu'ils ne se touchent pas et que l'air y
puisse largement circuler. A la longue il se forme ainsi

des cours ouvertes aux quatre angles, où l'on passe de
l'une à l'autre.

Tous les cimetières présentent un aspect sombre,
lugubre. La mort y imprime son terrible cachet sur tout
ce qui l'entoure; et les croyances, les coutumes actuelles
la rendent encore plus effrayante, plus menaçante que
vraiment la nature ne l'a voulu. Il semble que, loin
d'être une transition, elle n'est que le néant.

Il n'en était pas de même dans l'antiquité.

Les Grecs, principalement, plaçaient sur les tombes
des cippes ornés de palmes et de guirlandes, et dans
les tombes les objets qu'avaient aimés les vivants : pour
les guerriers leurs armes, pour les femmes leurs bijoux,
pour les enfants leurs jouets, et partout des vases avec
des parfums. Toute image attristante était soigneusement écartée de la mort, qui n'est que le passage entre
la vie de misère d'ici-bas et la vie de félicité éternelle
dans les sphères célestes.

Cette idée prédomine aujourd'hui dans quelques pays
chrétiens; les chers défunts y sont entourés de fleurs,
et au moment où le cercueil est descendu dans le dernier asile, les chants pieux de la famille et des amis
s'élèvent vers le Seigneur pour dire : « Adieu sur la
terre et au revoir dans le ciel. »

§ X.

ÉDIFICES DES CULTES.

Les édifices consacrés à la religion ont toujours été les monuments les plus mémorables d'une cité, et on les y plaçait aux endroits les plus beaux. Toutes les ressources de l'industrie, tous les efforts de la science, toutes les émanations du génie, ont contribué à les rendre aussi imposants que possible, afin d'inspirer le respect; aussi solides que possible, afin de perpétuer l'idée qui les avait créés.

Les temples anciens construits sur le sol, ne s'ouvrant qu'aux prêtres et aux initiés, étaient très-petits comparativement aux édifices modernes du culte, dans lesquels tous les croyants doivent être admis.

Il n'en était pas de même des temples souterrains, de dimensions extraordinaires et creusés dans le roc. Le temple d'Ellora, aux Indes, embrassait un espace de deux lieues. C'était une excavation pareille à une houillère, et dans laquelle on avait réservé des massifs ou piliers, pour être taillés en portiques et en colonnes.

Plus curieux encore est le temple égyptien cité par Hérodote. Il avait été taillé dans un bloc de granit, que deux mille hommes avaient traîné pendant trois ans de la montagne dans la plaine. Il avait vingt et une coudées de longueur sur huit de hauteur : — la coudée est égale à un demi-mètre.

Sous les Romains, le *temple*, du latin *templum*, était la partie de l'horizon que les augures choisissaient pour

Église Saint-Georges, à Venise.

contempler le ciel et tirer de cette *contemplation* leurs
présages. Plus tard on donna ce nom aux chapelles élevées sur des montagnes et à tous les édifices religieux.

Le Panthéon de Rome est encore conservé en entier.
Il fut élevé par le général Agrippa, sept cents ans après
la fondation de la Ville éternelle, sous le règne d'Auguste, et dédié à Jupiter Vengeur, en souvenir de la
bataille d'Actium.

Le Panthéon, à Rome, dédié par Agrippa à Auguste, et appelé aujourd'hui
l'église de Sainte-Marie de la Rotonde.

En 600, les chrétiens prirent possession de cet édifice;
vingt-huit chars, remplis d'ossements des martyrs
recueillis dans les catacombes, furent déposés sous l'autel du dieu de l'Olympe. Malheureusement, quelques
siècles plus tard, on enleva les ornements en bronze,
pour les convertir en pièces de canon destinées au château Saint-Ange.

Le pape Grégoire IV avait dédié ce monument à tous
les saints, et avait ordonné que chaque année, le

1ᵉʳ novembre, on célébrât une fête, qui est la Toussaint.

Le Panthéon, actuellement Notre-Dame de la Rotonde, renferme les tombeaux de Raphaël et de ses plus illustres élèves.

En regard du Panthéon de Rome peut figurer celui de Paris; il fut ordonné par Louis XV à la suite d'un vœu que le roi Bien-Aimé avait fait pendant sa maladie à Metz. On l'avait destiné à remplacer l'église de Sainte-Geneviève. Commencé en 1758, il fut terminé en 1790. L'Assemblée nationale en changea la destination; elle décréta qu'il servirait de tombeau aux grands hommes, et que son fronton porterait l'inscription : *Aux grands hommes la patrie reconnaissante*. En 1821, la Restauration le rendit au culte, et il reprit son nom d'église de Sainte-Geneviève. Après la révolution de Juillet, il reçut de nouveau son ancien titre de Panthéon; enfin, sous le deuxième empire, il fut restitué au culte et dédié à la patronne de Paris.

Quant aux temples des Templiers, il n'en existe plus beaucoup; c'étaient des édifices religieux et en même temps des maisons hospitalières et des monastères.

On donne également le nom de temple aux églises des luthériens, des protestants, des calvinistes, des anglicans, des méthodistes, des arméniens, des remontrants et des autres nombreux sectaires de la réforme.

Comme monuments en pierre, ces derniers temples n'offrent rien de particulier; ce sont des églises catholiques, moins les images et les statues des saints. Cependant on peut citer le baptistère de la secte des *baptistes*, lesquels se rattachent à l'apôtre de Jésus-Christ. Il n'y

a que les catéchumènes, ou personnes préparées spiri-
tuellement à l'acte de l'immersion sacrée, qui reçoivent
le baptême suivant le rite primitif du Christianisme;
elles sont revêtues d'une robe blanche et plongées par
le pasteur dans le baptistère, dont la longueur est de

Le Panthéon, à Paris.

trois mètres et dans lequel on descend par six marches.

L'*église*, du grec *ecclésia*, se disait, dans l'origine, de
toute assemblée. Depuis le Christianisme, ce mot s'applique aux bâtiments du culte catholique.

Les églises chrétiennes primitives s'appelaient des *basiliques*. Dans la basilique (du grec *basilicos*, royal), l'archonte-roi rendait justice à Athènes.

Chez les Romains, les basiliques étaient également les palais de justice, vastes salles carrées, ornées de statues et partagées par des colonnes en plusieurs galeries. Elles ont servi de modèle non-seulement aux premières églises chrétiennes, mais aussi aux églises modernes, telles que Notre-Dame de Lorette et Saint-Vincent de Paul, à Paris.

Une église comprend plusieurs parties distinctes : — le *porche*, où sont les portes; — la *nef*, place où s'assemblent les fidèles; — les *bas côtés*, galeries qui entourent la nef; — le *chœur* ou *sanctuaire*, où s'assemblent les prêtres; — le *jubé*, espèce d'arcade qui sépare le chœur de la nef; — les *chapelles*, sur les bas côtés, consacrées à la Vierge ou aux saints; — le *maître autel*, au fond du chœur; — la *sacristie*, dans laquelle s'habillent les prêtres; — le *baptistère*, ou fonts baptismaux.

Tout le monde est censé connaître ces détails, et si nous nous permettons de les exposer, c'est à l'intention de ces esprits forts qui croient pouvoir se dispenser d'aller à l'église, et qui, hélas! s'en vantent encore.

Généralement, les églises sont surmontées d'un *clocher*; quand il en est séparé, on l'appelle *campanile*.

Le plan des églises est en *croix grecque*, ou croix à quatre parties égales; ou en *croix latine*, dont une branche est plus allongée que les trois autres. Il y a aussi des *églises en rotonde*, ou à plan circulaire.

Les églises ont divers noms, suivant le rang du prêtre chargé de leur direction.

L'*église pontificale* est celle du Pape; c'est l'église de

Duomo, ou cathédrale de Sienne.

Saint-Pierre, à Rome; *l'église métropolitaine* appartient
à un archevêque; la *cathédrale* à un évêque; et *l'église*

Église de Saint-Augustin, à Paris.

paroissiale à un curé; *l'église conventuelle* fait toujours
partie d'un couvent.

Les *collégiales*, ou églises desservies par un chapitre de chanoines, sont de fondation royale, telles que les saintes chapelles; ou de fondation ecclésiastique; ou encore, ce sont d'anciens monastères dont les moines ont été sécularisés, c'est-à-dire rendus au siècle, à la vie mondaine. En France, il n'y a plus qu'une seule collégiale, c'est celle de Saint-Denis, près de Paris.

Voici, comme spécimen de pareilles constructions, la gracieuse chapelle de *San Antonio de la Florida*, bâtie près de Madrid par le roi Charles IV, en 1792, et ornée des fresques de Goya.

Trueba, le poëte populaire de l'Espagne, dit en parlant du bienheureux saint, patron des señoritas ou jeunes filles à marier : « Au milieu des fleurs et de l'ombre s'élève ton ermitage, glorieux saint Antoine de la Florida, et c'est aux ombrages et aux fleurs que tu dois ton doux nom, ô saint béni! »

Quant à la *chapelle oratoire* avec un seul autel, elle est affectée au service d'une maison particulière.

Enfin, les églises mixtes termineront cette énumération. Elles sont destinées aux catholiques comme aux protestants. On se rappelle qu'à Strasbourg, dans l'église de Saint-Pierre, le prêtre disait la messe avant midi, et qu'à partir de cette heure le pasteur y récitait les versets de la Bible.

Si l'on veut admirer les églises dans toute leur splendeur, il faut prendre pour modèles celles de Rome, dont le nombre est de 470, pour 160,000 habitants. C'est là que se sont accumulées depuis des siècles des richesses immenses, provenant de la dévotion, de l'amour de l'art et des fastes du culte catholique. On y voit des tombeaux somptueux, des autels surchargés d'or et de

Chapelle de San Antonio de la Florida, prés de Madrid.

La Sainte-Chapelle, dans l'île de la Cité, à Paris.

peintures ; partout une profusion de marbres, d'émaux, de pierres précieuses.

Voici la basilique de Saint-Pierre, le chef-d'œuvre architectonique le plus étonnant de l'univers. Tout ce que l'imagination la plus ardente peut créer dans cet ordre d'idées, s'y trouve réuni. Cette merveille a été élevée par l'empereur Constantin; elle se trouve, par un pieux contraste, précisément sur les fondations du cirque de Néron, où furent massacrés les premiers chrétiens. Ses travaux ont duré plus de cent ans; mais la nef ne fut entièrement achevée qu'au dix-septième siècle, sous Paul V, par l'architecte Alberti, surnommé le Vitruve moderne. Plus de quarante papes y ont versé leurs trésors, et tous les grands artistes y ont appliqué leur talent pour l'embellir et l'enrichir.

On peut entrer dans ce magnifique édifice par quatre portes; la cinquième est murée, et ne s'ouvre que tous les cinq ans pour les cérémonies du jubilé.

Le corps de saint Pierre est placé dans une crypte éclairée nuit et jour par douze cents lampes; elle a été bâtie à l'endroit appelé la *Confession*, parce que l'apôtre y reçut la mort en confessant la religion du Christ. Sur la voûte de cette crypte est construit le maître autel réservé au Saint-Père, qui seul peut y célébrer la messe en regardant les fidèles, selon les ordonnances sacrées de l'Église primitive.

On y voit beaucoup de tombeaux illustres, entre autres celui de la reine Christine de Suède, et le mausolée de Clément XIII, déjà cité.

Le Pape, chef de la catholicité dans l'église de Saint-Pierre, est primat d'Italie dans la cathédrale de Saint-

Cathédrale de Saint-Jean de Latran, à Rome, dans laquelle le Souverain-Pontife est évêque de sa capitale et primat d'Italie.

Jean de Latran, appelée la *Basilique d'or* à cause de ses richesses séculaires. Son nom lui vient du palais de Latran, construit à proximité par Lateranus Plautius, opulent patricien que Néron fit décapiter, et dont il se déclara l'héritier pour s'emparer de ses biens. C'est dans ce palais que demeuraient les Souverains Pontifes, chaque fois qu'ils venaient à Rome, à l'époque où ils résidaient à Avignon. De cette dernière ville, Clément V envoya des sommes considérables pour rebâtir l'église de Saint-Jean de Latran après l'incendie de 1308.

Les reliques les plus vénérables y sont saintement déposées : la tunique de Jésus-Christ, teinte de son sang ; le linge avec lequel il essuya les pieds des Apôtres ; la tête de saint Pierre et celle de saint Paul, dans des boîtes en argent, enrichies de diamants, données par le roi de France Charles V.

La merveille de Saint-Jean de Latran est la chapelle Corsini. Comme œuvre d'art, on y admire le portrait de saint André Corsini, en mosaïque, d'après le Guide. Près de là se trouve le mausolée de Clément XII, où ce pape est enseveli dans une urne en porphyre qui avait renfermé les cendres d'Agrippa et qui était restée longtemps abandonnée sous le portique du Panthéon. On y voit aussi une statue de Henri IV, que ses confrères, les chanoines de Saint-Jean de Latran, lui ont érigée, car les rois de France étaient membres de cet illustre chapitre.

N'oublions pas le *saint escalier*, dont les vingt-huit marches en marbre blanc proviennent de la maison de Pilate. Le Christ les a montées et descendues, et on ne doit les gravir qu'à genoux.

Il y a à Rome une autre église qui mérite d'être citée, à cause de son origine extraordinaire. En 752, le

pape Libère eut un songe dans lequel il vit la Vierge
Marie lui ordonnant d'élever un temple à l'endroit ou
il aurait neigé pendant la nuit. Un patricien romain
ayant eu la même vision, les deux inspirés tracèrent sur
la neige le plan de la basilique, laquelle fut exécutée

Église de Notre-Dame, à Paris.

aux frais du patricien et prit le nom de *Santa-Maria ad
Nives*. On l'appelle aujourd'hui *Sainte-Marie-Majeure*,
parce qu'elle est la plus grande des trente-neuf églises
de Rome spécialement consacrées à la Mère de Jésus-
Christ.

Les édifices du *culte grec* diffèrent des églises catholiques par l'absence absolue de statues et d'images en relief. On n'y admet que des tableaux, ornés très-souvent de pierres précieuses. Ces églises ou temples, construits dans le style byzantin, ont plusieurs coupoles dorées, et les tours mêmes en sont surmontées; partout elles attirent l'attention par leur éclat et leur magnificence.

Les *synagogues* réunissaient autrefois pour les juifs l'église, l'école et le tribunal religieux. Elles étaient construites sur des hauteurs, le sanctuaire du côté du levant, et les portes du côté du couchant.

Aux temps de sa splendeur, Jérusalem renfermait plus de quatre cents synagogues.

Aujourd'hui, dans tous ces édifices, qu'on ne destine plus qu'au culte, se trouve vers l'orient l'arche sainte — qui est une armoire — où sont renfermés les livres de Moïse écrits sur des rouleaux de vélin. Pendant les cérémonies religieuses, les hommes se tiennent au milieu de la synagogue et les femmes dans les hautes galeries latérales.

Le nom de temple est quelquefois donné à la synagogue, tel que le temple de Salomon, détruit en l'année 70 par l'empereur Titus.

L'église mahométane est la *mosquée*; elle ne possède ni autel, ni images, ni figures, mais une grande quantité de lampes suspendues sous les dômes, que soutiennent des colonnes en marbre ou en porphyre. Le pavé est couvert de riches tapis sur lesquels les musulmans doivent marcher pieds nus; aussi laissent-ils leurs souliers dans la grande cour précédant la mosquée. Là se

trouve une fontaine où ils font les ablutions indispensables avant de se livrer aux cérémonies commandées
par le Coran.

Toutes les mosquées sont ornées de *minarets*, petites
tours très-élancées avec balcon, d'où le *muezzim* appelle
les croyants à la prière.

Cour d'une mosquée.

Elles sont entourées d'une enceinte renfermant des
jardins, des hôpitaux, des écoles. Les mosquées de
Médine et de la Mecque sont les sanctuaires de l'isla-
misme. A Constantinople, l'ancienne église de Sainte-
Sophie a été transformée en mosquée.

Les *pagodes* sont les temples des peuples de l'Asie ; elles consistent dans un pavillon formant le sanctuaire de l'idole et en deux appentis sur les côtés, destinés au peuple. Au-dessus de ce pavillon s'élève une coupole pyramidale surchargée d'ornements. Les pagodes bâties en briques ou en pierres sont incrustées de marbre, de jaspe, de plaques d'or ou de porcelaine. On les a imitées en Europe comme ornement des parcs ; mais la mode en est passée depuis quelques années.

En résumé, quel que soit le nom donné à un édifice religieux : temple, église, synagogue, pagode ou mosquée ; quels que soient son luxe de construction ou sa richesse de décoration ; que l'on y trouve les symboles de la religion de Moïse, de Jésus-Christ, de Mahomet, de Brahma ou de Confucius, — tous ces monuments ont droit à notre déférence, — dès que l'humble créature s'y prosterne devant son divin Créateur.

§ XI.

MONASTÈRES, COUVENTS, CLOITRES.

Les monastères étaient des maisons de refuge des religieux ou des religieuses désirant se livrer à la vie monastique ou vie en commun, suivant leur constitution propre, qui est la *règle*. On appelle aussi ces établissements : *cloîtres, abbayes, prieurés, couvents* (de *conventus*, réunion). Au commencement du Christianisme, les grands monastères étaient des espèces de petites villes entou-

Monastère du mont Sinaï, fondé en 527 par l'empereur Justinien.

rées de murs. Vers le quatrième siècle, saint Pacôme
réunit les cénobites de la Thébaïde en communauté et
les installa dans un monastère.

§ XII.

HÔPITAUX ET HOSPICES.

Dans l'antiquité, les hôpitaux étaient inconnus, à moins
qu'on ne regarde comme tels les temples d'Esculape,
auxquels se trouvaient annexés des établissements où
les malades pouvaient recevoir quelques soins.

Le Christianisme, ordonnant la charité, fit naître les
hôpitaux tels qu'ils existent dans tous les pays civilisés.

Saint Basile a fondé dans l'Orient, au troisième siècle, le premier hôpital; dans l'Occident, une noble
femme, Fabiola, consacra sa fortune à ces institu-
tions humanitaires. D'après les ordres du concile de
Trente, le quart de tous les revenus des églises devait
y être affecté.

Childebert fonda en 340 l'hôpital de Lyon, et saint
Landry celui de l'Hôtel-Dieu de Paris, en 660.

Un grand développement fut donné à ces asiles, car
il fallait se garantir de la lèpre importée en Europe par
les Croisades. Sous le roi Louis VIII, on comptait en
France deux mille léproseries, ladreries ou maladreries.

Sous le rapport de la construction, les hôpitaux et les
hospices ne laissent aujourd'hui rien à désirer; ce sont
de solides bâtisses en pierre de taille, disposées avec
art, très-commodes et bien aérées.

Les *hôpitaux* sont affectés aux malades et aux blessés,

les *hospices*, aux vieillards, aux enfants et aux incurables, souvent ces deux établissements se trouvent réunis.

§ XIII

PRISONS.

Depuis que nos mœurs se sont adoucies, la société se venge de moins en moins sur les coupables; elle les en-

Le Temple, — prison de Louis XVI et de sa famille.

ferme pour se sauvegarder. La philanthropie s'étant aussi occupée des prisonniers, a changé leur logis en maisons de correction, et en même temps de travail et de repentir.

La Bastille, d'après une gravure du temps de la Révolution.

La question à l'ordre du jour est l'adoption du *système cellulaire*; nous n'avons pas qualité pour la discuter; elle est du domaine de l'administration publique. Nous dirons seulement que la prison cellulaire se compose, — comme son nom l'indique, — d'une série de cellules dont les corridors convergent vers un centre commun, où s'élève l'autel consacré au Rédempteur.

Outre ce spécimen, tout bâtiment qui empêche les prisonniers de s'échapper peut servir de prison.

Ainsi celle du roi Louis XVI et de sa famille était une ancienne église des Templiers, construite dans la rue du Temple en 1200. Elle a été démolie en 1811, et il n'en restait que le cloître, qui fut à son tour abattu en 1854 et converti en square.

Voici le fort Saint-Ange à Rome, l'ancien Mausolée d'Adrien, actuellement prison politique et forteresse ménagée au Saint-Père pour les jours de péril; elle est reliée au Vatican par des souterrains. Son nom lui vient d'une petite église du voisinage dédiée à l'archange saint Michel. On voit d'après le dessin ci-contre qu'elle est très-élevée.

Voici maintenant une prison très-basse que la Compagnie des Indes avait destinée aux Indiens. Mais à la première affaire, ceux-ci, devenus vainqueurs, ont profité de l'occasion pour essayer sur les Anglais eux-mêmes le pénitencier nouveau modèle. Dans leur précipitation, ils avaient négligé d'élargir les trop petites fenêtres de la prison de leurs plus cruels ennemis, qu'ils ont ainsi étouffés.

L'abbaye du mont Saint-Michel, bâtie au huitième siècle, a servi de prison d'État depuis la première Révolution jusqu'en 1864. Louis XI y avait institué l'ordre

Mont Saint-Michel, dans la baie de Cancale, ancienne prison d'État.

souverain des chevaliers de Saint-Michel, et il y avait
gardé la fameuse cage de fer dans laquelle était enfermé
le cardinal la Balue, pour avoir livré les secrets d'État
aux ennemis du roi.

Quelques nations ont conservé l'usage de tuer les
condamnés à mort dans la cour des prisons, afin de
soustraire ce pénible spectacle à la foule stupide, qui
n'en tire aucun enseignement.

Prison du fort Saint-Ange, à Rome.

Dans l'antiquité, les geôles étaient toujours destinées
aux exécutions. Contentons-nous de citer la prison Ma-
mertine, près du Forum, à Rome. C'est maintenant une
chapelle, un lieu de touchante dévotion où sont conservées les reliques des premiers martyrs; saint Pierre y
avait été incarcéré, et il y convertit ses geôliers avant
d'aller au supplice.

Ancus Martius, quatrième roi de Rome, fit creuser
dans le roc du Capitole même ce cachot horrible; Ser-

vius Tullius en établit au-dessous un autre plus horrible encore. On y entrait par un trou circulaire, — aujourd'hui fermé par une grille.

Dans cet enfer étaient torturés et étranglés les coupables de haute trahison, puis retirés par les *confecteurs* avec des crochets, et précipités morts ou mourants du haut de l'escalier des gémonies, d'où le peuple les traînait dans le Tibre[1].

Sous ces voûtes sinistres périrent les complices de Catilina, et Jugurtha, le chef des Numides, y mourut de faim. Là aussi étaient mis à mort les rois vaincus; pendant ce temps, le triomphateur entrait dans le temple de Jupiter Capitolin, et n'en sortait qu'après le cri fatal des licteurs : *Actum est*, — C'est accompli.

§ XIV.

THERMES.

Diane et ses compagnes se baignaient dans le premier ruisseau venu à l'époque où les simples mortels avaient des *thermes*, édifices somptueux en maçonnerie d'appa-

---

[1] Les *confecteurs* ou *bestiaires* étaient des gladiateurs qui combattaient contre les bêtes féroces.

Les *licteurs* faisaient l'office d'appariteurs et de bourreaux; ils marchaient en file devant les Césars et les consuls, et portaient des faisceaux de verges du milieu desquelles sortait une hache. Ils liaient — d'où le nom de *licteurs* — le coupable, le battaient de verges, puis lui tranchaient la tête.

Temple de Jupiter Capitolin, du Capitole; de *caput*, tête. En creusant les fondations de ce temple sur le Capitole, on y avait découvert une tête ensanglantée.

reil et d'un luxe inconnu de nos jours. On s'y couvrait
d'huile et de parfums; il y avait des baignoires en
marbre et en pierre granitique dans lesquelles on
nageait; on y trouvait, outre les promenades et les portiques, des bibliothèques, des galeries de statues, des
xystes où luttaient les athlètes, des *exèdres* où discutaient
les lettrés et les philosophes.

Galerie de la *Grande Grille* de l'établissement thermal, à Vichy.

Les thermes gratuits étaient nombreux; toutes les
classes de la société les fréquentaient. Agrippa fit établir le premier de ces bains publics auxquels les empereurs ont donné leur nom. Aujourd'hui il n'en reste plus
que des ruines, en dehors de ceux de Dioclétien, transformés en église par Michel-Ange.

À Paris, les étrangers ne manquent pas de visiter les Thermes de Julien, situés sur le boulevard Saint-Michel, près du Musée de Cluny.

Les Orientaux ont conservé la coutume des anciens, et les bains maures rappellent en partie ceux des Romains et des Grecs.

En Europe, ces sortes d'établissements sont « si modi- » ques et si mesquins, que j'ai honte d'en parler », comme disait Démosthènes à propos des monuments publics d'Athènes, éclipsés par les constructions parti- culières après la guerre du Péloponèse.

Exceptons toutefois de cette règle — peut-être trop sévère — quelques bâtiments thermaux, en France, qui se rapprochent de ceux des Romains, dont cependant ils n'ont pas le caractère de grandeur; ils ont plutôt celui que l'hygiène exige, c'est-à-dire la simplicité, la sa- lubrité et la commodité.

Quant aux célèbres *bains minéraux* des bords du Rhin, tant vantés par les voyageurs, ils n'ont pas le moindre rapport avec les thermes de l'antiquité.

Les *maisons de bains*, espèces d'auberges reléguées dans les quartiers obscurs, sont connues seulement des malades; elles se trouvent entièrement séparées des *salles de conversation*, objectif de tous les touristes, quoiqu'on n'y voie que des colonnades à bon marché, des salles en stuc sans aucun style — si ce n'est le style clinquant et commercial, — avec une grande profusion de dorures à la colle, de glaces, et de peintures à la dé- trempe. Ce sont des temples de Mercure et non pas de Minerve.

Ces *kursaals* ne sont plus très-fréquentés. À la place des éblouissants salons de jeu, il y a de tristes cabinets

de lecture; là où jadis paradaient les bijoux et la soie,
s'étalent actuellement les journaux et les brochures.

Aussi ces lieux de plaisir et de distraction de haut
goût doivent-ils disparaître très-prochainement, car il
y manque le *germe* propre de leur vie : l'irrésistible
trente et quarante, où les riches oisifs jetaient avec insouciance leur pièce d'or; et la vertigineuse *roulette*, où
les pauvres naïfs posaient avec prudence leur petit écu.

§ XV.

PALAIS ET CHATEAUX.

Palais vient de *palatium*, résidence impériale qu'Auguste fit élever sur le mont Palatin. C'était le palais le
plus magnifique qui eût jamais existé sur la terre; il fut
agrandi par Néron et Caligula sur les propriétés enlevées aux habitants de Rome après l'incendie de cette
ville. On l'appelait la « Maison d'or »; il renfermait un
triple portique et un vestibule, avec la statue en marbre
de Néron, de quarante mètres de hauteur; au milieu
d'immenses jardins avait été creusé un lac représentant
un port de mer avec des galères et des trirèmes.

Parmi les palais qui méritent de fixer notre attention
se placent en première ligne ceux de Rome, car leur
destination est de conserver les objets d'art et de servir
de musées d'antiquité. D'après un dicton, c'est de saint
Pierre que provient l'éclat des familles princières
romaines, dû à l'élévation au pontificat d'un de leurs

Palais du Louvre moderne.

membres. Chaque pape donnait tous les bénéfices et privilèges à ses parents afin de fonder une maison illustre, sans oublier toutefois les intérêts de la ville et le domaine ecclésiastique.

Palais de Saint-James, à Londres.

Le fond de la richesse, à Rome, consiste en tableaux, statues, bibliothèques et bâtiments somptueux; tous sont entre les mains des neveux des papes, auxquels la jouissance en a été donnée à la charge de conserver intacts ces trésors, dont ils ne sont, en réalité, que les dépositaires ; ils ne peuvent même y apporter de changement sans l'autorisation des inspecteurs officiels.

Le palais Borghèse, fondé en 1600 par Paul V (Borghèse), renferme la *Déposition de croix*, peinte par Raphaël à l'âge de vingt-quatre ans et signée en lettres d'or : *Raphaël Urbinas, M D VII*. On y admire son portrait de César Borgia, la fameuse Danaé du Corrége, les tableaux des premiers Florentins et ceux des derniers Flamands. N'a-t-on pas dit que, pour payer ces magnifiques toiles, il faudrait les couvrir de pièces d'or et recommencer dix fois cette opération ?

Le palais Sciarra possède le *Violoniste* de Raphaël et la *Donna* du Titien.

Le palais Farnèse, édifice carré exécuté d'après les plans de Michel-Ange, est célèbre par les fresques d'Annibal Carrache.

Le palais Barberini mérite d'être visité à cause de la *Fornarina* de Raphaël et de la *Béatrix Cenci*, immortalisée par le Guide (Guido Reni).

Le palais Chigi appartient aux neveux de Fabio Chigi, pape sous le nom d'Alexandre VII ; c'est une galerie des plus belles statues antiques.

A l'endroit où furent les jardins de Néron s'élève actuellement la demeure des successeurs de saint Pierre : le Vatican. Pendant quinze siècles ce palais fut embelli par les Souverains Pontifes, mais pas à un point de vue d'ensemble ; aussi n'est-il qu'une réunion irrégulière de bâtisses entourées de jardins et contenant le nombre presque incroyable de onze mille compartiments : chambres, galeries, cours, salles, chapelles, corridors, huit grands escaliers, deux cents petits.

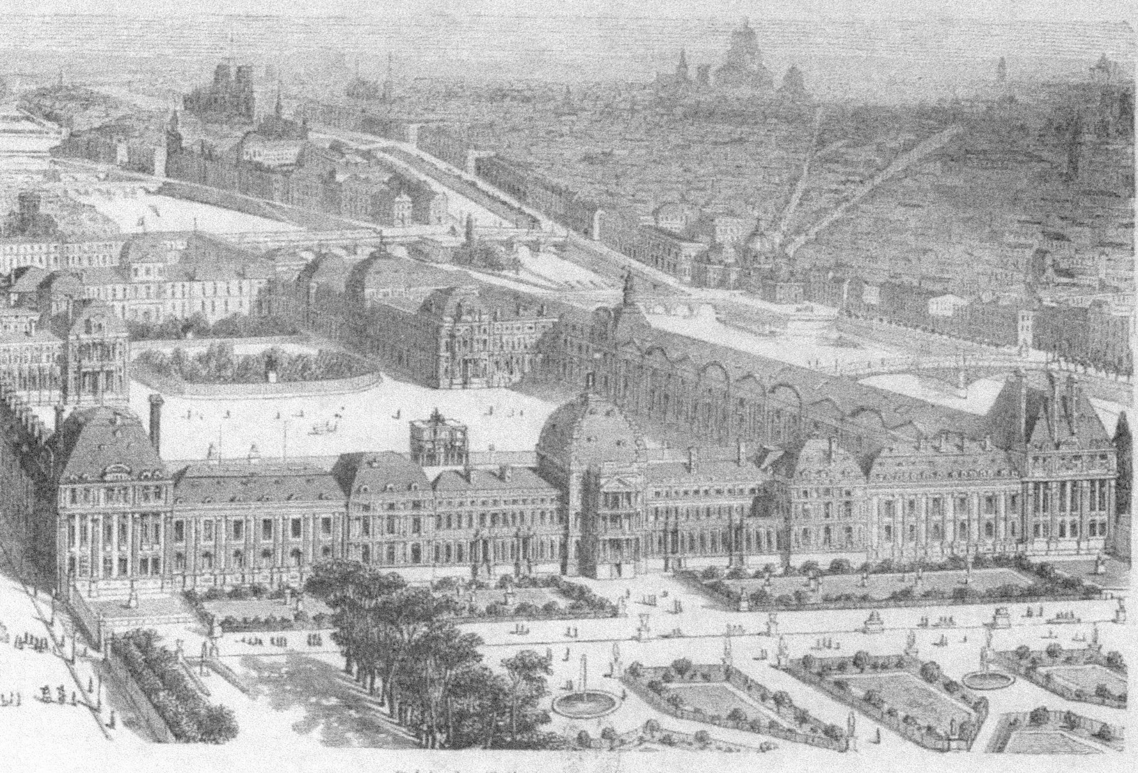

Palais des Tuileries sous Napoléon III.

Dans ce dédale sont précieusement gardés les chefs-d'œuvre de la statuaire et de la peinture, dont beaucoup avaient été transportés au Louvre par ordre de Napoléon Ier; mais, après la bataille de Waterloo, ils furent repris par leurs propriétaires légitimes.

Voici d'abord la *Transfiguration*, la plus haute expression du génie de Raphaël. Dans le salon dit des *Tapisseries* se trouvent les tapisseries dont Raphaël avait composé les cartons et qui furent exécutées à Arras, en France, par ordre de Léon X; elles avaient été vendues à des juifs, qui en brûlèrent trois pour retirer l'or des tissus. Un cardinal, averti de ce sacrilége, se hâta de leur racheter les autres, parmi lesquelles on remarque la *Pêche miraculeuse*, où les Apôtres sont debout dans de toutes petites barques; la foi les y soutient : ce sont les pêcheurs d'hommes.

A l'entrée de la salle nommée le *Nouveau Bras* se présentent les bustes en basalte d'Auguste et de Trajan : on dirait les gardiens des inimitables statues de Diane chasseresse et du Nil, dont une copie est placée dans le jardin des Tuileries, du côté de la place de la Concorde; puis vient le Musée de Laocoon, où se trouvent l'Apollon du Belvédère et le Torse.

L'aile droite du Vatican, d'où l'on aperçoit toute la Ville éternelle et son panorama jusqu'aux Abruzzes, est appelée les *Loges de Raphaël*, décorées des fresques dessinées par le maître et peintes par ses élèves. De là on passe dans la chapelle Sixtine, bâtie par Sixte IV et décorée par Michel-Ange de son immense peinture du *Jugement dernier*.

Le mot « palais » s'applique aussi aux bâtiments des grandes fonctions publiques.

Le Palais de justice incendié, à Paris.

En premier lieu doivent alors figurer les *palais de justice*, dont la destination exige qu'ils soient austères et imposants. Leur pièce principale, fréquentée par les curieux, est la *salle des pas perdus*, où se donnent les rendez-vous des hommes de loi et de leurs clients.

Château de Heidelberg.

Les salles sont voûtées ou couvertes de plafonds à compartiments ; elles doivent être vastes et spacieuses, pour que l'air y puisse circuler facilement.

Le mot *palais* est aujourd'hui souvent confondu avec

celui de *château*, donné aussi bien aux hôtels des princes qu'aux habitations de plaisance des bourgeois.

Anciennement, le châtel, *castel* (du latin *castellum*), était une maison fortifiée, entourée de larges fossés et de murs épais garnis de tours et de bastions, et appartenant aux seigneurs. La chute de la féodalité entraîna la chute de ces châteaux, dont aujourd'hui il ne reste plus que des ruines.

Qui dès lors oserait prédire le sort que la Providence réserve aux palais et à leurs habitants ?

Torquemada, le grand inquisiteur, prononçait ses terribles arrêts contre les hérétiques dans le palais du Saint-Office, à Madrid, dont le rez-de-chaussée est occupé aujourd'hui… par l'imprimerie d'un journal de l'opposition, et dont le premier étage est… le domicile de l'ambassade française près le gouvernement espagnol.

§ XVI.

HÔTELS DE VILLE, MAISONS COMMUNALES, MAIRIES.

Ces bâtiments datent du moyen âge, époque de l'indépendance de la bourgeoisie. Les communes y attachaient une grande importance; elles les élevaient sur la place publique de la cité avec tout le luxe que le budget de la municipalité permettait. Il s'y trouve ordinairement des portiques pour des halles de marchés; au-dessus on voit les salons des fêtes, au centre la tour du beffroi. C'est de là que partaient jadis les signaux pour appeler les citoyens aux armes et aux délibérations.

Hôtel de ville de Paris sous Louis XIII.

Hôtel de ville de Paris sous Napoléon III.

Les plus splendides hôtels de ville existent dans les
Flandres, où les communes ont gardé le plus longtemps
leurs franchises; le style gothique y est prédominant.

Aujourd'hui il y a partout des mairies, et si on en re-
construit une, c'est d'après son ancien plan, auquel on
apporte en général peu de changements.

L'Hôtel de ville de Paris à la fin du règne de la Commune de 1871.

Un des hôtels de ville qui ont joué un grand rôle dans
l'histoire de France est celui de Paris. Commencé en 1533
sur les dessins d'un architecte italien, il ne fut terminé,
après quelques interruptions, qu'un siècle plus tard.
Henri IV hâta l'achèvement de cet édifice, auquel il s'in-
téressait beaucoup. On voyait la statue de ce roi populaire sculptée au-dessus de la porte principale.

§ XVII.

CIRQUES, AMPHITHÉATRES.

Tels sont les noms des bâtiments romains destinés à la célébration des jeux publics, aux courses de chars, aux combats de gladiateurs, aux tueries des Chrétiens. L'empereur Commodus descendait dans l'arène pour y assommer avec une massue des prisonniers enchaînés.

Les Grecs n'avaient pas de ces amphithéatres sanglants.

Les *cirques* primitifs, construits en bois, datent de Romulus; ils servaient principalement aux chars, et leurs colonnes étaient surmontées d'un grand œuf de marbre, en mémoire de Castor, qui avait enseigné le dressage des chevaux de course.

Tarquin l'Ancien avait établi dans la Ville éternelle le premier cirque en pierre, que les empereurs ont successivement agrandi et orné de belles galeries pour la promenade; c'était le *circus maximus*; il avait sept cent quatre-vingts mètres de longueur sur cent onze mètres de largeur, et pouvait contenir trente mille spectateurs. Il n'en reste plus que des débris informes. Les autres cirques à Rome ne sont pas mieux conservés; mais sur la voie Appienne, à une lieue de la ville, se trouve celui de Caracalla, qui nous fait connaître leur mode d'établissement et leurs dispositions intérieures.

Les *amphithéatres* n'en diffèrent pas beaucoup; ils étaient plus hauts, mais moins longs, leur plan se rapprochant du cercle, puisque l'action émouvante du spectacle y devait être plus concentrée. Les chars se voyaient de loin et passaient devant tout le public, tandis que les gladiateurs devaient combattre sur un espace très-restreint en face de la loge impériale, et avant de « mourir avec grâce », saluer l'empereur : AVE CÆSAR IMPERATOR, MORITVRI TE SALVTANT.

La *plaza*, ou cirque des combats de taureaux en Espagne, est une imitation des amphithéâtres romains, mais elle est entièrement circulaire, comme nos manéges.

Le Colisée de Rome nous servira de démonstration; c'était l'amphithéâtre le plus magnifique qui eût jamais existé. Son nom viendrait, — d'après madame de Staël, — de la statue colossale de Néron, de cent vingt pieds de hauteur, que l'empereur Adrien fit transporter devant ce cirque par un attelage de quatre-vingt-dix éléphants. On trouverait peut-être une origine plus simple de ce mot dans les proportions colossales du Colisée, dont la hauteur est de cinquante-deux mètres; son contour est ovale, et mesure cinq cent cinquante mètres. Sa façade était dessinée par quatre rangs d'arcades superposées et soutenues par des colonnes, dont celles d'en bas appartenaient à l'ordre dorique; puis venait l'ordre ionique; les deux rangs supérieurs appartenaient au style corinthien. La galerie la plus élevée, dont il n'existe plus de traces, était soutenue par quatre-vingts colonnes en marbre portant un plafond en bois doré. Autour de la corniche étaient pratiquées des ouvertures par où passaient des mâts avec des poulies et des cordes pour tendre un immense velarium sur la tête de cent mille spectateurs.

D'innombrables statues, de même que des tableaux, des colonnes en porphyre, des vases précieux, décoraient ce cirque. L'air y était rafraîchi par une rosée de vin safrané et d'eau que des machines ingénieuses faisaient monter aux derniers gradins. L'arène avait quatre-vingts mètres de longueur sur cinquante-quatre mètres de largeur. Elle était entourée d'un mur de cinq mètres de hauteur sur lequel se trouvait le *podium*, où s'asseyaient l'empereur, les sénateurs, les ambassadeurs, les chevaliers et les vestales ; tous ces nobles hôtes étaient garantis par une grille en or contre l'attaque des animaux. A partir du *podium* montaient des gradins en pierre, où les hommes de chaque condition avaient un emplacement spécial. En haut s'installait le peuple (*populus*), puis venaient la multitude, la populace (*plebs*), et les esclaves. L'arène pouvait être remplie d'eau pour donner la représentation d'un combat de galères contre des crocodiles et des hippopotames. Dans les cages, — les *toriles* espagnols, — qui entouraient le cirque, on enfermait cinq cents lions, quarante éléphants, des tigres, des ours, des taureaux, des panthères.

Vespasien commença le Colisée ; Titus l'acheva dans l'année 80 de notre ère et l'inaugura par une fête qui dura cent jours ; des Chrétiens en masse y ont été dévorés par cinq mille bêtes féroces, massacrées à leur tour par les gladiateurs, et ceux-ci s'entre-tuèrent pour terminer cet affreux spectacle.

Ce monument à lui seul est l'image de la Ville éternelle d'il y a dix-huit siècles, avec ses grandeurs et ses vices : arrogante maîtresse du monde, — humble esclave d'un Héliogabale.

Au cinquième siècle, le Colisée fut détruit en partie par un tremblement de terre, puis ravagé par les hordes de Totila, roi des Ostrogoths, dans un travail stupide qui consistait à y pratiquer un nombre incalculable de trous pour retirer les crampons en bronze destinés à relier les pierres entre elles. Ces inconcevables dégradations continuèrent pendant les guerres civiles en Italie. Vers 1500 on donna des combats de taureaux et des tournois dans ces ruines, qui devinrent une carrière d'où princes et prélats tiraient les pierres pour la construction de leurs maisons.

Colisée de Rome.

Les Barberini, neveux d'Urbain VIII, y cherchèrent tous les marbres de leurs palais; aussi n'a-t-on pas manqué de faire sur eux ce jeu de mots connu : « *Quod non fecerunt Barbari, fecere Barberini*, ce que les Barbares n'ont pas fait, les Barberini l'ont fait. »

Sous le règne de Pie VII, ces dévastations cessèrent enfin; ce pape fit élever des contre-forts pour arrêter les éboulements, et entreprit les réparations que ses successeurs ont continuées depuis; maintenant ce Colisée est encore entier du côté du nord, mais il est à l'état de ruine complète vers le midi.

L'amphithéâtre le mieux conservé se trouve à Vérone. Celui de Nîmes, appelé les Arènes, construit par Agrippa, avait été converti en forteresse par les Visigoths; puis il servait d'habitation, et deux mille personnes y logeaient quand, en 1809, il fut déblayé par ordre du gouvernement impérial.

Le roi de France Louis XV avait fait construire dans les Champs-Élysées un amphithéâtre analogue, mais dans des proportions très-réduites; il eut peu de succès, aussi l'a-t-on démoli en 1784. C'est de là que vient le nom de la rue du Colisée, dans le faubourg Saint-Honoré.

Quant aux cirques et amphithéâtres modernes, ils sont en charpente, et par conséquent ne rentrent pas dans notre cadre.

§ XVIII.

THÉATRES.

Les théâtres ont été inventés par les Grecs pour célébrer les fêtes de Bacchus; les exécutants, qui chantaient des hymnes, se trouvaient sur des chars ou sur des tréteaux; plus tard, ils s'établirent sur des échafauds destinés à supporter également la scène et les siéges des spectateurs. C'est à Eschyle, le grand dramaturge, qu'on doit cette organisation.

Un théâtre en charpente s'étant écroulé pendant la représentation, et un grand nombre de personnes y

ayant perdu la vie, les gradins furent alors taillés dans
le roc, sur le versant des collines, dont les irrégularités
étaient comblées avec des maçonneries. A ces gradins
on substitua bientôt des théâtres entièrement en pierre.

Les Romains les élevaient sur des terrains de niveau,

Le grand Opéra, à Paris.

leur donnaient la forme d'un demi-cercle, et les couvraient d'un velarium. Ils les construisaient aussi dans
des proportions beaucoup plus grandes que celles usitées de nos jours. Le théâtre de Pompée pouvait contenir quarante mille spectateurs; aussi fallut-il adopter des dispositions spéciales pour que ce nombreux

public pût juger de loin des physionomies et entendre les paroles. Les acteurs portaient donc des masques très-caractéristiques, dont la bouche était garnie de plaques en métal afin de donner du retentissement à la voix ; en outre, sous les gradins se trouvaient des niches avec des entonnoirs en airain, tournés du côté de la scène pour augmenter l'effet de l'acoustique.

Actuellement tous les théâtres sont couverts, et leurs constructions intérieures sont en bois ; là se porte tout le luxe de l'ornementation. Leur façade, à moins qu'on ne lui ait donné la forme d'un temple grec avec portique, est généralement insignifiante ; on y voit souvent des boutiques et des habitations particulières.

Le nouvel Opéra de Paris, déjà cité comme modèle de style, fait exception à cette règle, car on a cherché à lui imprimer, avant tout, un caractère monumental. Cet édifice, dont le titre officiel est : *Académie nationale de musique*, semble avoir un double but : c'est de réjouir par la splendeur de ses représentations les heureux qui peuvent y entrer, et de consoler par la vue de ses magnificences extérieures les déshérités qui doivent rester dehors.

§ XIX.

BOURSES.

Van Beurse était un habitant de Bruges, en Flandre ; c'est dans sa maison que s'assemblaient les spéculateurs de la ville. Est-ce lui qui a donné le nom de *Bourse* aux temples où se célèbrent les fêtes dangereuses de Mammon, ou plutôt une bourse n'est-elle pas l'emblème du dieu des richesses ?

Deux bourses sculptées ornent, à Amsterdam, l'édifice consacré aux transactions publiques.

Les bourses ont généralement la forme d'un temple grec, et n'offrent rien de particulier sous le rapport de la construction en pierre.

§ XX.

MAISONS.

Dans l'origine, toutes les maisons étaient en bois. Rome, à sa naissance, était une ville entièrement bâtie en bois, et c'est seulement après son incendie par les Gaulois qu'elle fut reconstruite en pierres.

Les fouilles de Pompéi et d'Herculanum nous ont révélé les arrangements des demeures antiques, qui étaient spacieuses, s'étendaient surtout en largeur et avaient peu de fenêtres sur la voie publique ; elles étaient peintes et dallées avec des mosaïques.

Au moyen âge les maisons étaient établies principalement en vue de la sécurité, à laquelle la commodité a dû être sacrifiée ; aussi avaient-elles des entrées étroites et mal éclairées ; des donjons, des balustrades, des balcons rehaussaient leur aspect mystérieux, pittoresque. Les voyageurs les recherchent dans les vieilles cités pour les admirer, pour en faire des esquisses ; à peine regardent-ils les maisons modernes.

Celles-ci s'étendent en hauteur, à Paris surtout, où il y en a de sept et même de huit étages, — comme aux

environs du Palais-Royal, — et on ne sait à quelle
limite ces espèces de tours de Babel se seraient arrêtées,
si l'autorité ne l'avait fixée, autant pour la sécurité que
pour la salubrité. Plus on y montait, plus l'air, — con-

Une maison bourgeoise au moyen âge.

trairement aux lois de la nature, — manquait dans les
chambres, tellement elles étaient basses. Aussi la mesure
ordonnée par la Ville d'élever les plafonds a-t-elle été
acclamée par tout le monde, même y compris les pro-

priétaires, qui préfèrent perdre le bénéfice d'un étage supplémentaire plutôt que de savoir leurs locataires mal logés.

Les premiers, il est vrai, rattrapent dans le sens horizontal ce qu'ils ont perdu dans le sens vertical, et si les seconds peuvent maintenant placer une armoire sans toucher le plafond, ils doivent renoncer à mettre des rallonges aux tables sans toucher les deux murs.

Voici les mesures officielles adoptées pour la hauteur des maisons :

12 mètres dans les rues de 8 mètres de largeur; 15 mètres dans les rues de 10 mètres; 18 mètres dans les rues au delà de 10 mètres, sur les boulevards et les places publiques.

On accorde, en outre, une tolérance de 4 mètres entre la corniche et le sommet du toit.

La hauteur des plafonds est, au minimum, de 2 mètres 60 centimètres.

Toute espèce de matériaux s'applique aux maisons, depuis la terre battue ou pisé et les briques, jusqu'aux blocs de sel et les pierres d'appareil polies, voire même la glace, qui doit ici prendre rang, car n'est-elle pas une substance minérale, d'après les géologues?

Pendant un des hivers les plus froids, celui de 1739, un palais de glace fut bâti à Saint-Pétersbourg. Pour en maçonner les blocs diaphanes, qu'on avait tirés de la Néva, on y jetait des seaux d'eau en guise de mortier. Les salles avaient été couvertes de tapis, sur lesquels dansa la brillante cour de la czarine Anne Ivanowna; mais les fondations commençant à craquer aux cadences de la mazourka et du mazoureck, tout ce beau monde

se sauva, et aux premiers rayons du soleil le château
transparent s'évanouit comme les tours enchantées des
contes de fées.

§ XXI.

PONTS, VIADUCS, AQUEDUCS.

Le *pont*, proprement dit, est élevé au-dessus de l'eau ;
le mot *viaduc* s'applique à un pont bâti au-dessus du
terrain. Ponts et viaducs sont des tabliers en maçonnerie reposant sur des arches ; les *culées* sont les murs

Aqueduc romain de Spolète (Italie).

élevés sur les deux rives et destinés à soutenir toute la poussée de la construction.

Les Grecs, qui ont inventé les arches, ont aussi bâti les premiers ponts en pierre. Les Romains perfectionnèrent

Pont de Waterloo à Londres.

l'art de tailler les voussoirs; on leur doit les ponts qui ont conservé dans leurs ruines ce caractère monumental remarqué, — entre autres, — dans celui du Danube, exécuté par ordre de l'empereur Trajan.

Avec les anciens maîtres du monde disparurent les ponts, et au douzième siècle, en France surtout, on traversait les rivières à l'aide de bacs ou ponts volants.

Pont du chemin de fer de Newcastle, construit
par Robert Stephenson.

A cette époque, les *frères pontifes* construisaient avec les sommes obtenues de la piété des fidèles, leurs premiers ponts en pierre, et très-souvent sur les fondations romaines.

Ces frères pontifes ou moines ingénieurs portaient comme insignes un pont brodé en rouge sur leur habit blanc. On doit à saint Bénézet, leur chef, le pont d'Avignon, construit en 1178.

Au moyen âge on avait l'habitude de placer les ponts sous la protection d'un saint, principalement de saint

Pont du moyen âge orné de la statue de saint Népomucène.

Népomucène[1] : cette coutume prit naissance en Autriche.

Comme pendant des viaducs peuvent figurer les *aque-*

[1] Népomucène, né à Népomuck, petite ville de Bohême, était chanoine à Prague en 1380. Ayant refusé de révéler la confession de Jeanne, femme de l'empereur Venceslas, il fut mis à la torture, puis noyé dans la Moldau.

Ponte Rotto, à Rome.

ducs, ou canaux destinés à conduire les eaux dans les villes. Les aqueducs de Sésostris à Memphis, de Sémiramis à Babylone, de Salomon dans le pays d'Israël, étaient célèbres anciennement et le sont encore aujourd'hui à l'état de ruines.

Les Romains excellaient dans la construction des aqueducs, dont le plus beau est celui de Nîmes, appelé le pont du Gard; il a trois rangs d'arcades superposées en maçonnerie d'appareil.

Un des plus remarquables aqueducs élevés à notre époque est celui de Roquefavour, qui amène à Marseille les eaux de la Durance : il réunit deux rochers séparés par une vallée de quatre cents mètres; ses arcades ont 86 mètres de hauteur.

Bas-relief de Thorvaldsen.
(Vulcain forgeant les armes de Mars.)

§ XXII.

FONTAINES.

Les fontaines monumentales sont des constructions de luxe en pierre de taille, ornées de sculptures et de sta-

Fontaine turque.

tues allégoriques représentant, par une pensée poétique, des divinités, des plantes ou des animaux. Dans l'antiquité on y voyait les dieux des mers et des fleuves. La mythologie, qui savait animer ou personnifier la nature entière, vint ainsi en aide aux architectes anciens; elle inspire encore les modernes.

Fontaine dans la Campagne de Rome, sur la route d'Albano.

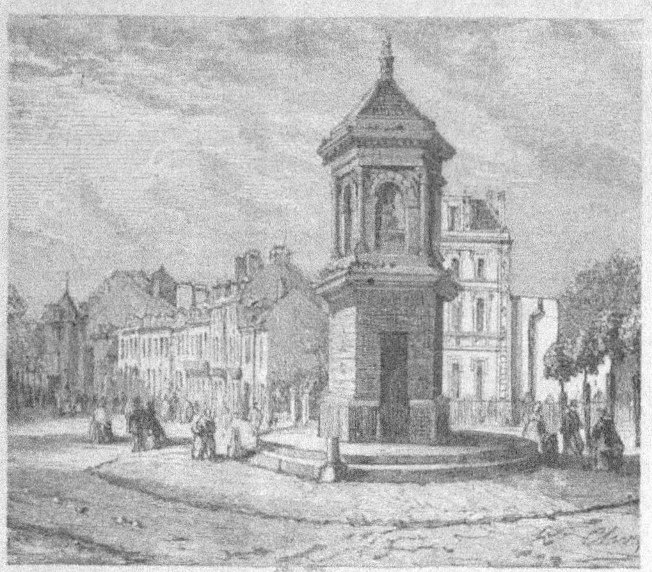

Fontaine de la rue de Nîmes, à Vichy.

Nous devons nous borner à donner quelques spécimens de ces fontaines en pierre; on emploie aujourd'hui généralement pour leur décoration le bronze, le zinc ou le fer galvanisé.

§ XXIII.

PHARES.

Sous le règne de Ptolémée, roi d'Egypte, 300 ans avant Jésus-Christ, il fut construit une tour carrée en maçonnerie, à l'entrée du port d'Alexandrie, sur l'île de Pharos; on l'appelait le Phare, et on la mettait au nombre des sept merveilles du monde.

On y allumait des feux et on guidait ainsi les vaisseaux. Il était encore debout au douzième siècle; maintenant il a disparu.

Les Romains avaient établi des phares ronds sur les côtes de la France et dans tous les ports principaux de la Méditerranée.

Les phares d'aujourd'hui sont des tours ayant la forme d'un tronc de cône très-allongé, en pierre de taille ou en brique, avec un escalier circulaire. On s'occupe moins de leur ornementation que de leur stabilité; ce ne sont plus des monuments de luxe.

Quant aux phares en métal et au mode de les éclairer, ce sont des questions que nous avons déjà traitées ailleurs.

Spécimen d'un phare moderne.

§ XXIV.

TOURS.

Dans l'antiquité et au moyen âge, les tours isolées n'avaient pas une destination bien précise, ou plutôt elle nous échappe.

La *tour de Babel* est la plus ancienne tour que nous connaissions. D'après l'Écriture sainte, les fils de Noé la bâtirent dans la vallée de Sennaar, et ils voulurent l'élever jusqu'au ciel. Jéhovah, pour les punir de cette audace, mit la confusion dans leur langage, et c'est ainsi, — dit Moïse, — que commença la diversité des idiomes.

Hérodote, le patriarche des historiens, qui vivait 400 ans avant Jésus-Christ, rapporte que de son temps existait à Babylone, dans le temple de Bélus, une tour astronomique sur laquelle montaient les Chaldéens pour se livrer à leurs observations. C'était peut-être la tour de Babel même, ou un observatoire établi sur les ruines de cet antique monument.

Au moyen âge, les tours ont eu également une certaine importance.

A la *tour de Nesle* était attachée une chaîne qui servait à barrer la rivière dans l'enceinte de Paris, vis-à-vis du Louvre. Construite par les seigneurs de Nesle, vers 1300, elle fut vendue au roi Philippe le Bel; puis elle devint la propriété de Jeanne de Bourgogne, épouse

La tour de Nesle, à Paris, actuellement disparue.

de Philippe le Long. Trois siècles plus tard, elle fut
démolie.

Tour de Bologne.

La fameuse tour de Londres, — arsenal, — forteresse, — prison d'État, — fut bâtie avant la conquête

Tours gothiques du tombeau des Scaliger à Vérone (seizième siècle).

des Normands. D'après une ancienne coutume, les rois d'Angleterre devaient y passer un jour et une nuit pour se recueillir avant le sacre; le marquis de Glocester mit cette circonstance à profit pour y tuer les enfants d'Édouard II et se faire proclamer roi.

La tour penchée de Pise, en Toscane, n'évoque pas d'aussi terribles souvenirs; Galilée y constata les lois de la gravité. Cette tour, située près de la cathédrale, a cent quarante-deux pieds d'élévation. Si d'en haut on laisse tomber un fil à plomb, il s'écarte de douze pieds de la base. On croit que dans l'origine elle n'était pas encore inclinée, mais qu'elle s'est affaissée, à l'instar de beaucoup d'autres édifices de cette ville.

Comme pendants de la tour de Pise peuvent figurer les tours inclinées de Bologne appelées : Asinelli et Garisenda. La première a trois cent cinquante pieds de hauteur, la seconde cent cinquante pieds; leur inclinaison est due également à la descente du sol. Construites dans l'année 1111, elles ont été immortalisées par Dante, qui les compare à Antée se baissant.

La tour de Saint-Jacques de la Boucherie, sur le boulevard Sébastopol, à Paris, a été élevée, dit-on, par l'alchimiste Nicolas Flamel, pour orner le portail d'une église actuellement démolie. On y voit la statue de Pascal; ce philosophe s'était livré dans cette tour aux premières expériences sur la pesanteur de l'air.

Il y a encore d'autres tours célèbres, mais elles font partie, soit d'une église, comme les tours de Notre-Dame de Paris, et celle du Münster à Strasbourg, soit encore des observatoires astronomiques, ou des châteaux.

FORUM ROMANUM.

Aujourd'hui, on ne construit plus de tours isolées, par la raison que leur utilité pratique n'est pas suffisamment démontrée.

§ XXV.

MARCHÉS ET FORUMS.

Les marchés sont formés de quatre murs en pierre de taille ou en briques, couverts d'un toit en charpente; dans toutes les villes de premier rang, on y substitue des cintres en fer et on les appelle des *halles couvertes*. Elles rentrent, comme les docks, les entrepôts, les gares, les bâtiments des expositions de l'industrie, dans la catégorie des constructions métalliques qui ont pour objet de couvrir un espace.

Les *forums* ont joué un grand rôle dans la vie publique des Grecs et des Romains. C'étaient des places entourées de portiques où s'assemblaient les édiles et le peuple, et où s'établissaient les marchands, car, à cette époque, les boutiques dans les rues n'étaient pas encore usitées.

César, Auguste, Nerva, Trajan, ont donné leur nom aux forums, dont le plus célèbre était le *Forum romanum*, établi sous Romulus. A trois reprises différentes, les Barbares l'ont saccagé et n'ont laissé que des ruines. Et qui étaient ces barbares? C'étaient, — découvrons-nous, en fils respectueux, — les Gaulois, nos pères, dont certains de nos frères de 1871 sont les dignes descendants. Au seizième siècle, le connétable de Bourbon renouvela les ignobles scènes de nos ancêtres en dégradant, à Rome, les édifices anciens ainsi que les belles fresques du Vatican.

Mais laissons l'histoire flétrir les barbares, à quelque camp qu'ils appartiennent, et ne cessons pas d'admirer ces ruines illustres des temples, des colonnes, des statues, des amphithéâtres; car elles formeront toujours les éléments de nos conceptions architectoniques.

Ce qui peut étonner de prime abord, c'est que les constructions du Forum, comme, du reste, toutes celles de la Rome antique, étaient en partie enterrées; pour en découvrir la base, il a fallu les déblayer à plusieurs mètres de profondeur. La poussière séculaire avait produit cet effet, et non pas la croissance des pierres, analogue à celle des plantes, comme autrefois certains archéologues-géologues ont cherché à le faire croire par leurs dissertations fantaisistes.

Et ce Forum, dont nous venons, dans le cours de notre récit, d'indiquer les merveilles, — qui a été le théâtre des grands événements de l'empire romain, où délibéraient les sénateurs sur la destinée des peuples et des monarques, où retentissait la voix éloquente de Cicéron, — ce Forum, qu'est-il aujourd'hui? Le « *Campo vaccino* » — un vulgaire marché aux bœufs.

Sic transit gloria mundi.

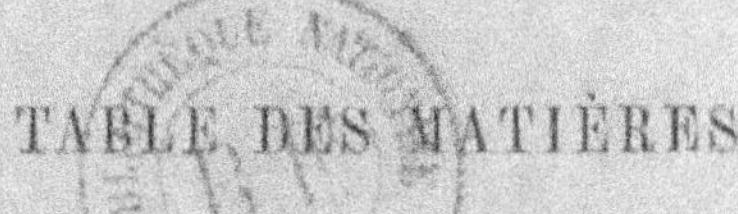

TABLE DES MATIÈRES

CHAPITRE PREMIER.

LA GÉOLOGIE, OU HISTOIRE DE LA FORMATION DE LA TERRE.

CHAPITRE DEUXIÈME.

LA PALÉONTOLOGIE, OU HISTOIRE DES ÊTRES ANTÉDILUVIENS.

CHAPITRE TROISIÈME.

LA MINÉRALOGIE, OU HISTOIRE NATURELLE DES MINÉRAUX.

CHAPITRE QUATRIÈME.

LA CRISTALLOGRAPHIE OU DESCRIPTION DES CRISTAUX.

CHAPITRE CINQUIÈME.

LES PIERRES NEPTUNIENNES OU SÉDIMENTAIRES.

CHAPITRE ONZIÈME.

LES COMBUSTIBLES MINÉRAUX SECONDAIRES.

CHAPITRE DOUZIÈME.

LA HOUILLE.

CHAPITRE TREIZIÈME.

LES USAGES INDUSTRIELS DES MINÉRAUX.

CHAPITRE QUATORZIÈME.

LES MONUMENTS EN PIERRE.